数控铣工实训

Shukong Xigong Shixun

主　编　舒鸫鹏　谭大庆
副主编　杨声勇
参　编　郑长征　宋征宇
主　审　邢　林

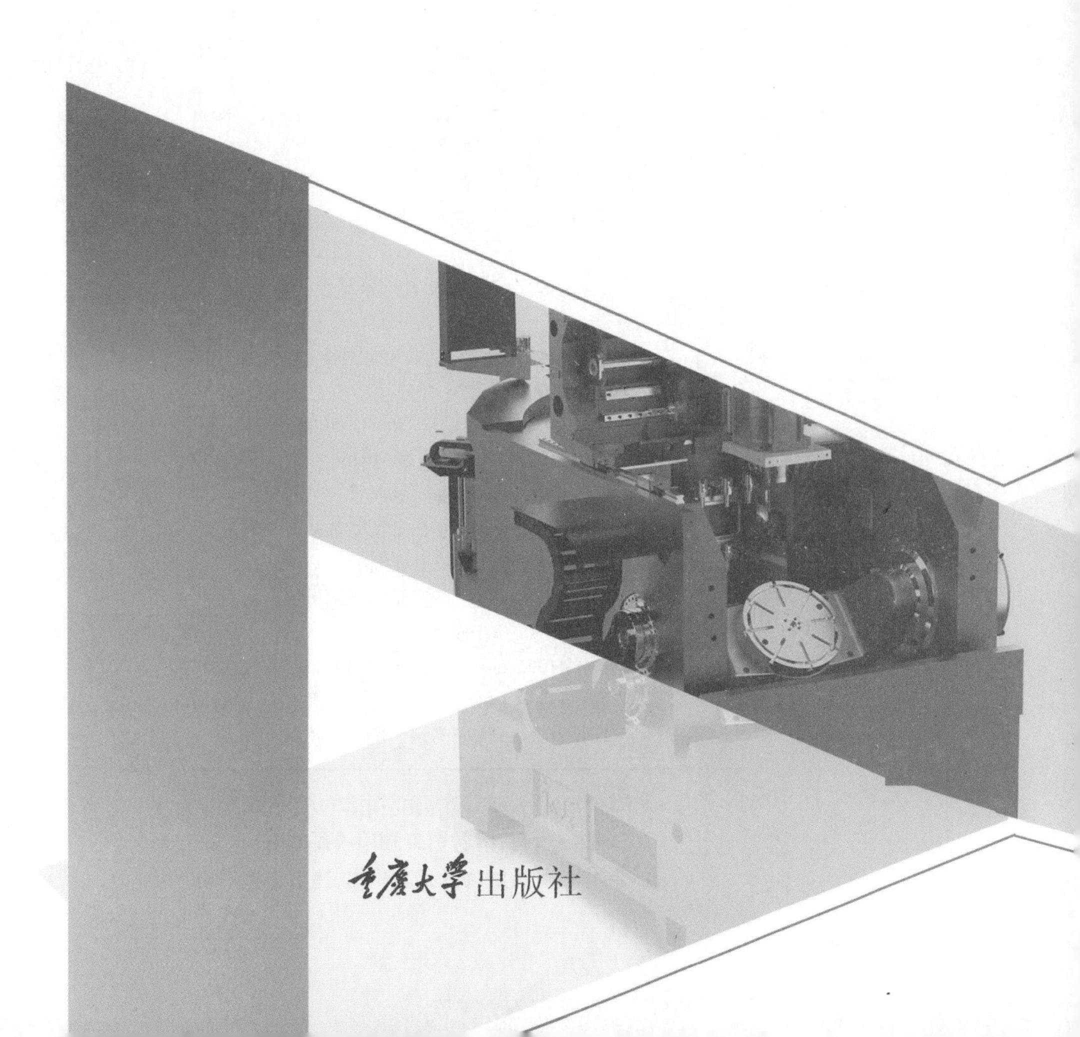

重庆大学出版社

内容提要

本书是依据重庆市高等职业教育双基地项目、国家高职院校“双高计划”模具设计与制造专业群项目建设要求，结合《国家职业技能标准》铣工中级（数控铣工）、《1+X车、铣数控加工职业技能等级标准》规定的知识要求和技能要求，与合作企业重庆元创汽车整线集成有限公司及重庆杰品科技股份有限公司共同编写的。本书从职业能力培养的角度出发，力求体现职业培训的规律，满足职业技能培训的需要。本书通过对数控铣工岗位要求的分析，提炼数控铣工所需的理论知识和操作技能，在此基础上将专业理论知识融入相关训练课题，以任务驱动的方式组织内容。本书分为两大部分，即基础准备和技能训练，由简单到复杂，便于学习者提升知识技能。

本书可作为中级数控铣工职业技能培训与鉴定教材，也可供职业院校相关专业师生参考，还可供相关从业人员参加在职培训、岗位培训使用。

图书在版编目（CIP）数据

数控铣工实训／舒鸫鹏，谭大庆主编. --重庆：
重庆大学出版社，2022.5

ISBN 978-7-5689-3241-7

Ⅰ.①数… Ⅱ.①舒…②谭… Ⅲ.①数控机床—铣
床 Ⅳ.①TG547

中国版本图书馆CIP数据核字（2022）第068675号

数控铣工实训

主　编　舒鸫鹏　谭大庆

副主编　杨声勇

参　编　郑长征　宋征宇

主　审　邢　林

策划编辑：鲁　黎

责任编辑：李定群　　版式设计：鲁　黎

责任校对：邹　忌　　责任印制：张　策

*

重庆大学出版社出版发行

出版人：饶帮华

社址：重庆市沙坪坝区大学城西路21号

邮编：401331

电话：（023）88617190　88617185（中小学）

传真：（023）88617186　88617166

网址：http://www.cqup.com.cn

邮箱：fxk@cqup.com.cn（营销中心）

全国新华书店经销

重庆市联谊印务有限公司印刷

*

开本：787mm×1092mm　1/16　印张：13.25　字数：333千

2022年5月第1版　2022年5月第1次印刷

ISBN 978-7-5689-3241-7　定价：38.00元

前言

随着我国科技进步、产业结构调整以及市场经济的不断发展，各种新兴职业不断涌现，传统职业的知识和技术也越来越多地融进新知识、新技术、新工艺的内容。本书是为适应新形势的发展，优化劳动力素质，依据重庆市高等职业教育双基地、国家高职院校“双高计划”模具设计与制造专业群项目建设要求，结合《国家职业技能标准》铣工中级（数控铣工）、《1+X车、铣数控加工职业技能等级标准》规定的知识要求和技能要求，与合作企业重庆元创汽车整线集成有限公司及重庆杰品科技股份有限公司共同编写的。本书从职业能力培养的角度出发，力求体现职业培训的规律，以满足职业技能培训与鉴定考核的需要。

本书在组织内容中贯穿“以职业标准为依据，以企业需求为导向，以职业能力为核心”的理念，用形象、直观、浅显易懂图形语言来讲述复杂的专业知识，降低学习难度，提高培训者的学习兴趣和教学效果。根据职业培训特点，基于工作过程系统化，将专业理论知识融入相关训练任务中，以任务驱动的方式组织编写内容。

本书具有以下特色：

(1)采用“任务驱动法、项目化”模式编写。根据数控铣工职业功能要求，在技能训练部分的工作要求中，每一训练项目针对完成的工作内容所需的技能点及相关知识点提出任务，通过完成由简单到复杂的任务，达到要求掌握的知识和技能目标。

(2)在编写上突出职业工种培训的特点，强调淡化理论，加强实训，突出职业技能训练。通过大量有趣的案例，介绍数控铣工的基础知识及操作方法，避免枯燥、空洞的理论，容易上手。按照首先给出设计目标，然后介绍为实现本目标而采取的设计方法。采用这种处理方式，可使培训者明确“数控铣工”工种的思想和方法，做到有的放矢。

(3)体现针对性、实用性和职业性，做到“教、学、做”的统一。

本书由重庆工业职业技术学院舒鸫鹏、谭大庆任主编，重庆工业职业技术学院杨声勇任副主编，重庆工业职业技术学院郑长征、宋征宇参编，重庆元创汽车整线集成有限公司邢林主审。全书分为基础准备和技能训练两大部分，共8章，绪论由重庆工业职业技术学院郑长征编写;第 1 章由重庆工业职业技术学院谭大庆编写;第 2 章由重庆工业职业技术学院杨声勇编写;第 3 章由重庆工业职业技术学院宋征宇编写;第 4—8 章由重庆工业职业技术学院舒鸫鹏编写。

本书在编写过程中,得到了重庆元创汽车整线集成有限公司、重庆杰品科技股份有限公司的大力帮助与支持,谨此致谢!

由于编者水平有限,书中难免有不妥与疏漏之处,恳请广大读者批评指正。

编　者
2022 年 1 月

目录

绪　论

1)数控机床的基本概念

(1)数字控制的概念

数字控制简称数控或 NC(Numerical ControL),是指输入数控装置的数字信息来控制机械执行预定的动作。其数字信息包括字母、数字和符号。

数控机床是装有计算机数字控制系统的机床,如图 0.1 所示。数控系统能处理加工程序,控制机床进行各种平面曲线和空间曲面的加工,使数控机床具有加工精度高、效率高和自动化程度高的特点。数控机床加工零件的过程如图 0.2 所示。

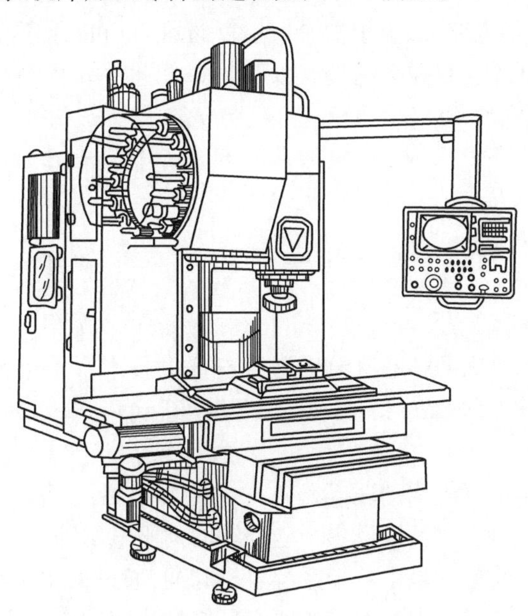

图 0.1　数控镗铣加工中心

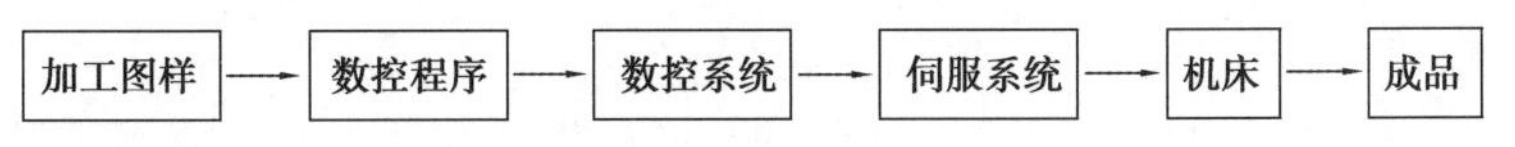

图 0.2　数控加工过程

①根据零件加工图样的要求,确定相应的工艺路线。

②编制数控加工程序。简单的零件可用人工计算编程,复杂的零件要借助 CAD/CAM 技术。

③将程序输入数控系统。曾经广泛使用纸带穿孔、通过光电阅读机将纸带上的信息输入数控装置的方法,目前这种方法已基本上不再使用,取而代之的是 MDI(手动数据输入方式),以及通过串行接口 RS232、DNC、网线或 USB 通信接口将计算机编程的信息传送给数控装置。

④数控系统在事先存入的控制程序支持下将代码进行处理和计算后,向机床的伺服系统发出相应的脉冲信号,通过伺服系统使机床按预定的轨迹运动进行零件加工。

(2)数控机床的组成

数控机床一般由以下 5 个部分组成(见图 0.3):

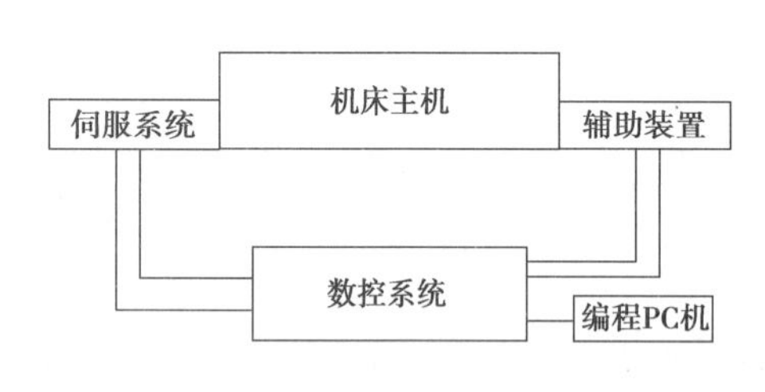

图 0.3　数控机床的组成

①机床主机

机床主机是数控机床的主体,主要指的是机床的床身、立柱、主轴以及其余主要的机械部件。根据切削加工要素不同,主机可分为各种不同的机床,如车床、铣床、钻床及镗床等。虽然数控机床的主机结构与普通机床有相似的地方,也可分成床身、立柱等主要构件,但实际上数控机床结构必须满足高精度、自动化生产的要求,特别是对刚性、热变形的特殊要求。因此,数控机床的主机结构一般都是经过专门设计的。

②数控系统

数控系统包括硬件(如电路板、显示器、键盘、存储器等)和软件两大部分。数控机床的数控系统是采用计算机控制的。数控系统具有以下主要功能:

a. 多坐标控制(多轴联动)。

b. 各种函数的插补。

c. 各种形式的数据输入。

d. 各种加工方式的选择。

e. 各种故障的自诊断。

f. 各种辅助机构的控制。

由于数控系统是数控机床的核心,因此,数控机床的技术水平很大程度上取决于数控系统的技术水平。数控系统也称 CNC 系统。

③伺服系统

伺服系统是数控机床执行机构的驱动部件。它主要包括:主轴伺服驱动单元,以及各个坐标轴的伺服驱动单元;主轴电机,以及各个坐标轴的伺服电机等。

数控机床的主轴和进给运动是由数控系统发出脉冲,通过伺服系统使电气和液压系统产生一系列动作来实现的。这就要求伺服系统要有良好的快速响应能力,能准确而灵敏地跟踪数控系统发出的脉冲信号。

④辅助装置

辅助装置包含面很广,几乎包括了机床上的电气、液压、气动,以及与机床相关的冷却、防护、润滑、排屑等一系列设备。由于辅助装置对机床的功能具有很大的影响,因此,它们的发展极为迅速。现代工业对数控机床提出了环保化的新要求。近年来,改善数控机床对环境的污染和对操作人员的安全防护已成为新课题。现代化的辅助装置可使数控机床具有全防护,防止冷却液飞溅、铁屑飞溅、油雾迷漫,降低噪声;采用新型冷却技术,如低温空气代替传统的冷却液;通过废液、废气、废油的再回收利用,减少对环境的污染,并提高数控机床的精度。

⑤编程 PC 机

随着数控系统功能和数控机床加工能力的增强,现代化的数控设备一般都必须配备专门为编程、输送程序的 PC 机。复杂的零件一般都由 CAM 软件生成加工程序,这种程序往往要达到几兆字节。数控机床曾经历过纸带、软盘、键盘、PC 机通过 RS232、DNC、网线或 USB 通信接口向数控系统传输程序的在线加工等输入方式。对容量大的程序,前 3 种方式已无法完成。因此,专用的 PC 机与 CNC 系统的双向轮流传输数据的在线加工方式,已成为不可缺少的手段。

(3)数控机床的加工特点

①加工质量稳定

数控机床的一切操作都是由程序支配的,没有人为干扰,加工出的零件互换性好、质量稳定。由于数控机床一般都采用精度很高的传动件,如滚珠丝杠、直线线性滚动导轨,因此传动定位精度高。闭环、半闭环伺服系统使数控机床获得很高的加工精度。

②具有较高的生产率

在数控机床上,使用的刀具一般是不重磨装夹式刀具,其切削性能较好。数控机床的自动化程度高,空行程的速度在 15 m/min 以上,辅助时间短。与普通机床相比,数控机床的生产率可提高 2~3 倍,有些可提高几十倍。

③功能多

数控机床的功能齐全,在一台数控铣床上可进行镗床、铣床的多种方式的加工,除装夹基准面外,可对六面体的 5 个面进行加工。在现代数控车-铣中心上,除可完成所有车削工艺外,主轴可进行分度,能通过安装在刀架上的动力刀具滚铣高质量的齿轮。数控机床的这一特点对加工模具零件特别适用。模具零件(如型腔、型芯)一般都具有形状复杂、加工困难的特征,数控机床是加工这类零件的主要设备和最佳选择。

④对不同零件的适应性强

现代化机械生产的发展趋势是多品种、小批量化。由于数控机床只需改变加工程序便可改变加工零件的品种。因此,数控机床是现代化生产的不可缺少的设备。

⑤复杂性

加工复杂的空间曲面有些空间曲面,如圆柱槽凸轮、螺旋桨表面,用多坐标联动数控机床加工,使之表面形状及精度大为改进;数控仿形应用范围更广,且有重复应用、镜像加工的功能。

⑥减轻劳动强度

数控机床除装卸零件、操作键盘外,操作者无须进行繁重的重复手工操作,使操作者的劳动强度大大降低。

任何事物都有二重性。数控机床昂贵的价格和维修费用较高是它的主要缺点。

2)数控机床的分类

数控机床的品种很多,从控制原理和主要性能来看,可按以下方法进行分类:

(1)按加工路线分类

①点位控制机床

钻床、镗床、冲床等是只要求获得孔系坐标位置精度的机床。它仍对孔之间空间运动轨迹的精度要求并不高。为了提高生产率,空行程要求快速移动。如图0.4所示为点位控制机床加工原理。

②轮廓加工控制机床

数控立式加工中心、数控铣床、数控车床等能对各种形状的工件轮廓表面进行加工。如图0.5所示为轮廓控制系统加工原理。这类机床要求各坐标轴能按工件表面的形状要求联动。

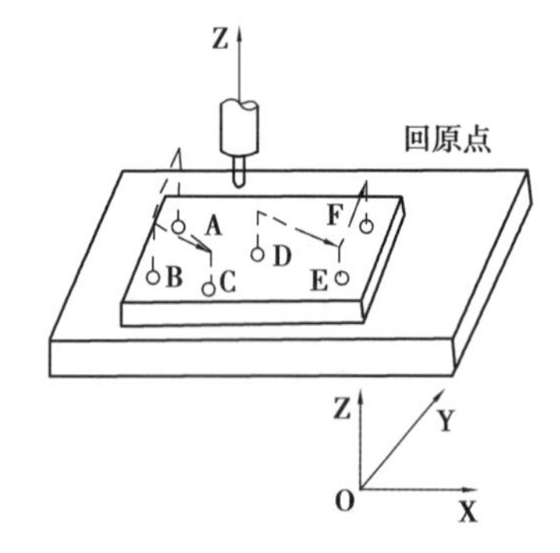

图0.4　点位控制机床加工原理

图0.5　轮廓控制系统加工原理

(2)按有无检测装置分类

①开环系统机床

系统没有位置检测装置,加工精度不高,通常由步进电机驱动,适用于简易经济类数控机床。

②闭环系统机床

系统的位置检测装置在床身和移动部件上,可将移动部件在运动过程中与床身某固定点之间的实际距离检测出来,并且能反馈到计算机。因此,闭环系统机床的加工精度十分高。

③半闭环系统机床

系统是将检测装置装在伺服电机的尾部,用测量电机转角的方式检测坐标位置。由于电动机到工作台之间存在着滚珠丝杠的间隙误差、弹性变形等因素。因此,检测的数据与实际工作台移动的坐标值有误差。

(3)按可联动的坐标数分类

随着计算机技术的迅猛发展,数控机床的两坐标(如数控车床)、三坐标联动(如数控铣床、加工中心)已十分普及,而为使刀具合理切削,刀具的回转中心线也要转动,于是便产生了五坐标联动加工中心和车铣复合加工中心等数控机床,使螺旋桨曲面加工可一次装夹完成。在识别数控机床时,不仅要考察机床具有的坐标轴数,还要考察坐标联动数。所谓坐标联动数,是指由同一个插补程序控制的移动坐标数。这些坐标的移动规律是按照所加工的轮廓表面规定的。

3)插补原理及 CNC 系统原理

(1)插补原理

机床数控系统轮廓控制的主要问题就是怎样控制刀具或工件的运动轨迹。数控系统根据给定的信息进行数字计算,在计算过程中不断向各坐标发出相互协调的进给脉冲,使被控机械部件按指定的路线移动。

在数控系统中,常用的插补方法有逐点比较法、数字积分法(DDA 法)和时间分割法等。

曲线加工时刀具的移动轨迹与理论上的曲线(包括直线)不吻合,而是一个逼近折线。各种插补的计算公式不同,使逼近的折线也不同。如图 0.6 所示为用逐点比较法的逼近折线,被加工曲线 AB 是由 Δx_i 和 Δy_i 组成的折线逼近的。Δx_i,Δy_i 分别是工作台沿 X 轴、Y 轴方向移动一步的距离。工作时,X,Y 两相电动机不同时转动,而是先后衔接交替工作,因而形成线段之间相互垂直的折线。步长 Δx_i 和 Δy_i 越短,逼近精度越高。

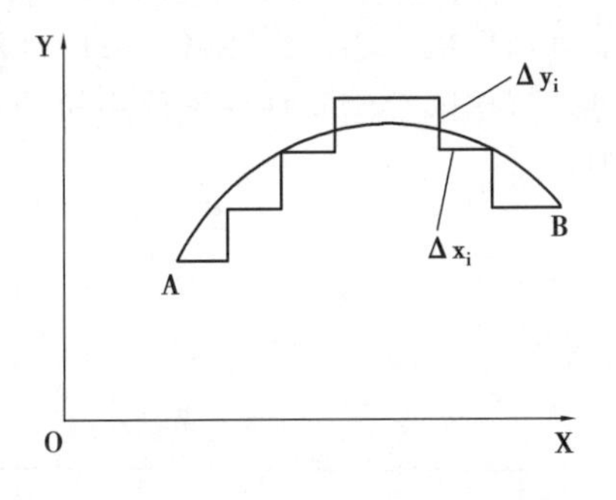

图 0.6 逐点比较法的逼近折线

如图 0.7 所示为用积分法(DDA 法)计算的逼近线。若各坐标方向的脉冲当量相同,则 Δx_i,Δy_i 绝对值相等。工作时,两相电机可交替地带动工作台一步一步地移动,也可同时带动工作台移动。交替工作时,刀具轨迹平行于 X 轴或 Y 轴,同时工作时刀具的轨迹与坐标轴成 45°角。

如图 0.8 所示为用时间分割法计算的逼近线。两个坐标方向同时移动,步长 f 为定值,它由进给速度求出。每走一步的时间也为定值,如 4 ms,则 Δx_i,Δy_i 可由 f 求出,两个方向的每步移动速度也与 Δx_i,Δy_i 的大小有关,工作时两个电动机同时转动,合成 f 线段。如此一步一步地工作,可形成由弦线组成的折线来逼近 AB 曲线。

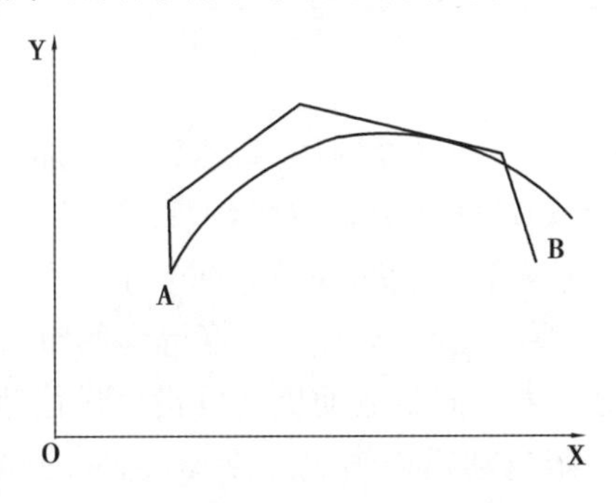

图 0.7 用 DDA 法计算的逼近线

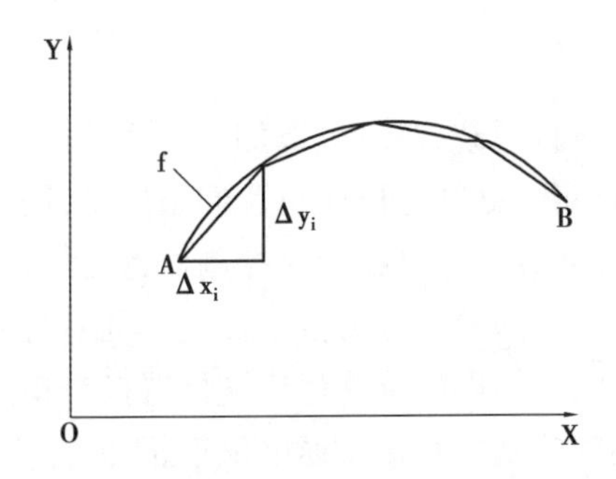

图 0.8 用时间分割法计算的逼近线

(2)CNC 系统原理

CNC 系统及现代的 MNC 系统都是采用通用计算机元件与结构及相应的控制软件来取代硬件数控系统专用电子线路,并配备适当的输入/输出部件。在必要的硬件电路基础上,用控制软件程序来实现加工程序存储、译码、插补运算、辅助动作逻辑连锁等复杂功能,故称 CNC 系统。

如图 0.9 所示为 CNC 系统构成。完整的 CNC 系统分为 NC 部分和 PLC 部分。NC 部分主要控制机床的运动;PLC 部分称为可编程序控制器,主要工作是从操作面板接收操作指令、控制信号状态显示及各种辅助动作连锁等。

NC 部分称为数控部分，是 CNC 系统的核心。NC 部分又可分为计算机部分、位置控制部分、数据输入/输出接口及外部设备。

与通用计算机一样，NC 系统计算机部分由中央处理器（CPU）和存储数据与程序的存储器等组成。存储器分为系统控制软件程序存储器（ROM）、加工程序存储器和工作区存储器（RAM）。ROM 中的系统控制程序是由数控系统生产厂家写入的，用来完成 CNC 系统的各项功能。数控机床操作者能将各自的加工程序存储在 RAM 中，供数控系统用来控制机床加工零件。工作区存储器是系统程序执行过程中的活动场所，用于堆栈、参数保存和中间运算结果保存等。

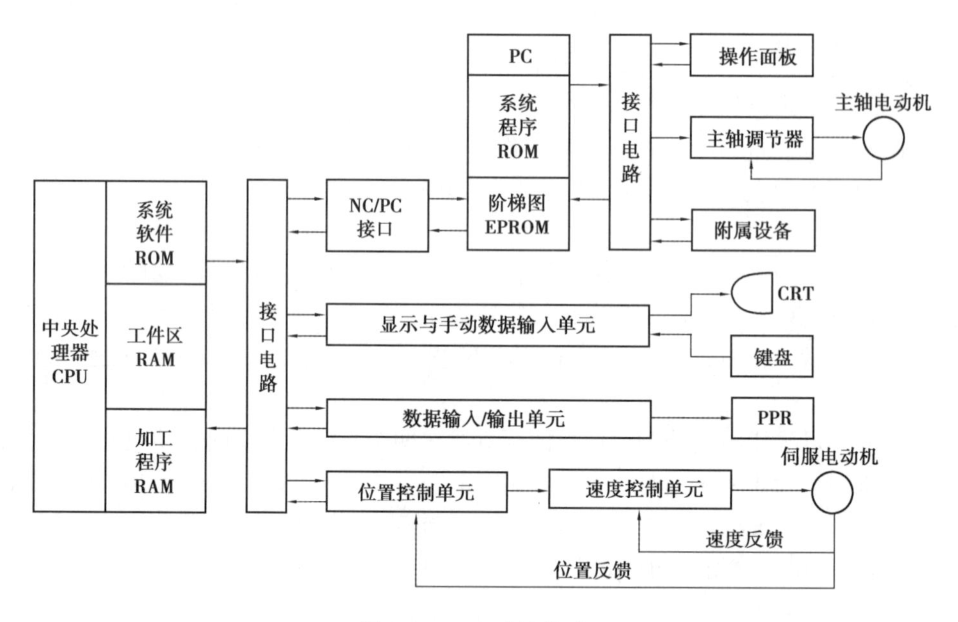

图 0.9　CNC 系统构成

CPU 执行系统程序、读取加工程序经过加工程序译码，预处理计算，然后根据加工程序段指令，进行实时插补与机床位置伺服控制，同时将辅助动作指令通过可编程序控制器 PLC 送往机床，并接收通过可编程序控制器返回的机床各部分信息，以确定下一步操作。

位置控制部分可分为位置控制单元和速度控制单元。将经插补运算得到的每个坐标轴在单位时间间隔内的位移量送往位置控制单元，由它生成伺服电动机速度指令送往速度控制单元。速度控制单元接收速度反馈信号，来控制伺服电动机以恒定速度运转，同时位置控制单元接收实际位置反馈，并修正速度指令，实现机床运动的准确控制。

数据输入/输出接口与外部设备用来实现数控系统与操作者之间的信息交换。操作者通过磁盘驱动器、磁带机、光电阅读机或手动数据输入装置（键盘）及 RS232 接口等，将加工程序等输入数控系统，并通过显示器 CRT 显示已输入的加工程序以及其他信息。

4）数控加工技术的发展

自 1952 年美国麻省理工学院研制成功第一台三坐标数控铣床以来，数控机床的发展经历了电子管控制、晶体管控制、集成电路控制、计算机控制直到现在的微处理器控制的阶段。

我国 1958 年开始研制数控机床，20 世纪 70 年代初得到广泛发展，数控技术在车床、铣床、钻床、镗床、磨床、齿轮加工机床及电加工机床等方面得到应用，并研制出加工中心。

目前，我国能生产多种类型的数控机床，并有部分向国外出口。我国生产的数控机床在精度、速度、数控系统的功能及传感元件等方面已取得了很大的进步，在经济型数控机床方面已取得了稳定的市场份额。但在高精度、高速度的数控机床领域与世界先进国家相比差距越来越小。

当今世界数控机床的发展趋势主要有以下 5 个方面：

①产品高精度化，如数控加工镗铣中心的定位精度已提高到 ±2 μm，重复定位精度 1 μm。车削中心可加工出圆度为 1 μm 的工件。

②在确保精度的基础上，尽一切可能提高加工效率，高速数控铣床的主轴已达到 42 000 r/min。

③大量采用新元件，如直线电机、内装式电机等。

④发展环保技术，如干切削、半干切削工艺，减少环境污染。

⑤将数控机床联网，实现在加工信息，故障诊断等方面的远程通信。

数控机床的不断发展促进了自动编程技术突飞猛进的发展。在 20 世纪 50 年代后期，美国首先研制成功了 APT 系统。它具有语言直观易懂、制带快捷、加工精度高等优点，被许多国家所采用。20 世纪 90 年代，计算机三维造型软件的发展，使各种复杂的三维曲面的加工程序由计算机自动生成，人们得以从繁重编程工作中解放出来，把主要精力放在零件在计算机上进行数字建模，如 UG Ⅱ，Cimatron，MasterCAM 等软件已在国内有了普遍的应用。国产的 CAXA、中望等软件，以及线切割系统的 YH 等软件已得到普及。

随着微电子和计算机技术的飞速发展，自动化生产系统越来越受到关注，如计算机直接数控系统 DNC(Direct Numerical Control)、柔性制造单元 FMC(Flexible Manufacturing Cell)、柔性制造系统 FMS(Flexible Manufacturing System)及计算机集成制造 CIMS(Computer Integrated Manufacturing System)。这些技术我国已开始自行研制应用，并取得了可喜的成果。

5)现代数控机床的性能

集高效率、高精度、高柔性于一身的现代数控机床，具有许多普通机床无法实现的特殊功能。

(1)控制功能

①控制轴数

控制轴数是指数控系统可控制并按加工要求运动的轴数，如三轴(X，Y，Z 轴)。

②联动轴数

联动轴数是指数控系统可同时控制并按加工要求运动的轴数，如二轴联动(XY，ZX，YZ)。

③设定单位

设定单位是指数控系统约定的最小尺寸单位，如 0.001 mm。

④最大编程尺寸

最大编程尺寸是指数控系统可表示的工件最大尺寸，如 ±8 位数(99 999.999 mm)。

⑤快移速度

快移速度是指数控系统可实现的进给部件快速移动(非加工)速度，如 24 000 mm/min。

⑥进给速度

进给速度是指机床进给（加工）速度范围，如 1～15 000 mm/min。

⑦插补功能

插补功能是指数控系统可实现的插补加工线型能力，如点位和直线插补功能、多象限圆弧插补功能和正弦曲线插补功能等。

⑧自动加减速功能

自动加减速功能是指数控系统可实现在升速和降速时，自动地用斜线或折线，或用指数曲线的平缓过渡，代替阶跃式的升降速变化，以防止产生冲击等不稳定因素，如快速移动、斜线加减速、切削速度及指数加减速等。

⑨暂停功能

暂停功能是指数控制系统可根据加工需要，用程序或外部按钮实现机床运动的暂停去进行某种操作，然后或依程序控制，或操作外部按钮，又继续加工的功能。

⑩急停功能

在数控设备工作时，当发生任何异常现象需要紧急处理时，可设置相应的急停按钮，以便停止设备运行。

⑪空运行

空运行是指数控系统只执行插补等工作，机床与伺服机构不工作。

⑫单步进给

单步进给是指每启动一次，只进给一个脉冲当量的控制。

⑬点动进给

每按下点动按钮，即产生进给系统的移动；当不按时，即进给停止。

⑭单程序段

操作每启动一次，只执行一个程序段。

⑮选择程序段跳过

选择程序段跳过是指系统对零件程序中某个或某些指定的程序段跳过不执行的功能。

⑯固定循环

固定循环是指数控系统为常见的加工工艺所编制的、可多次循环加工的约定功能。使用该固定循环前，要由用户选择合适的进给量和重复次数等参数，然后按该固定循环的约定进行循环加工。当用户需编制适用自己的固定循环程序时，可借助用户宏程序功能。

⑰手动备用控制

当控制系统前级部分发生故障时，可用人工调节执行机构的控制方法。

⑱手控方式

完全用手动控制某种运动和循环。

⑲逐段工作方式

程序读出器一次读出一个程序段，执行完后，按下启动按钮，再开始读出下一段程序。

⑳进给保持

在自动或手动控制的运动中，能使所有轴或某个轴的进给暂时停止或解除的功能。

㉑轴禁止

这是一种控制功能，该功能禁止一台数控机床所有轴的移动。

㉒互锁

为了封锁机床移动部件的信号而设置的功能。当互锁信号出现时,数控机床的 X,Y,Z 各运动轴在减速后停止。当互锁信号取消后,原来运动的部件开始加速,继续运动。

㉓机械锁住

此功能禁止数控机床的自动换刀装置主轴和冷却液系统的机械动作,而数控系统内部的分配仍在进行。

㉔任选停止

如预先启用了使该功能成为有效的开关时,相应指令就无效。

㉕间隙补偿

间隙补偿是指系统可依靠程序,按用户约定,自动地补偿机床机械传动部件因间隙而产生的误差。

㉖刀具补偿

垂直于刀具轨迹的位移,可用来修正刀具实际半径或直径与其程序规定的值之差。

㉗刀具位置补偿

刀具位置补偿是指刀具位置沿平行于控制坐标方向的补偿。

㉘刀具半径补偿

车刀尖有一个很小的 R 值,为了在加工中实现对其磨损量的补偿,可沿假设的刀尖方向,在刀尖的半径值上,附加一个刀具偏移量。

㉙刀具长度补偿

刀具长度补偿一般是指数控铣床或加工中心等在三维加工时,沿深度方向对刀具长度变化的补偿功能。

㉚刀具寿命

管理检测型刀具寿命管理功能是系统借助刀具检测系统监视刀具磨损及磨损情况,并根据情况决定是否由刀库备用刀自动进行调换。约定型刀具寿命管理功能是指按约定刀具完成若干套工件后,能自动用刀库备用刀完成调换。

㉛主轴准停

主轴准停是指系统在换刀时,对主轴准确定位的控制。

㉜刀具选择

数控机床加工时,可进行必要的刀具自动选择,如数控机床上的自动换刀装置。

㉝刀具偏置

这是按规定的部分或全部程序作用于机床轴的相对位移,而受控轴的位置方向仅由偏置值的正负号来确定。

㉞刀具长度偏置

刀具长度偏置是适用于旋转工件的一种刀具偏置方法。其位移是沿着 Z 轴方向,位移量等于偏置值。

㉟刀具直径偏置

刀具直径偏置是适用于旋转工件的一种刀具偏置方法。其位移是沿着 X 轴或 Y 轴方向,或同时沿 X 轴和 Y 轴方向,位移量等于偏置量的 1/2。

㊱刀具半径偏置

刀具半径偏置与刀具直径偏置的区别是其位移量等于偏置值。

㊲恒线速度控制

恒线速度控制是指数控系统对旋转工件切削点的线速度自动保持不变的一种控制功能。

㊳存储型行程限位

存储型行程限位是指由存储单元在开始加工时存放最大允许加工范围；而当加工到约定尺寸时，系统能自动停止。

（2）编程功能

①会话型自动编程功能

会话型自动编程功能是指数控系统在编程时，采用人机对话的交互式菜单编程方式。系统将刀具、材料、加工工艺等的选择都以菜单的样式，分组编号寄存在系统的存储器中。用户使用时，只要在屏幕上调出每个菜单，根据需要，按下相应的选择键，即选出菜单中的某一条件。

②用户宏程序

用户宏程序是指供用户针对某种工艺所需，自己编制相应的自动循环加工程序的族程序。它以某一种程序号寄存在系统的存储器中，也可用保密号码储存起来，用简单命令调出。用户宏程序可发挥用户软件的特长，对某种工艺的加工效率将发挥显著作用。

③录返功能

录返功能是指数控系统提供用手动操作，对工件的加工过程进行模拟，系统可将其动作顺序、坐标等参数依次录入系统的存储器中，然后用返演方式，自动地控制设备完成同样的操作。这种方式，不需再次编制零件程序。

④外部镜像

外部镜像是数控系统简化对称工件编制零件程序的功能。用户只需对对称工件的一半编制零件程序。待加工完后，只需将相应坐标轴（X 或 Y）的镜像开关置 ON（相当于坐标值乘 -1），系统即可完成另一对称面的加工，从而简化了零件程序的编制过程。

⑤F4 位方式

F4 位方式是进给速度的直接指定方式。系统用 F 码后面紧跟的 4 位数字表示进给速度的实际值，如 F1 350 表示 1 350 mm/min。

⑥缓冲寄存器

缓冲寄存器是指为提高读程序和加工效率而设置的缓冲寄存器。它提高了各程序段间读入的衔接性。

⑦手动数据输入（MDI）

通过操作面板按键，由人工逐个输入程序字符。

⑧CRT 显示

CRT 字符显示器可配合 MDI 进行数据输入，也可用于工件坐标值和报警号显示、事故显示等。CRT 图形显示器除具有 CRT 字符显示器功能外，还可实现二维图形的刀具轨迹仿真显示，有的可实现三维彩色动态图形显示。

⑨缩放功能

缩放功能是指系统对 CRT 上显示图形实现缩小和放大的功能。有些系统还可将缩放功能用于加工。

⑩旋转功能

旋转功能是指系统对工件图形显示实现二维和三维旋转若干角度后再显示的功能。有的系统还具有剖面显示功能。

⑪零件程序存储及编辑

零件程序存储及编辑是指系统对输入的零件程序进行存储及编辑的能力。

(3)输出功能

①当前位置显示

在 CRT 上能同时显示每个轴当前位置的绝对数值。

②数控数据显示

在 CRT 上显示出数控程序的全部程序段数据。

③偏置值显示

在 CRT 上显示刀具长度每一组的偏置数值,包括在每一个坐标轴上的分量值(相对坐标值)。

④参数显示

在 CRT 上显示系统控制用的参数表面上的每组参数。参数值一般是以二进制在寄存器各标值位确定的值,也可直接以十进制确定其参数值。

⑤报警号显示

数控系统为维修的需要,设置每一种功能的报警号。当系统某功能发生故障时,在 CRT 显示器上,即显示出该功能的报警号。

⑥诊断数据显示

为了检查数控系统输入及输出部件的故障,在对应号码上设置诊断数据。诊断数据的显示可反映输入和输出部分的状态。

⑦顺序号显示

顺序号显示是指对零件源程序的程序段号的自动显示,可方便用户了解加工进程。

⑧顺序号检索

顺序号检索是指对零件源程序的顺序号的检索功能,使用户便于 R 解及核查各程序段数据。

⑨程序号显示

程序号显示是指对程序号(工件号)的显示功能。

⑩通信功能

通信功能是指数控系统为与外围设备及其他数控系统或上级机通信而设置的通信功能。常用的是串行接口 RS-232 或 RS-244 及 DNC 等用途的通信接口。

第 1 章 数控铣床与加工工艺

1.1 数控铣床概述

数控铣床是普通铣床的智能加工升级，与普通铣床相同，有立式和卧式两种。其特点是数控系统能控制机床连续地对工件各加工表面自动进行铣、钻、扩、铰、镗、攻螺纹等工序的加工。

1.2 数控铣床种类及结构

1.2.1 数控铣床的种类

1）立式数控铣床

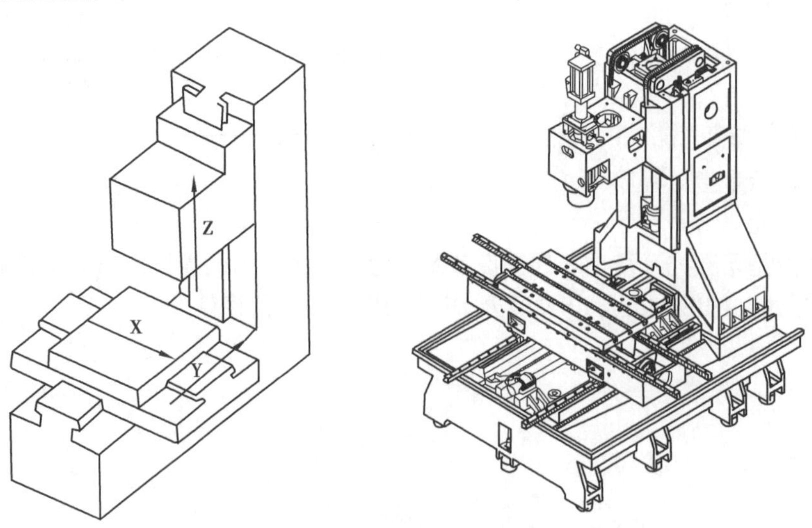

图1.1 立式数控铣床典型结构

立式数控铣床主轴为立式布置，由Z轴带动主轴箱上下方向移动，X轴、Y轴带动工作台水平两个方向移动来实现。其典型结构如图1.1所示。

2）卧式数控铣床

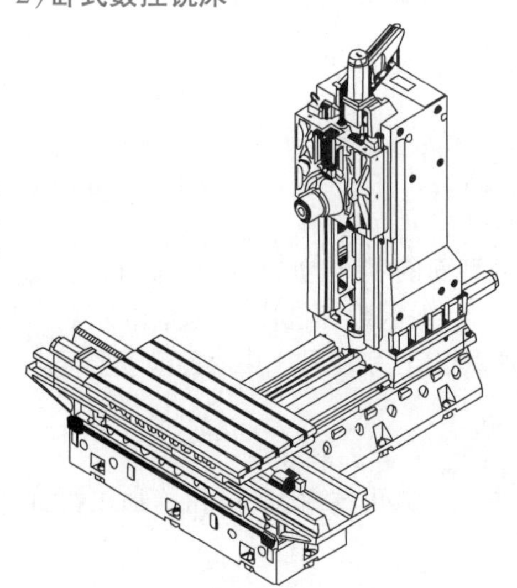

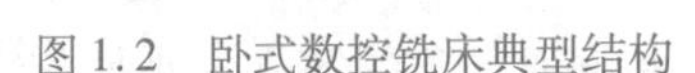
图1.2　卧式数控铣床典型结构

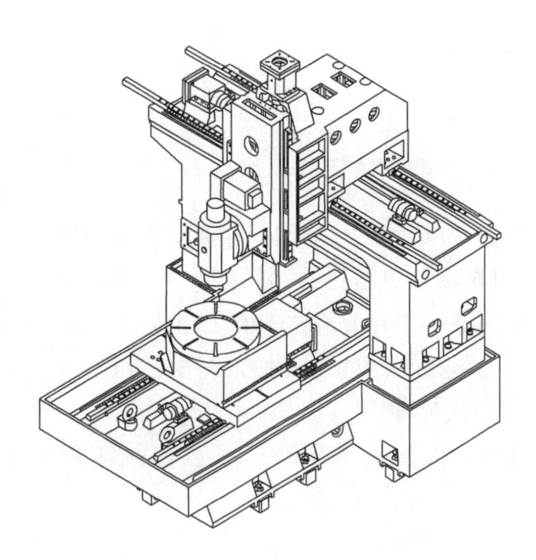
图1.3　五轴数控铣床典型结构

卧式数控铣床主轴水平方向放置，应用范围广泛，可加工扭曲面、箱体等复杂零件，如水轮机叶轮的加工。其典型结构如图1.2所示。

3）多轴数控铣床

多轴数控铣床是利用主轴头的立卧转换机构或工作台附加旋转工艺装备，实现从三轴数控铣床到四轴、五轴数控铣床，这种结构的加工适用面更为广泛。其典型结构如图1.3所示。

1.2.2　数控铣床的传动系统

1）主传动系统

机床铣头为一整体的刚性结构。由图1.4可知，主传动采用专用的无级调速主电动机（3.7 kW/5.5 kW），由带轮将运动传至主轴。主轴转速分为高低两挡，通过更换带轮的方式来实现换挡。当换上ϕ96.52 mm/ϕ127 mm的带轮时，主轴转速为80～4 500 r/min（高速挡）；当换上带轮ϕ71.12 mm/ϕ162.56 mm时，主轴转速为45～2 600 r/min（低速挡）。每挡内的转速选择可由相应指令给定，也可由手动操作执行。

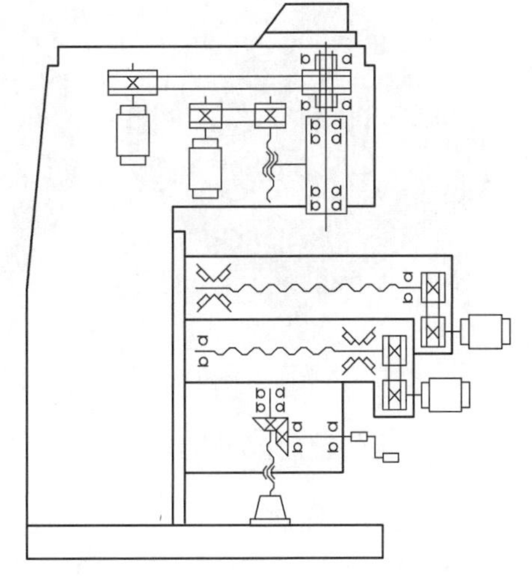
图1.4　XK5032型数控铣床传动系统

2）进给传动系统

工作台的横向（X轴）和纵向（Y轴）进给运动、主轴套筒的垂向（Z轴）进给运动都是由各自的交流伺服电动机驱动的，分别通过同步齿形带带动带轮传动滚珠丝杠，实现进给。床鞍的纵向、横向导轨面均采用了TURCITE-B贴塑面，提高了导轨的耐磨性、运动的平稳性和精度保持性，消除了低速爬行现象。伺服电动机内装有脉冲编码器，位置及速度反馈信息均由此取得，构成半闭环控制系统。

1.3 数控铣床的用途及特点

1.3.1 数控铣床的用途

数控铣床主要用于加工平面、曲面轮廓及复杂型面的零件，如凸轮、样板、模具、螺旋槽等，也可对零件进行钻孔、扩孔、铰孔、锪孔及镗孔加工，但因数控铣床不具备自动换刀功能，故不能完成多工序复合的自动加工要求，这也是数控铣床区别于加工中心的最重要标志。

适合数控铣削的主要加工对象有以下 4 类：

1）小孔类零件

孔径不大的孔类零件可在数控铣床用钻孔、扩孔、锪孔、铰孔及镗孔等加工方式进行加工。

2）平面类零件

加工面平行或垂直于水平面，或加工面与水平面的夹角为定角的零件为平面类零件（见图 1.5）。这类零件一般只需用三轴数控铣床的两坐标联动（即两轴半坐标联动）即可实现。

3）曲面类零件

加工面为空间曲面的零件，称为曲面类零件（见图 1.6）。曲面类零件不能展开为平面。加工时，铣刀与加工面始终为点接触，一般采用球头刀在三轴联动数控铣床上加工。

4）变角类零件

加工面与水平面的夹角呈连续变化的零件，称为变角零件（见图 1.7）。变角类零件的加工面不能展开为平面，通常采用四轴、五轴数控铣床加工，部分干涉角度较小的零件也可采用三轴加工方式。

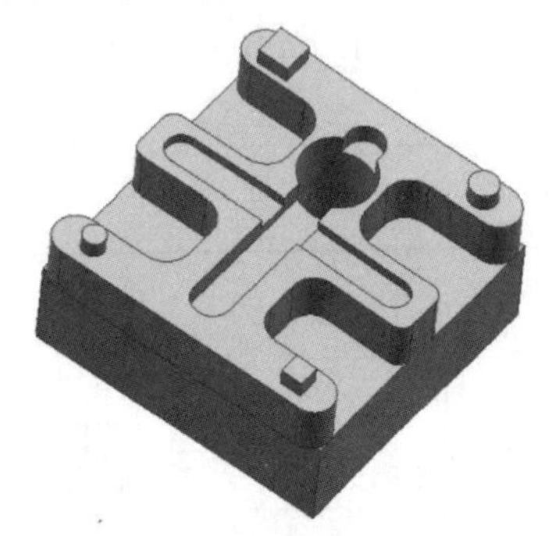

图 1.5　平面类零件

图 1.6　曲面类零件

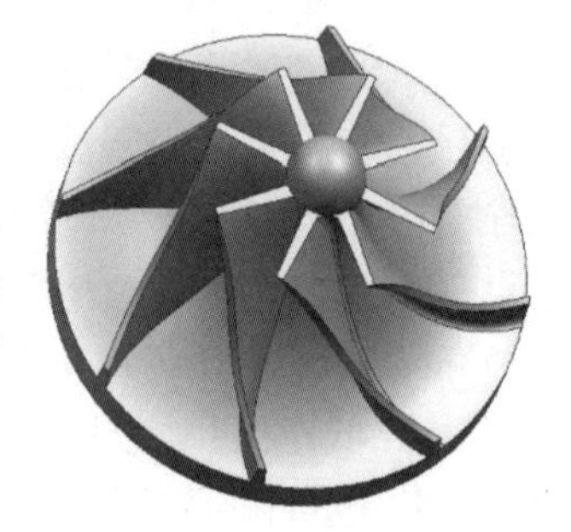

图 1.7　变角类零件

1.3.2 数控铣床的特点

1）加工工艺性好

与普通铣床加工相比，数控铣床具有高转速、高进给速度、小吃刀量等特点，可选用更好的数控刀具，采用数控编程、数控控制技术，加工质量好，精度高，效率高。

2）数控控制功能强

（1）轮廓插补功能

通过直线与圆弧插补，可实现对刀具运动轨迹的连续轮廓控制，加工出由直线和圆弧两种几何要素构成的平面轮廓工件。对非圆曲线（椭圆、抛物线、双曲线等二次曲线，以及对数螺旋线、阿基米德螺旋线和列表曲线等）构成的平面轮廓，在经过直线或圆弧逼近后也可加工。除此之外，还可加工出空间曲面。

（2）刀具半径补偿功能

使用这一功能，在编程时可很方便地按工件实际轮廓形状和尺寸进行编程计算。加工中，可使刀具中心自动偏离工件轮廓一个刀具半径，加工出符合要求的轮廓表面；也可利用该功能，通过改变刀具半径补偿量的方法来弥补铣刀制造的尺寸精度误差，扩大刀具直径选用范围及刀具返修刃磨的允许误差；还可利用改变刀具半径补偿值的方法，以同一加工程序实现分层铣削和粗、精加工或用于修调尺寸精度。此外，通过改变刀具半径补偿值的正负号，还可用同一加工程序加工某些需要相互配合的工件（如相互配合的凹凸模等）。

（3）刀具长度补偿功能

利用该功能可自动改变切削平面高度，降低在加工与修调尺寸时对刀具长度尺寸精度要求，还可弥补轴向对刀造成的误差。

（4）镜像、旋转、比例缩放等功能

通过这些功能可对图形零件进行相应的镜像、旋转、比例缩放，以达到实际生产所需零件的形状、位置和尺寸。

（5）固定循环功能

利用数控铣床对孔进行钻、扩、铰、锪和镗加工中的基本动作是一种典型的固定循环动作的特点，可专门设计一段子程序，通过调用来实现上述加工循环，特别是在加工许多相同的孔时，应用固定循环功能可大大简化程序内容。利用数控铣床的连续轮廓控制功能，也可实现一些典型化的动作（如铣整圆、方槽）循环加工。对大小不等的同类几何形状（圆、矩形、三角形、平行四边形等），可用参数方式编制出加工各种几何形状的子程序。在加工中，只需要对子程序中设定的参数赋不同数值，就可加工出不同大小或不同形状的工件轮廓、孔径及孔深不同的几何形状。目前，已有不少数控铣床的数控系统附带有各种子程序库，并可进行多重嵌套，用户可直接加以调用，简化编程，便于加工。

（6）特殊功能

具备自适应功能的数控铣床还可在加工过程中把感受到的切削状况（如切削力、温度等）的变化，通过适应性控制系统及时控制机床改变切削用量，使机床及刀具始终保持最佳状态，从而获得较高的切削效率和加工质量，延长刀具使用寿命。

1.4　数控铣床工具和刀具系统

1.4.1　工具系统

数控铣床工具系统是刀具与数控铣床的联接部分，由工作头（即刀具）、刀柄、拉钉、弹簧夹头及中间模块等组成(见图 1.8),起到固定刀具及传递动力的作用。

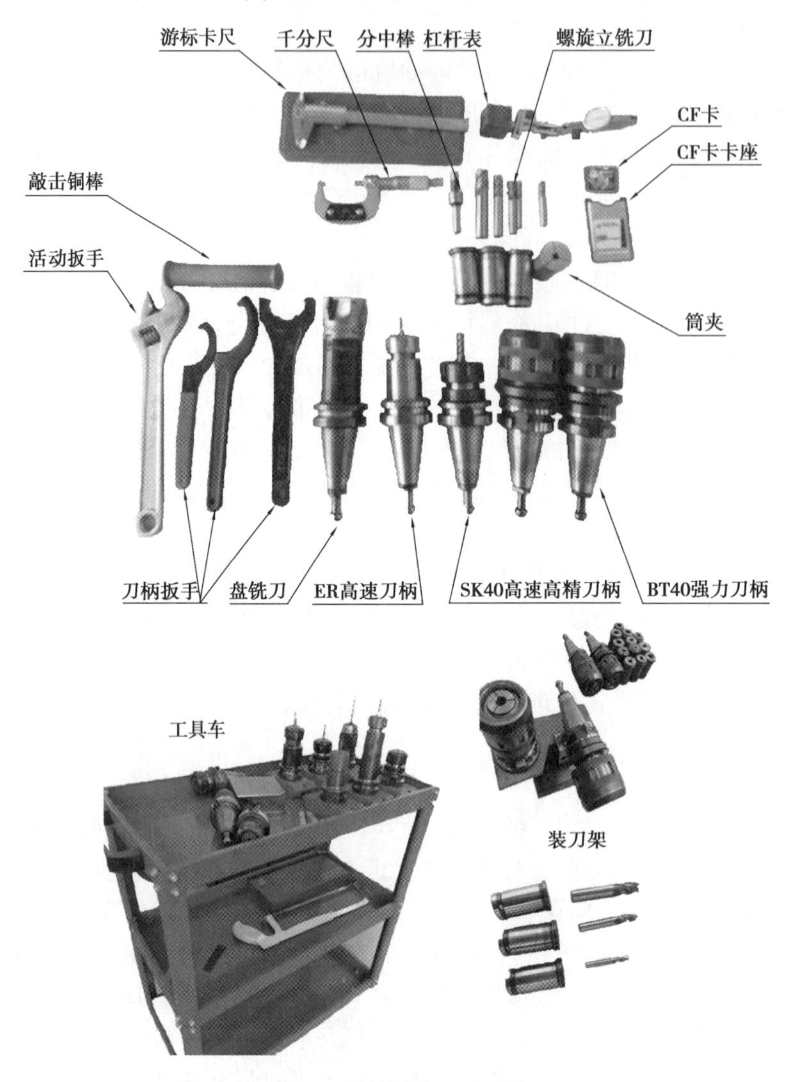

图 1.8 数控铣床工具系统

1)刀柄

数控铣床上使用的刀具种类繁多,而每种刀具都有特定的结构及使用方法,要想实现刀具在主轴上的固定,必须有一个中间装置。该装置必须既能装夹刀具又能在主轴上准确定位。这个中间装置即刀柄,如图 1.9 所示。

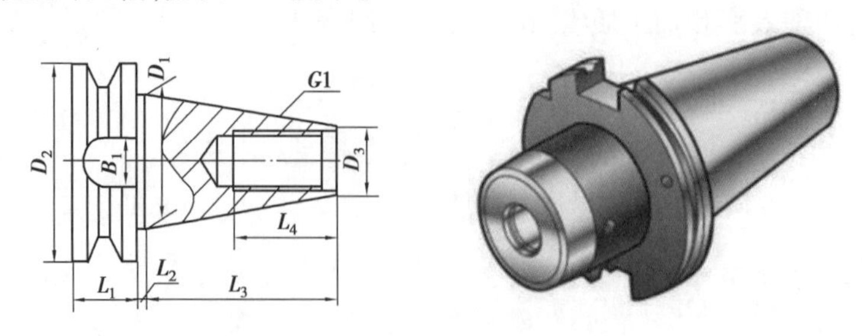

图 1.9 数控铣床常用刀柄

数控铣床刀柄一般采用 7∶24 锥面与主轴锥孔配合定位,根据锥柄大端直径(D_1)的不同,数控刀柄又分成 30,40,50(个别的还有 35 和 45)等锥度号,如 BT/JT/ST50 和 BT/JT/ST40 分别代表锥柄大端直径为 69.85 mm 和 44.45 mm 的 7∶24 锥柄。

2)拉钉

加工中心拉钉(见图 1.10)的尺寸也已标准化。ISO 或 GB 规定了 A 型和 B 型两种形式的拉钉。其中,A 型拉钉用于不带钢球的拉紧装置,而 B 型拉钉用于带钢球的拉紧装置。刀柄及拉钉的具体尺寸可查阅有关标准的规定。

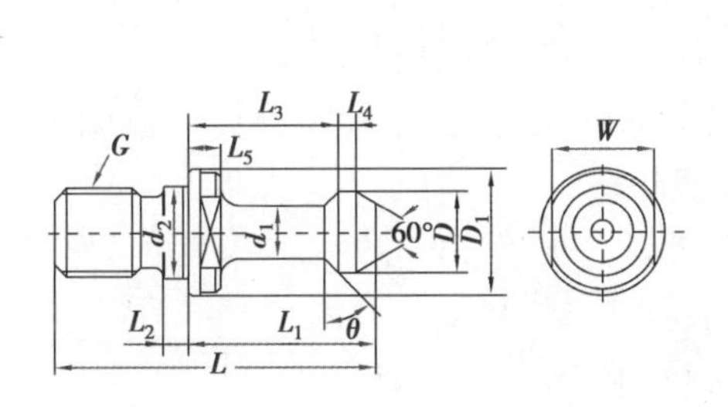

图 1.10　拉钉

3)弹簧夹头及中间模块

弹簧夹头有两种,即 ER 弹簧夹头和 KM 弹簧夹头。其中,ER 弹簧夹头采用 ER 夹头刀柄(见图 1.11)。其装夹的夹紧力较小,适用于切削力较小的场合;KM 弹簧夹头采用强力夹头刀柄装夹(见图 1.12)。其夹紧力较大,适用于强力铣削。

图 1.11　ER 弹簧夹头

图 1.12　KM 弹簧夹头

中间模块是刀柄和刀具之间的中间联接装置,通过中间模块的使用,提高了刀柄的使用性能。例如,镗刀、丝锥和钻夹头与刀柄的联接就经常使用中间模块,如图 1.13 所示。

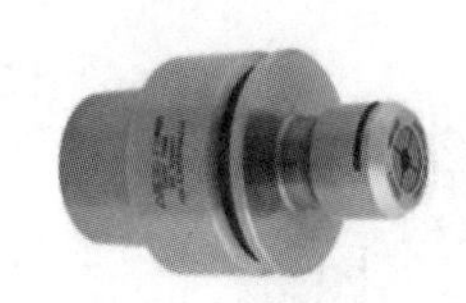

图 1.13　中间模块

1.4.2 数控铣床刀具特点及种类

1）数控铣床刀具的特点

为了达到高效、多能、快速、经济的目的，数控加工刀具与普通金属切削刀具相比，应具有以下特点：

①刀片及刀柄高度的通用化、标准化、系列化。

②刀片或刀具的寿命及经济寿命指标的合理性。

③刀具或刀片几何参数和切削参数的规范化、典型化。

④刀片或刀具材料及切削参数与被加工材料之间应相匹配。

⑤刀具应具有较高的精度，包括刀具的形状精度、刀片及刀柄对机床主轴的相对位置精度、刀片及刀柄的转位及拆装的重复精度。

⑥刀柄的强度要高、刚性及耐磨性要好。

⑦刀柄或工具系统的装机质量有限度。

⑧刀片及刀柄切入的位置和方向有要求。

⑨刀片、刀柄的定位基准及自动换刀系统要优化。

2）数控铣床刀具的种类

（1）平面铣刀

平面铣刀的圆周表面和端面上都有切削刃，端部切削刃为副切削刃。面铣刀多制成套式镶齿结构，刀齿为硬质合金，刀体为40Cr。

硬质合金面铣刀铣削速度较高，加工效率高，加工表面质量也较好，并可加工带有硬皮和淬硬层的工件，故得到广泛应用。硬质合金平面铣刀按刀片和刀齿的安装方式不同，可分为整体焊接式、机夹焊接式和可转位式3种。

由于整体焊接式和机夹焊接式平面铣刀难于保证焊接质量，刀具使用寿命短，重磨较费时。因此，目前已逐渐被可转位式面铣刀所取代。

可转位式面铣刀是将可转刀片通过夹紧元件夹固在刀体上，当刀片的一个切削刃用钝后，直接在机床上将刀片转位或更换新刀片。因此，这种铣刀在提高产品质量、加工效率、降低成本、操作使用方便等方面都具有明显的优越性，目前已得到广泛应用。

可转位式铣刀要求刀片定位精度高、夹紧可靠、排屑容易、更换刀片迅速等，同时各定位、夹紧元件通用性要好，制造要方便，并且应经久耐用。

标准平面铣刀可用于各种材料的加工，用于加工开阔的、大面积的平面结构，如图1.14所示。

多刃平面铣刀适用于大进给切削，加工部位和标准平面铣刀相同，如图1.15所示。

图1.14　标准平面铣刀

图1.15　多刃平面铣刀

图1.16　面铣刀头

面铣刀头所装刀片为尖角刀片和圆角到刀片两种，用于加工较小面积、较深的平面结构，如斜楔机构底座、冲头底座、螺栓座平面等，如图1.16所示。

(2)立铣刀

立铣刀是数控机床上用得最多的一种铣刀。其结构如图1.17所示。立铣刀的圆柱表面和端面上都有切削刃，它们可同时进行切削，也可单独进行切削。

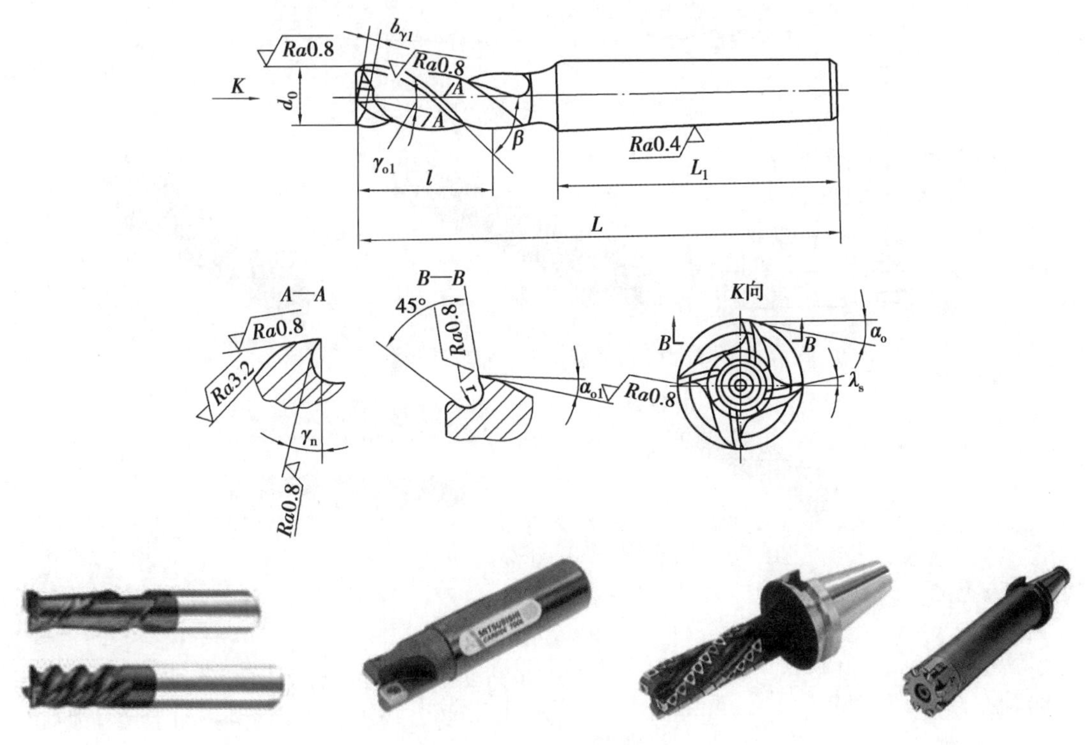

图1.17　平面轮廓加工

立铣刀圆柱表面的切削刃为主切削刃，端面上的切削刃为副切削刃。主切削刃一般为螺旋齿，这样可增加切削平稳性，提高加工精度。由于普通立铣刀端面中心处无切削刃。因此，立铣刀不能作轴向进给，端面刃主要用来加工与侧面相垂直的底平面。

为了能加工较深的沟槽，并保证有足够的备磨量，立铣刀的轴向长度一般较长。立铣刀主要用于小面积的槽穴加工、自上而下插铣加工、侧面和台阶面的粗加工(如汽车模具上导板滑动面、压料板内沿等的加工)等。

(3)球头铣刀

球头铣刀其柄部有直柄、削平型直柄和莫氏锥柄。它的结构特点是在球头或端面上布满了切削刃，圆周刃与球头刃圆弧连接，可作径向和轴向进给。铣刀工作部分用高速钢或硬质合金制造。如图1.18所示为整体式球头铣刀。$\phi16$以上直径的，如图1.19所示为焊接或机夹可转位球头铣刀。球头铣刀主要用于3D型面的精铣加工。

(4)牛鼻铣刀

牛鼻铣刀也称环形铣刀，或称R刀。其结构如图1.20所示。其刀尖为圆形，是集立铣刀和球头铣刀的优点于一体的铣刀。它主要用于3D型面的粗加工、平面的精加工和带R角的平面清角加工。

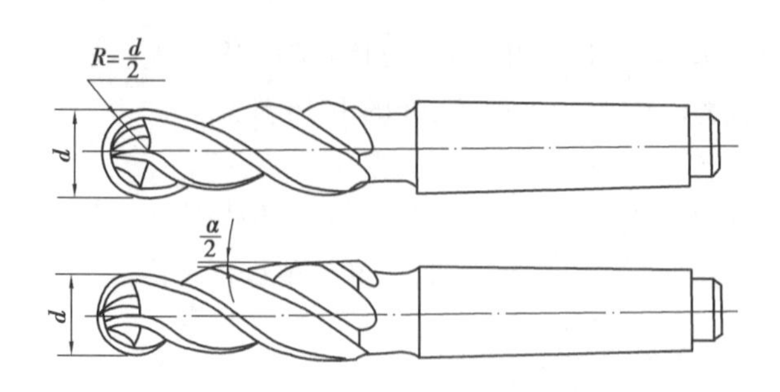

图 1.18　整体式球头铣刀

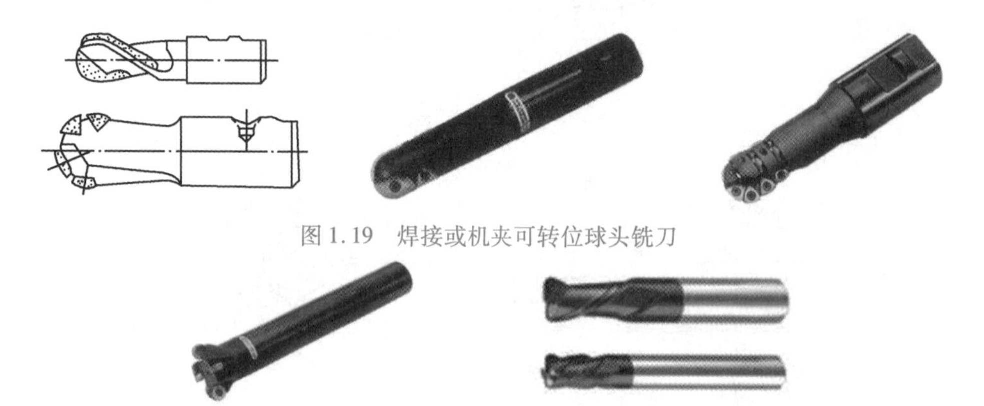

图 1.19　焊接或机夹可转位球头铣刀

图 1.20　牛鼻铣刀

(5)孔加工刀具

①钻孔刀具

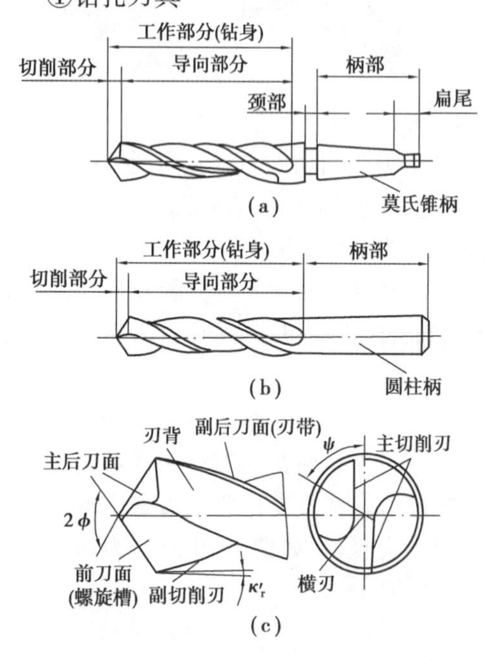

图 1.21　麻花钻

钻孔刀具较多,有普通麻花钻、可转位浅孔钻及扁钻等。应根据工件材料、加工尺寸及加工质量要求等合理选用。

在数控机床上钻孔,大多是采用普通麻花钻。麻花钻有高速钢和硬质合金两种。麻花钻的组成如图 1.21 所示。它主要由工作部分和柄部组成。工作部分包括切削部分和导向部分。

麻花钻的切削部分有两个主切削刃、两个副切削刃和一个横刃。两个螺旋槽是切屑流经的表面,为前刀面;与工件过渡表面(即孔底)相对的端部两曲面为主后刀面;与工件已加工表面(即孔壁)相对的两条刃带为副后刀面。前刀面与主后刀面的交线为主切削刃,前刀面与副后刀面的交线为副切削刃,两个主后刀面的交线为横刃。横刃与主切削刃在端面上投影之间的夹角,称为横刃斜角,横刃斜角 $\psi=50°\sim55°$;主切削刃上各点的前角、后角是变化的,外缘处前角约为 30°,钻心处前角接近 0°,甚至是负值;两条主切削刃在与其平行的平面内的投影之间的夹角为顶角，标准麻花钻的顶角 $2\phi = 118°$。

麻花钻导向部分起导向、修光、排屑及输送切削液作用，也是切削部分的后备部分。

根据柄部不同，麻花钻有莫氏锥柄和圆柱柄两种。直径为 8 ~ 80 mm 的麻花钻多为莫氏锥柄，可直接装在带有莫氏锥孔的刀柄内，刀具长度不能调节。直径为 0.1 ~ 20 mm 的麻花钻多为圆柱柄，可装在钻夹头刀柄上。中等尺寸麻花钻两种形式均可选用。

麻花钻有标准型和加长型，为了提高钻头刚性，应尽量选用较短的钻头，但麻花钻的工作部分应大于孔深，以便排屑和输送切削液。

钻削直径在 20 ~ 60 mm、孔的深径比小于等于 3 的中等浅孔时，可选用如图 1.22 所示的可转位浅孔钻。其结构是在带排屑槽及内冷却通道钻体的头部装有一组刀片（多为凸多边形、菱形和四边形），多采用深径刀片，通过该中心压紧刀片。靠近钻心的刀片用韧性较好的材料，靠近钻头外径的刀片选用较为耐磨的材料，这种钻头具有切削效率高、加工质量好的特点，最适用于箱体零件的钻孔加工。为了提高刀具的使用寿命，可在刀片上涂镀碳化钛涂层。使用这种钻头钻箱体孔，比普通麻花钻提高效率 4 ~ 6 倍。

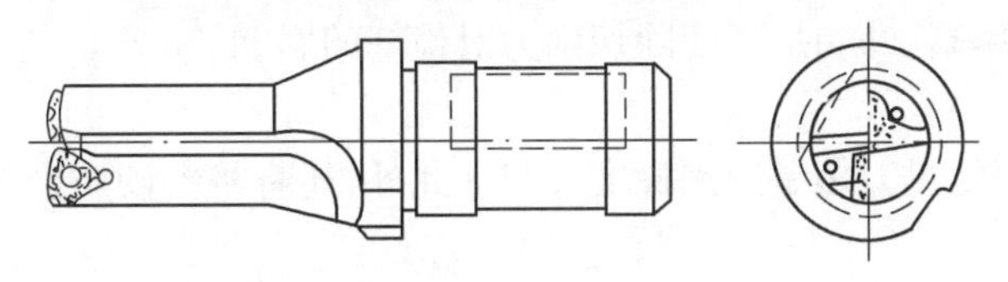

图 1.22　可转位浅孔钻

②镗孔刀具

镗孔所用刀具为镗刀。镗刀种类很多，按切削刃数量可分为单刃镗刀和双刃镗刀。镗削通孔、阶梯孔和不通孔可分别选用如图 1.23 所示的单刃镗刀。

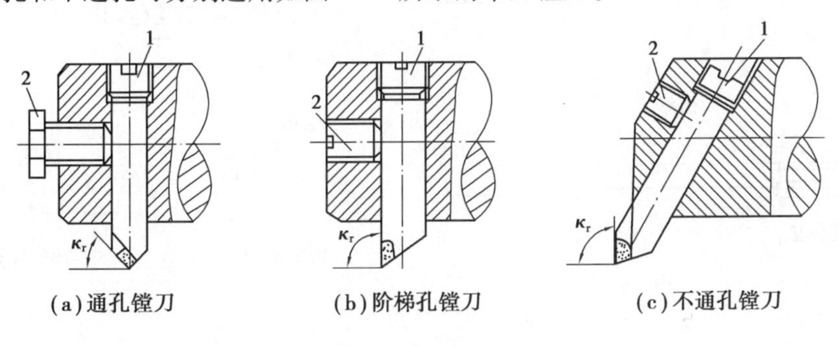

图 1.23　单刃镗刀

1—调节螺钉；2—紧固螺钉

单刃镗刀头结构类似车刀，用螺钉装夹在镗杆上。调节螺钉用于调整尺寸，紧固螺钉起锁紧作用。

单刃镗刀刚性差，切削时易引起振动，故镗刀的主偏角选得较大，以减小径向力。镗铸铁孔或精镗时，一般取 $\kappa_r = 90°$；粗镗钢件孔时，取 $\kappa_r = 60° \sim 75°$，以提高刀具的寿命。

所镗孔径的大小要靠调整刀具的悬伸长度来保证，调整麻烦，效率低，只能用于单件小批生产。但单刃镗刀结构简单，适应性较广，粗加工、精加工都适用。

在孔的精镗中，目前较多地选用精镗微调镗刀。这种镗刀的径向尺寸可在一定范围内进行微调，调节方便，且精度高。其结构如图 1.24 所示。调整尺寸时，首先松开拉紧螺钉，然后转动带刻度盘的调整螺母,等调至所需尺寸,再拧紧拉紧螺钉。制造时,应保证锥面靠近大端接触(即刀杆4的90°锥孔的角度公差为负值),且与直孔部分同心。导向键与键槽配合间隙不能太大,否则微调时就不能达到较高的精度。

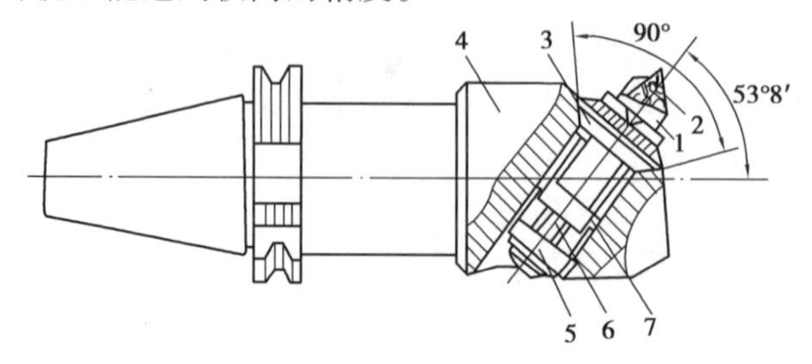

图1.24 微调镗刀

1—刀体;2—刀片;3—调整螺母;4—刀杆;

5—螺母;6—拉紧螺钉;7—导向键

双刃镗刀的两端有一对对称的切削刃同时参加切削,与单刃镗刀相比,每转进给量可提高1倍左右,生产效率高。同时,可消除切削力对镗杆的影响。

③铰孔刀具

加工中心上使用的铰刀多是通用标准铰刀。此外,还有机夹硬质合金刀片单刃铰刀和浮动铰刀等。

加工精度为IT9—IT8级、表面粗糙度 Ra 为1.6~0.8 μm的孔时,多选用通用标准铰刀。

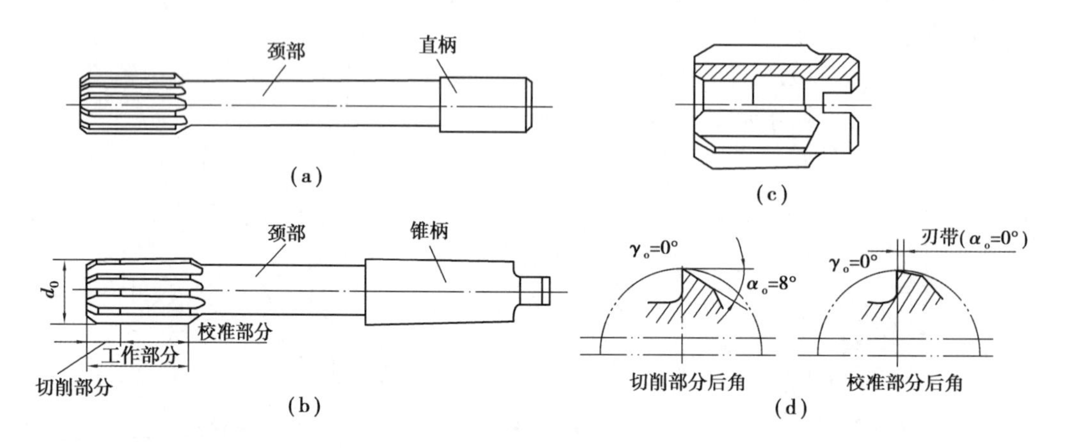

图1.25 机用铰刀

通用标准铰刀如图1.25所示。它有直柄、锥柄和套式3种。锥柄铰刀直径为10~32 mm,直柄铰刀直径为6~20 mm,小孔直柄铰刀直径为1~6 mm,套式铰刀直径为25~80 mm。

注意,由工具厂购入的铰刀,需按工件孔的配合和精度等级进行研磨和试切后才能投入使用。

加工IT7—IT5级、表面粗糙度 Ra 为0.7 μm的孔时,可采用机夹硬质合金刀片的单刃铰刀。这种铰刀的结构如图1.26所示。刀片通过楔套用螺钉1固定在刀体上,通过螺钉、销子可调节铰刀尺寸。导向块可采用黏结和铜焊固定。机夹单刃铰刀应有很高的刃磨质量。因精密铰削时,半径上的铰削余量是在10 μm以下,故刀片的切削刃口要磨得异常锋利。

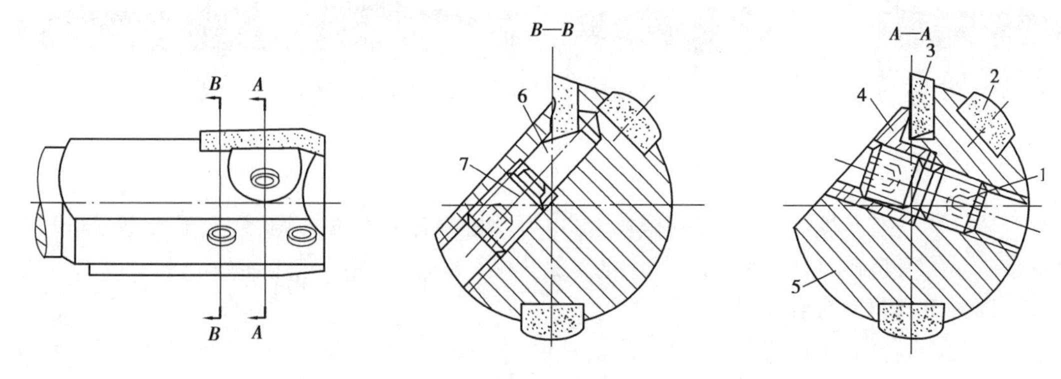

图1.26 机用铰刀

1—锁紧螺母;2—导向块;3—刀片;4—压紧块;
5—刀体;6—定位销;7—微调螺钉

铰削精度为IT7—IT6级、表面粗糙度 Ra 为1.6~0.8 μm的大直径通孔时,可选用专为加工中心设计的浮动铰刀。如图1.27所示为浮动铰刀。在装配时,首先根据所要加工孔的大小调节好可调式浮动铰刀体,在铰刀体插入刀杆体的长方孔后,在对刀仪上找正两切削刃与刀杆轴的对称度在0.02~0.05 mm,然后移动定位滑块,使圆锥端螺钉的锥端对准刀杆体上的定位窝,拧紧螺钉后,调整圆锥端螺钉,使铰刀体有0.04~0.08 mm的浮动量(用对刀仪观察),调整好后,将螺母拧紧。

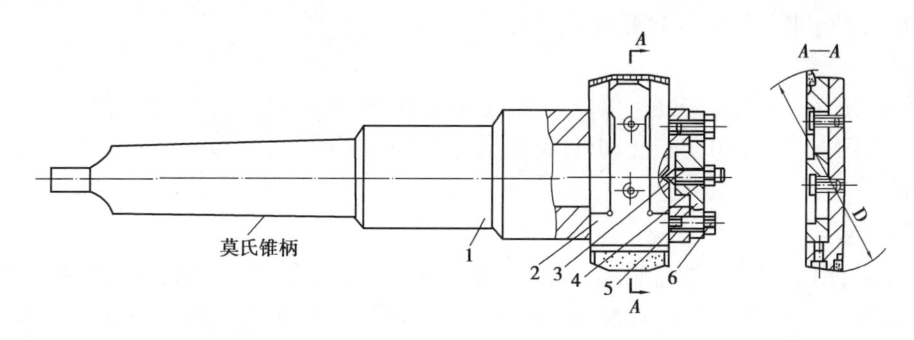

图1.27 浮动铰刀

1—刀体;2—可调浮动铰刀体导向块;3—刀片锁紧螺钉

浮动铰刀既能保证在换刀和进刀过程中刀片不会从刀杆的长方孔中滑出,又能较准确地定心。它有两个对称刃,既能自动平衡切削力,在铰削过程中又能自动抵偿因刀具安装误差或刀杆的径向跳动而引起的加工误差,因而加工精度稳定。浮动铰刀的寿命比高速钢铰刀高8~10倍,且具有直径调整的连续性。

除了上述类型的铣刀外,数控机床可使用各种通用铣刀。但因不少数控机床的主轴内有特殊的拉刀位置或主轴内锥孔有别,故必须配制过渡套和拉钉。

④其他孔加工刀具

a. 中心钻。主要用于位置精度要求高的孔的定位孔加工,如图1.28所示。

b. 沉孔铣刀。主要用于螺栓安装沉孔、弹簧安装沉孔等的加工,如图1.29所示。

c. 锪钻。主要用于导柱孔等大直径孔的高效扩孔加工,如图1.30所示。

d. 丝锥。用于各种螺纹孔的攻丝加工,如图1.31所示。

图 1.28 中心钻

图 1.29 沉孔铣刀

图 1.30 锪钻

图 1.31 丝锥

1.4.3 刀具材料

刀具材料是指刀具切削部分的材料。常用刀具材料有碳素工具钢、合金工具钢、高速钢、硬质合金、陶瓷、超硬刀具材料(金刚石、立方氮化硼)等。

1)碳素工具钢和合金工具钢

碳素工具钢(如 T10A,T12A)和合金工具钢(如 9SiCr,CrWMn)因耐热性较差,通常仅用于手工工具和切削速度较低的刀具。

2)高速钢(HSS)

如 W6Mo5Cr4V2,W18Cr4V 是指含有钨(W)、铬(Cr)、钒(V)等合金元素较多的高合金工具钢,具有较高的硬度(热处理硬度可达 62 ~ 67 HRC)和耐热性(切削温度可达 550 ~600 ℃)具有较高的强度和韧性,抗冲击、振动的能力较强。高速钢刀具制造工艺较简单,刀刃锋利适用于制造各种形状复杂刀具(如钻头、丝锥、成形刀具、拉刀及齿轮刀具等)。

此外,还有高性能高速钢(如 9W6MoSCr4V2,W6MoSCr4V3)比通用型高速钢具有更好的切削性能,适合于加工奥氏体不锈钢、高温合金、钛合金及高强度等难加工材料。

3)硬质合金

ISO(国际标准化组织)将切削用硬质合金分为以下 3 类:

(1)P 类

P 类是指用于加工长切屑的黑色金属,如普通碳钢、合金钢等,相当于我国的 YT 类硬质合金。其牌号有 P01,P10,P20,P30,P50 等。精加工可用 P01;半精加工选用 P10,P20;粗加工宜用 P30。

(2)K 类

K 类是指用于加工短切屑的黑色金属、有色金属和非金属材料,如灰铸铁、耐热合金、铜铝合金等,相当于我国的 YG 类硬质合金。其牌号有 K01,K10,K20,K30,K40 等。精加工可用 K01;半精加工选用 K10;粗加工宜用 K30。

(3)M 类

M 类是指用于加工长或短切屑的黑色金属和有色金属,如普通碳钢、铸钢、冷硬铸铁、耐热钢、高锰钢、有色金属等,相当于我国的 YW 类。其牌号有 M10,M20,M30,M40 等。精加工可用 M10;半精加工选用 M20;粗加工宜用 M30。

4)陶瓷

陶瓷刀具是以 Al_2O_3 为主要成分,在高温下烧结而成的一种刀具材料。陶瓷脆性大,强度、韧性低,为硬质合金的 1/3 ~1/2,不能承受冲击负荷,易崩刃、破损。陶瓷导热率低,不宜温度波动,不能用切削液。

5)超硬刀具材料

超硬刀具材料是指比陶瓷材料更硬的刀具材料。它包括单晶金刚石、聚晶金刚石(PCD)、聚晶立方氮化硼(PCBN)及 CVD 金刚石等。超硬刀具主要是以金刚石和立方氮化硼为材料制作的刀具,其中以人造金刚石复合片(PCD)刀具及立方氮化硼复合片(PCBN)刀具占主导地位。

1.4.4 加工切削参数选择

铣削用量包括主轴转速(切削速度 v_c)、背吃刀量 a_p、进给量 v_f,如图1.32所示。切削用量的大小对切削力、切削功率、刀具磨损、加工质量及加工成本均有显著影响。数控加工中选择切削用量时,就是在保证加工质量和刀具耐用度的前提下,充分发挥机床性能和刀具切削性能,使切削效率最高,加工成本最低。其选择原则如下:

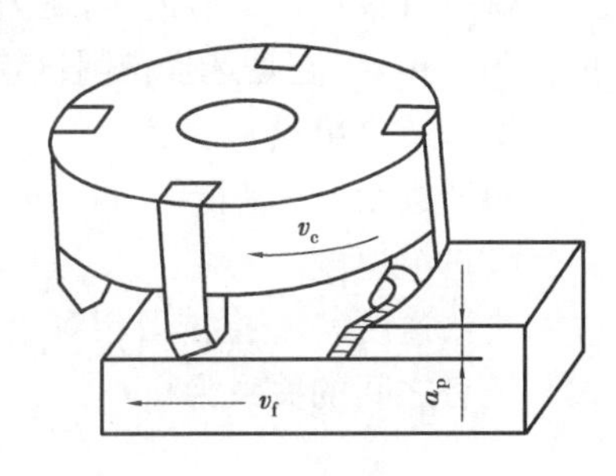

图1.32 铣削用量参数

①粗加工时切削用量的选择。首先选取尽可能大的背吃刀量;然后根据机床动力和刚性的限制条件等,选取尽可能大的进给量;最后根据刀具耐用度确定最佳的切削速度。

②精加工时切削用量的选择。首先根据粗加工后的余量确定背吃刀量;然后根据已加工表面的粗糙度要求,选取较小的进给量;最后在保证刀具耐用度的前提下,尽可能选取较高的切削速度。

1)切削速度

切削速度 v_c 是指在切削过程中铣刀的线速度,单位为m/min。其计算公式为

$$v_c = \frac{\pi D n}{1\,000}$$

式中 D——铣刀的直径,mm;

n——铣刀的转速,r/min;

π——圆周率。

铣削速度在铣床上是以主轴的转速来调整的。但是,对铣刀使用寿命等因素的影响,是以铣削速度来考虑的。因此,在选择好合适的铣削速度后,还要根据铣削速度来计算铣床的主轴转速。铣削速度 v_c 可在表1.1推荐的范围内选取,并根据实际情况进行试切后加以调整。

表1.1 铣削速度 v_c 值的选取

工件材料	铣削速度 $v_c/(m \cdot min^{-1})$	
	高速钢铣刀	硬质合金铣刀
20钢	20~45	150~250
45钢	20~35	80~220
40Cr	15~25	60~90
HT150	14~22	70~100

工件材料	铣削速度 $v_c/(m \cdot min^{1})$	
	高速钢铣刀	硬质合金铣刀
黄铜	30~60	100~200
铝合金	50~90	100~300
不锈钢	16~25	50~100

注:1.粗铣时,取小值;精铣时,取大值。

2.工件材料强度和硬度较高时取小值;反之,取大值。

3.刀具材料耐热性较好时取大值;反之,取小值。

2)进给量

铣刀是多刃刀具。因此,进给量有多种不同的表达方式。

①每齿进给量f_z

铣刀每转过一个刀齿时,铣刀在进给运动方向上相对于工件的位移量,称为每齿进给量,单位为 mm/z。它是选择铣削进给速度的依据。每齿进给量的选择见表 1.2。

②每转进给量f

每转进给量f是指铣刀每转一转,铣刀与工件的相对位移,单位为 mm/r。

③进给速度 v_f

进给速度 v_f 是指铣刀相对于工件的移动速度,即单位时间内的进给量,单位为 mm/min。

三者之间的关系为

$$v_f = fn = f_z z n$$

式中 z——铣刀齿数。

表 1.2 每齿进给量f_z 值的选取

刀具名称	高速钢刀具		硬质合金刀具	
工件材料	铸铁	钢件	铸铁	钢件
立铣刀	0.08 ~0.15	0.03 ~0.06	0.2 ~0.5	0.08 ~0.20
面铣刀	0.15 ~0.2	0.06 ~0.10	0.2 ~0.5	0.08 ~0.20

3)背吃刀量

铣削背吃刀量不同于车削时的背吃刀量,不是待加工表面与已加工表面的垂直距离,而是指平行于铣刀轴线测得的切削层尺寸。而垂直于铣刀轴线测量的切削层尺寸为铣削宽度,粗加工的铣削宽度一般取 0.6 ~0.8 倍刀具的直径,精加工的铣削宽度由精加工余量确定(精加工余量一次性切削)。铣削背吃刀量 a_p 的选取见表 1.3。

表 1.3 铣削背吃刀量 a_p 的选取

刀具材料	高速钢铣刀		硬质合金铣刀	
加工阶段	粗铣	精铣	粗铣	精铣
铸铁	5 ~7	0.3 ~1	0.2 ~2	0.1 ~0.5
软钢	<5	0.3 ~1	<2	0.1 ~0.5
中硬钢	<4	0.3 ~1	<1	0.1 ~0.5
硬钢	<3	0.3 ~1	<0.5	0.1 ~0.2

1.4.5 加工余量的确定

1)精加工余量的概念

精加工余量是指精加工过程中,所切去的金属层厚度。通常情况下,精加工余量由精加工一次切削完成。

加工余量分为单边余量和双边余量。轮廓和平面的加工余量是指单边余量,它等于实际切削的金属层厚度。而对一些内圆和外圆等回转体表面,加工余量有时是指双边余量,即以直径方向计算,实际切削的金属层厚度为加工余量的 1/2。

2)精加工余量的影响因素

精加工余量的大小对零件的加工最终质量有直接影响。选取的精加工余量不能过大,也不能过小,余量过大会增加切削力、切削热的产生,进而影响加工精度和加工表面质量;余量过小,则不能消除上道工序(或工步)留下的各种误差、表面缺陷和本工序的装夹误差,容易造成废品。因此,应根据影响余量大小的因素合理地确定精加工余量。

影响精加工余量大小的因素主要有两个,即上道工序(或工步)的各种表面缺陷、误差;本工序的装夹误差。

3)精加工余量的确定方法

经验估算法此法是凭工艺人员的实践经验估计精加工余量。为避免因余量不足而产生废品,所估余量一般偏大,仅用于单件小批生产。

查表修正法将工厂生产实践和试验研究积累的有关精加工余量的资料制成表格,并汇编成手册。确定精加工余量时,首先从手册中查得所需数据,然后结合工厂的实际情况进行适当修正。这种方法目前应用最广。

分析计算法采用此法确定精加工余量时,需运用计算公式和一定的试验资料,对影响精加工余量的各项因素进行综合分析和计算来确定其精加工余量。用这种方法确定的精加工余量比较经济合理,但必须有较全面和可靠的试验资料。目前,只在材料十分贵重,以及军工生产或少数大量生产的工厂中采用。

数控铣床上,采用经验估算法或查表修正法确定的精加工余量推荐值见表1.4。其中,轮廓是指单边余量,孔是指双边余量。

表1.4　精加工余量推荐值

加工方法	刀具材料	精加工余量	加工方法	刀具材料	精加工余量
轮廓铣削	硬质合金	0.3~1	铰孔	硬质合金	0.1~0.2
	高速钢	0.5~2		高速钢	0.2~0.4
扩孔	硬质合金	0.5~1	镗孔	硬质合金	0.1~0.5
	高速钢	1~2		高速钢	0.3~1.0

1.5　常用量具、工具及设备

1.5.1　常用计量单位

1)长度单位

(1)我国法定长度计量单位

我国采用的长度单位制为国际单位制。1984年2月27日公布的《中华人民共和国法定计量单位》中明确规定,米制为我国的基本计量制度。长度的基本单位为米(m),表示光在1/299 792 458秒(s)时间间隔内所经过路径的长度;其他常用单位有厘米(cm)、毫米(mm)、微米(μm)、纳米(nm)等,见表1.5。

表 1.5　我国常用法定长度计量单位

单位名称	符号	对主单位之比	单位名称	符号	对主单位之比
米	m	主单位	毫米	mm	10^{-3}(0.001 m)
分米	dm	10^{-1}(0.1 m)	微米	μm	10^{-6}(0.000 001 m)
厘米	cm	10^{-2}(0.01 m)	纳米	nm	10^{-9}(0.000 000 001 m)

在机械制造图样上所标注的法定计量单位为(mm),并规定在图样上不标注单位符号。例如,1 m 写成 1 000,3.4 cm 写成 34,以及 5 μm 写成 0.005 等。

(2)英制单位简介

在生产实践中,有时还会遇到英制单位,其尺寸单位的进位和名称为 1 英尺(ft) = 12 英寸(in)。在图样中,所标注的英制尺寸是以英寸为单位的。

法定长度计量单位与英制单位是两种不同的长度单位,但它们之间可互相换算。其换算关系为

$$1\ \text{in} = 25.4\ \text{mm}$$

例 1.1　求$\left(\frac{5}{16}\right)$in 等于多少毫米?

解
$$25.4 \times \frac{5}{16}\ \text{mm} = 7.94\ \text{mm}$$

例 1.2　求 12.7 mm 等于多少英寸?

解
$$\frac{12.7}{25.4}\ \text{in} = 0.5\ \text{in}$$

2)平面角度单位

(1)平面的定义

从一个平面内的任意一点引出两条射线,所组成的图形称为平面角,或称角。

(2)平面角的计量单位及换算

平面角的计量单位有弧度制和角度制两种。

①弧度制

圆周上等于半径长的弧,称为含有 1 弧度(rad)的弧;1 弧度的弧所对应的圆心角,称为 1 弧度的角。用弧度作单位来度量角和弧的制度如图 1.33 所示。由于整个圆周的长度为 $2\pi R$(R 为圆的半径)。因此,整个圆周的圆心角为 2π 弧度。

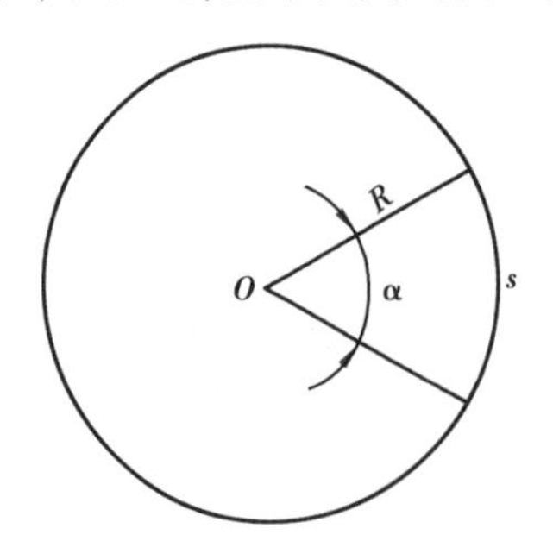

图 1.33　rad 的定义

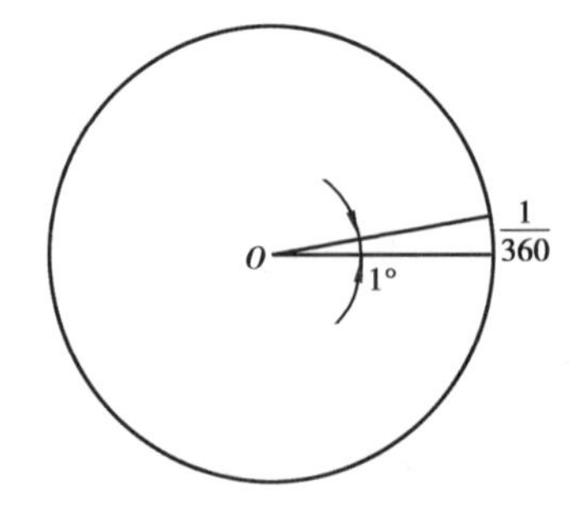

图 1.34　度的定义

②角度制

等于整个圆的1/360的弧,称为含有1度的弧;1度弧所对应的圆心角,称为1度的角;用度作单位来度量角和弧的制度,称为角度制,如图1.34所示。角度制的单位是度、分、秒,符号分别为(°)、(′)、(″)。其换算关系为

$$1^\circ = 60' = 360''$$

$$1\text{ 圆周} = 360^\circ,\quad 1\text{ 平角} = 180^\circ,\quad 1\text{ 直角} = 90^\circ$$

度和弧度的换算关系为

$$1^\circ = \pi\,\frac{\text{rad}}{180} \approx 0.017453\ \text{rad}$$

$$1\ \text{rad} = \frac{180}{\pi} \approx 57.2958^\circ \approx 57^\circ 17' 45''$$

例1.3　求40°等于多少弧度?

解　$$0.017\,453\ \text{rad} \times 40 = 0.698\,12\ \text{rad}$$

例1.4　求3 rad等于多少度?

解　$$57.295\,8^\circ \times 3 = 171.887\,4^\circ = 171^\circ 53' 15''$$

1.5.2　常用量具

为了确保产品质量,铣工在工作中,离不开各种量具。应熟悉不同量具的性能及结构特点,正确选用与被测工件精度相适应的量具。同时,掌握正确的使用方法,可减少测量误差,是完成加工工件的一个重要保障。

量具是用来测量、检验工件及产品尺寸和形状的工具。量具的种类较多,分类的方式也较多。按用途,可分为:第一类就是通用计量器具,这类量具能对不同工件、多种尺寸进行测量,能读出具体值,如钢直尺、千分尺、百分表及角度尺等;第二类就是标准计量器具,只有一个固定尺寸,作为标准来校对和调整其他量具,如量块等;第三类就是专用计量器具,不能测量出具体值来,只能测定工件的形状及尺寸是否合格,如卡规、塞规和塞尺等。

1)钢直尺

钢直尺是用不锈钢制成的一种直尺,也称钢板尺,如图1.35所示。钢直尺是常用量具中最基本的一种。尺边平直,尺面有米制或英制的刻度,可用来测量工件的长度、宽度、高度及深度;也可用作划直线的导向工具;有时,还可用来对一些要求较低的工件表面进行平面度误差检查。

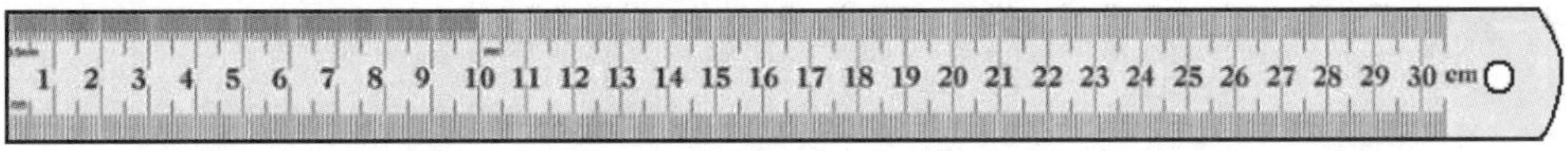

图1.35　钢直尺

钢直尺的规格(测量范围)有150,300,500,1 000 mm等规格。尺面上刻有尺寸刻线,间距一般为1 mm,钢直尺的最小刻度0.5 mm。由于刻度线本身的宽度就有0.1～0.2 mm,再加上尺本身的刻度误差,故用钢直尺测量出的数值误差较大,而且1 mm以下的小数值只能靠估计得出。因此,不能用作精确测量。

使用钢尺测量长度时,要注意:

①尽量使待测物贴近钢尺的刻度线，读数时视线要垂直钢尺。

②一般不要用钢尺的端点作为测量的起点，因端边易受磨损而给测量带来误差。

③钢尺的刻度可能不够均匀，在测量时要选取不同起点进行多次测量，然后取平均值。

2）游标卡尺

游标卡尺是一种较精密的量具。它利用游标和尺身相互配合进行测量和读数。游标卡尺的优点是结构简单，使用方便，测量范围大，用途广泛，保养方便，可直接测量出各种工件的内径、外径、中心距、宽度、厚度、深度及孔距等。

（1）游标卡尺的结构和规格

游标卡尺根据其结构的不同，一般可分为三用游标卡尺（见图 1.36）、双面量爪游标卡尺（见图 1.37）和单面量爪游标卡尺（见图 1.38）3 种形式。

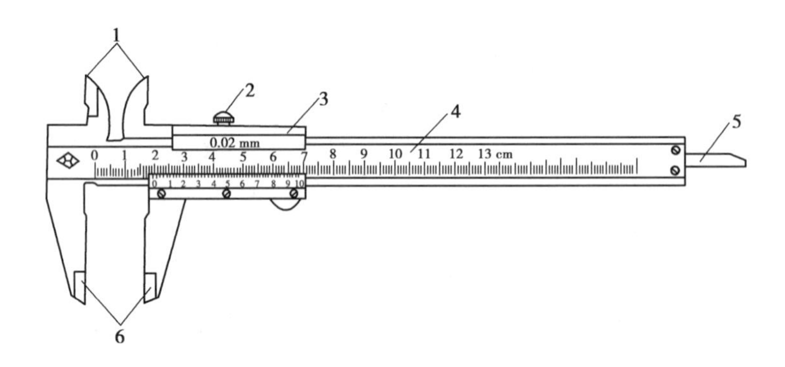

图 1.36　三用游标卡尺

1,6—量爪；2—紧固螺钉；3—游标；4—尺身；5—深度尺

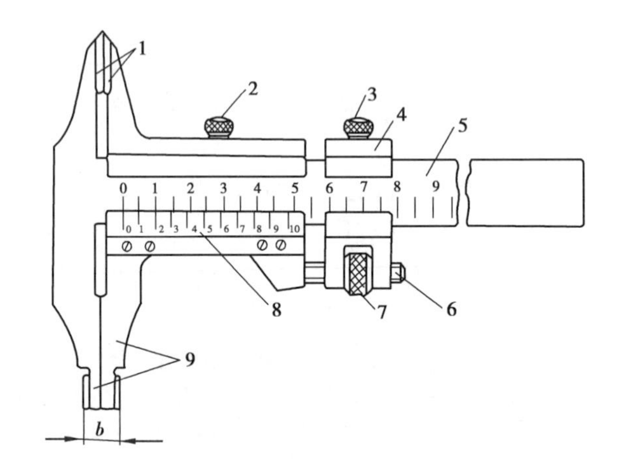

图 1.37　双面量爪游标卡尺

1,9—量爪；2—游标紧固螺钉；3—紧固螺钉；4—微动游框；
5—尺身；6—螺杆；7—螺母；8—游标

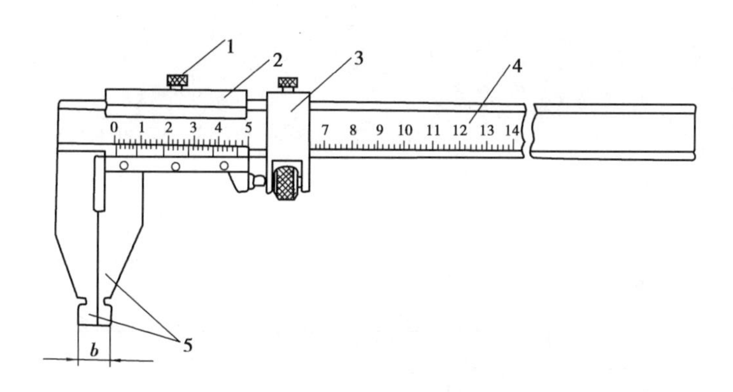

图1.38　单面量爪游标卡尺

1—紧固螺钉;2—游标;3—微动游框;4—尺身;5—量爪

①三用游标卡尺的测量范围有0～125 mm和0～150 mm两种。其结构比较简单,主要由尺身、游标和深度尺3个部分组成。在尺身上,刻有间距1 mm的刻度。当松开紧固螺钉时,即可进行测量。下测量爪用来测量内径、槽宽等内尺寸,而测深尺的一端固定在游标内,故能随游标在尺身背部的导向槽内移动,另一端是测量面,通常用于测量深度。

②双面量爪游标卡尺的测量范围一般有0～200 mm和0～300 mm两种。它有上下两对测量爪用于外径和内径的测量。当使用下测量爪测量工件内径时,应将游标卡尺的读数加上下测量爪本身的厚度尺寸b,才能得出被测量工件的实际尺寸。

③单面量爪游标卡尺测量范围较大,可达标1 000 mm,用于测量内外尺寸。在测量工件内径尺寸时,应将游标卡尺的读数加上下测量爪本身的厚度尺寸b,才能得到零件的实际尺寸。

(2)游标卡尺的读数原理及读法

游标卡尺按其读数值的不同,可分为0.1,0.05,0.02 mm 3种。这3种游标卡尺的尺身刻度是相同的,即每格1 mm,每大格10 mm,只是游标与尺身对应的刻线宽度不同。

①读数值为0.1 mm游标卡尺的读数原理

一种是尺身每小格为1 mm,当两测量爪合并时,尺身上9 mm刚好等于游标上10格(见图1.39),则游标每格刻线宽度为9 mm÷10＝0.9 mm,尺身与游标每格相差＝1 mm－0.9 mm＝0.1 mm;另一种是尺身上19 mm,刚好等于游标的10格,则游标每格刻线宽度为19 mm÷10＝1.9 mm,尺身2格与游标1格相差＝2 mm－1.9 mm＝0.1 mm,这种刻线的优点是线条清晰,容易看准。

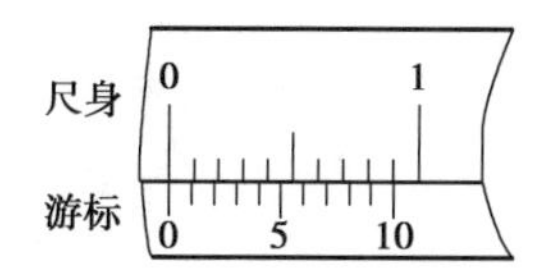

图1.39　读数值为0.1 mm游标卡尺的读数原理

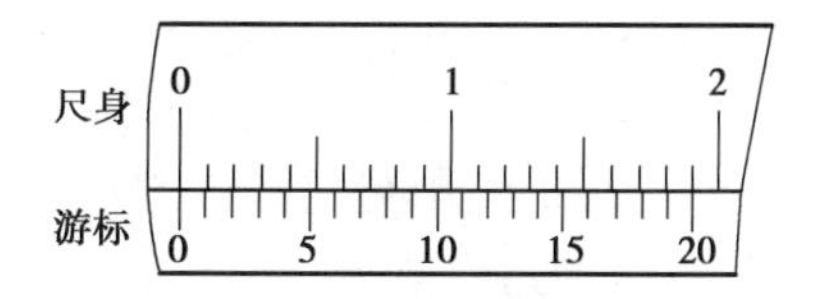

图1.40　读数值为0.05 mm游标卡尺的读数原理

②读数值为0.05 mm游标卡尺的读数原理

尺身每小格为1 mm,当两测量爪合并时,尺身上19 mm刻线的宽度与游标20格的宽度相等,则游标每格刻线宽度为19 mm÷20＝0.95 mm,尺身与游标每格相差＝1 mm－0.95 mm＝0.05 mm(见图1.40)。同理,也有尺身上为39 mm,在游标上分成20格的,则游标每格刻线宽为39 mm÷20＝1.95 mm,尺身2格与游标1格相差＝2 mm－1.95 mm＝

0.05 mm,故此种游标卡尺的读数值为 0.05 mm。

③读数值为 0.02 mm 游标卡尺的读数原理

当两测量爪合并时,尺身上 49 mm 刚好等于游标上 50 格(见图 1.41),则游标每格 =49 mm ÷50 =0.98 mm,尺身与游标每格相差 =1 mm -0.98 mm =0.02 mm,故此种游标卡尺的读数值为 0.02 mm。

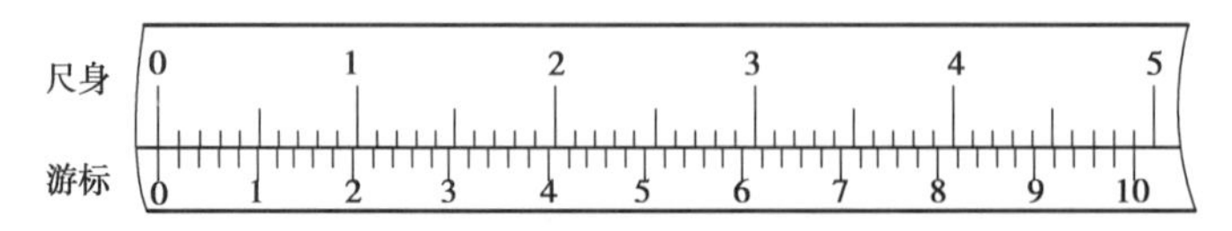

图 1.41　读数值为 0.02 mm 游标卡尺的读数原理

综上所述,游标卡尺的读数精度有 0.1,0.05,0.02 mm 3 种。其中,0.02 mm 的读数精度为最高。

④游标卡尺的读数方法

使用游标卡尺测量时,应先弄清楚游标的读数值和测量范围。游标卡尺上的零线是读数的基准,在读数时,要同时看清尺身和游标的刻线,两者应结合起来读。具体步骤如下:

a. 读整数。读出游标零线左边尺身上最接近零线的刻线数值,该数就是被测件的整数值。

b. 读小数。找出游标零线右边与尺身刻线相重合的刻线,将该线的顺序数乘以游标的读数所得的积,即被测件的小数值。

c. 求和。将上述两次读数相加即被测件的整个读数。

⑤训练

试读出如图 1.42 所示读数值为 0.05 mm 游标卡尺的测量数值。

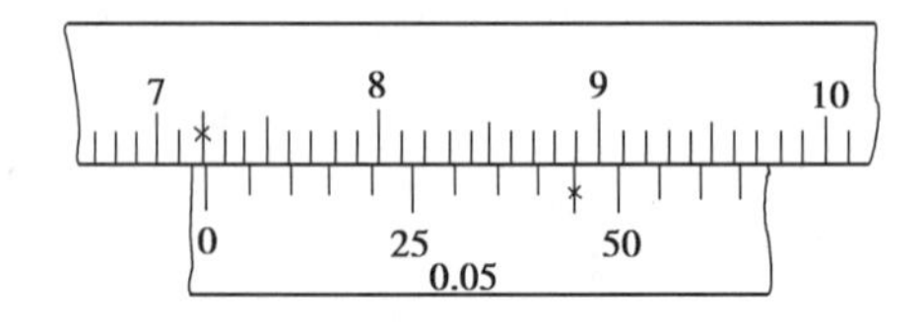

图 1.42　读数值为 0.05 mm 游标卡尺的测量数值

a. 读整数。整数是 72 mm,因游标线左边最接近零线尺身的刻线为第 72 条刻线。

b. 读小数。游标上的第 9 条刻线正好与尺身的一根刻线对齐,故小数是 0.45 mm(0.05 mm ×9 =0.45 mm)。

c. 求和。72 mm +0.45 mm =72.45 mm。

(3)游标卡尺的使用与维修

①游标卡尺的正确使用

游标卡尺的正确使用对保证测量数值的准确性非常重要。因此,必须做到:

A. 正确合理选择游标卡尺的种类和规格。一般情况下,读数值 0.02 mm 的游标卡尺用于测量 IT16—IT12 级(IT 为标准公差符号)公差等级的外尺寸和 IT15—IT14 级公差等级的内尺寸。而读数值 0.05 mm 的游标卡尺用于测量 IT16—IT14 级公差等级的内外尺寸。

B. 在使用游标卡尺之前,要对卡尺进行检查,使尺身和游标的零位对齐,观察两量爪测量面的间隙,一般情况下,读数值为 0.02 mm 的游标卡尺的间隙应不大于 0.006 mm;读数值为

0.05 mm 和0.1 mm 游标卡尺的间隙应不大于0.01 mm,若不符合要求应送检修不能使用。

C. 当测量工件的两平行平面之间的距离时,游标卡尺的测量爪应在被测表面的整个长度上相接触(见图1.43);如果测量爪与被测表面歪斜,则所得的数值就会大于实际数值。

D. 测量圆柱形工件外径时,必须在垂直于轴线的截面处进行,且测量爪上测量面的整个宽度和被测圆柱体相接触(见图1.44)。

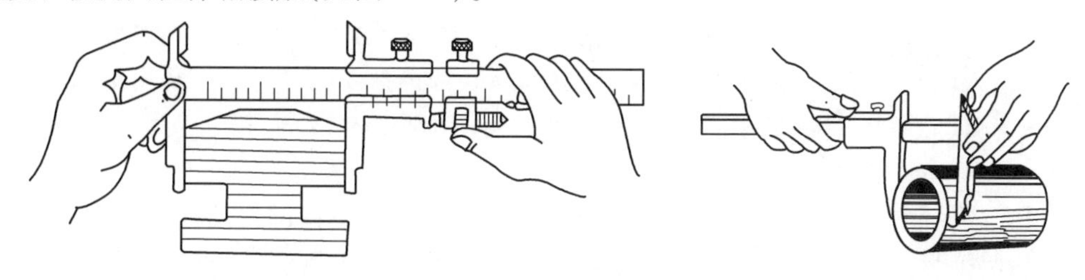

图1.43　游标卡尺的正确使用方法　　图1.44　游标卡尺的正确使用方法

E. 测量内孔直径和孔距时,应使两爪的测量线通过孔心,并轻轻摆动找出最大值(见图1.45(a)、(b))。若使用三用游标卡尺,因其上量爪强度较差,故测量时注意用力要适当。如果使用双面量爪游标卡尺和单面量爪游标卡尺测量内径,此时应将游标卡尺上所得的读数加上量爪的宽度 b 才是被测体的实际尺寸(见图1.45(b)、(c))。

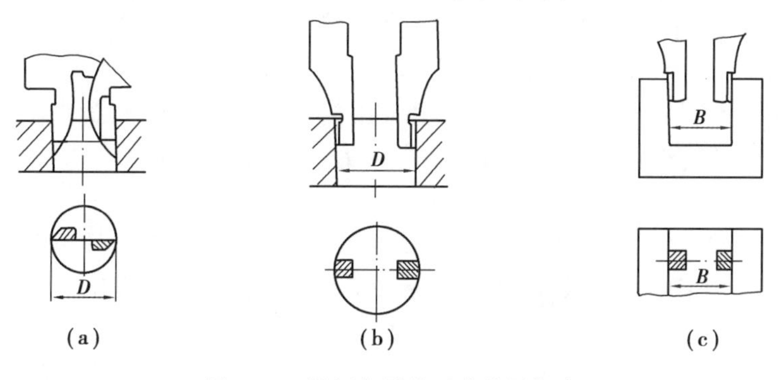

图1.45　游标卡尺的正确使用方法

F. 用带深度尺的游标卡尺测量孔深或高度时,应使深度尺的测量面紧贴孔底,而游标卡尺的端面则应与被测件的表面接触,且深度尺要垂直,不可前后左右倾斜(见图1.46)。

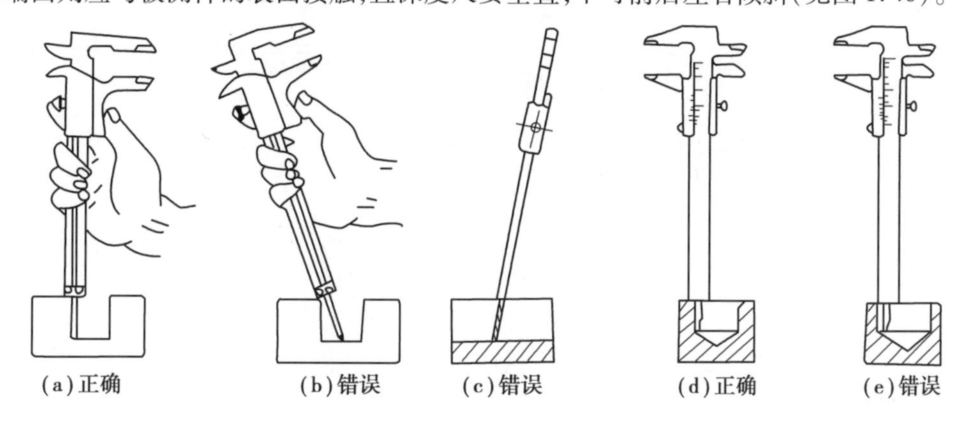

图1.46　用游标卡尺测量深度

G. 用带微动装置的游标卡尺测量零件时,可先通过微调螺母,使两爪接触工件表面,再用紧固螺钉紧固游标,再取出卡尺进行读数。

H. 在使用大型游标卡尺(测量范围大于 500 mm)时,应注意以下事项:

a. 减少误差。大型游标卡尺对温度变化很敏感,在测量时,要尽量减少温度的影响,最好在 20℃条件下进行恒温后再进行测量。当无法消除温度对测量的影响时,原则上应对测量结果进行修正,这对高精度大尺寸测量尤为重要。

b. 合理支承。合理的支承点可消除游标卡尺的受力变形,减少测量误差。大型游标卡尺一般需要几个人同时操作,支承点选择在尺身位置。通常选择 3 个支承点:第一支承点在尺身零线内侧 50 mm 以内;第二支承点选择在游标框内侧 100 mm 以内;第三支承点应在测量上限刻线外侧 50 mm 以内。

c. 测量力的控制。测量时,所用力应稍大于移动游标的力,不宜过大,因大型游标卡尺刚性差,受力后易变形。大型游标卡尺有微动螺母机构,它能起到控制测量力的作用。因此,使用时一定要微动螺母来控制,以提高测量的准确度。

②游标卡尺的维护保养

为保持游标卡尺的测量精度,并延长其寿命,必须正确合理维护和保养。

a. 不准把游标卡尺的量爪当成划针、圆规和螺钉旋具等使用。

b. 游标卡尺不要放在强磁场附近,也不要与其他工具堆放在一起。

c. 测量结束后,要将游标卡尺平放,尤其是大尺寸游标卡尺更应注意,否则会造成弯曲变形。

d. 发现游标卡尺受到损伤后,应及时送到计量部门修理,不得自行拆修。

e. 游标卡尺使用完毕后,要擦净上油,放在专用盒内,避免生锈。

(4)其他游标卡尺简介

①深度游标卡尺

深度游标卡尺用来测量孔深、槽深和阶梯高度等。深度游标卡尺由尺身、尺框、紧固螺钉及微动装置等组成(见图 1.47)。其测量范围有 0 ~ 150,0 ~ 200,0 ~ 300,0 ~ 500 mm 等。游标读数值分别为 0.1,0.05,0.02 mm。深度游标卡尺的读数原理与游标卡尺相同。

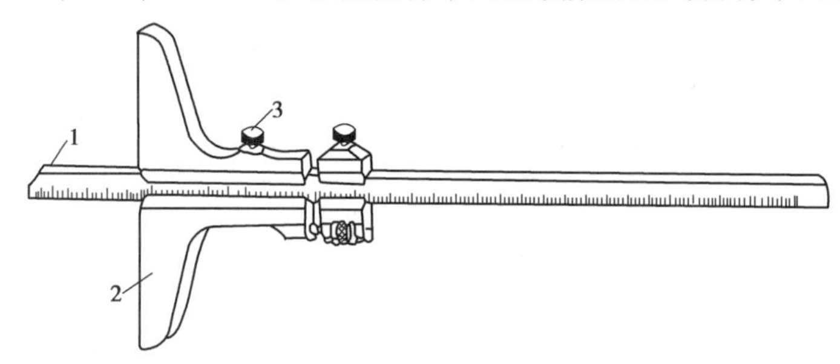

图 1.47　深度游标卡尺

1—尺身;2—尺框;3—紧固螺钉

测量时,应将尺框的测量面贴住被测件的平面上,轻推尺身向下。当尺身下端面与被测面接触后,即可进行读数(见图 1.48),也可用微动装置来测量。

②高度游标卡尺

高度游标卡尺由底座、尺身、紧定螺钉、尺框、微动游框及划线量爪等组成(见图 1.49)。其测量范围有 0 ~ 200,0 ~ 300,0 ~ 500,0 ~ 1 000 mm 等,游标读数值有 0.1,0.05,0.02 mm

3种。高度游标卡尺可用来测量高度或对工件划线，其读数原理与游标卡尺相同。

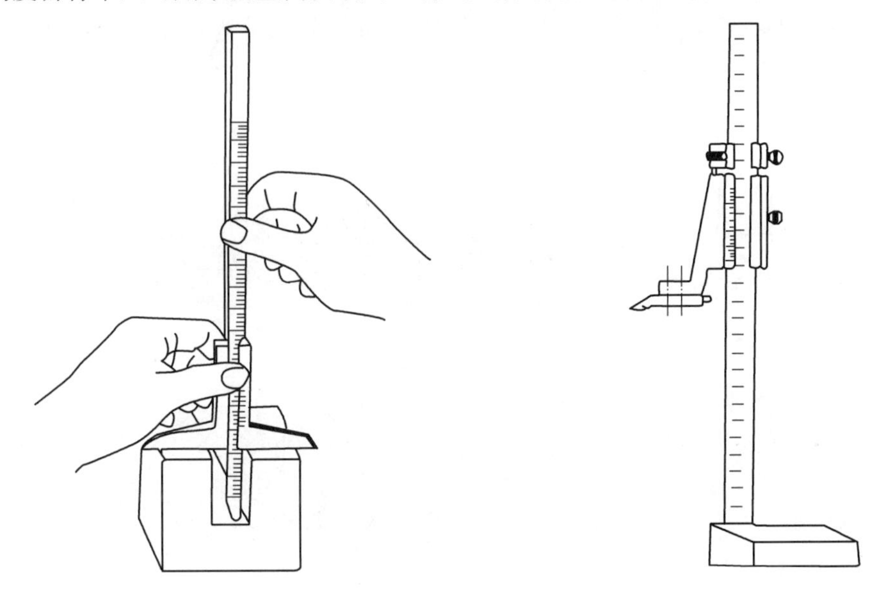

图1.48　深度游标卡尺的测量方法　　　　图1.49　高度游标卡尺

上述各种游标卡尺都存在着一个共同的缺点，就是长期使用后刻度及数字不清晰，容易读错。为了解决这个问题，目前已有数字显示装置和带有指示表的游标卡尺（见图1.50）。在测量时，数值可直接显示出来，但因其造价太大，故目前还未普及。

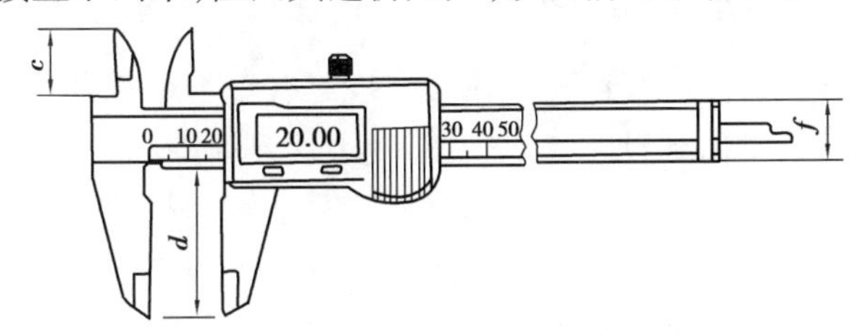

(a)带有数字显示的游标卡尺

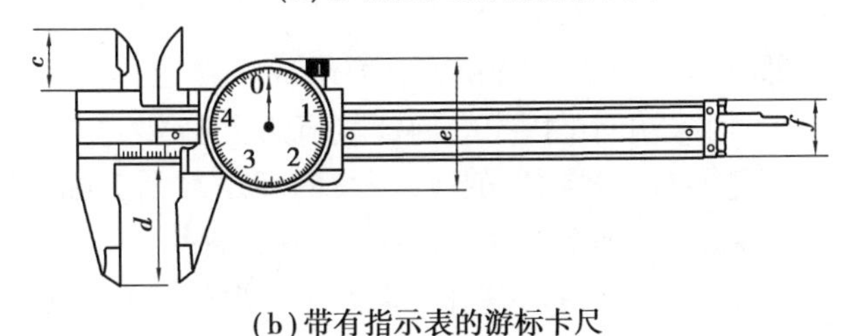

(b)带有指示表的游标卡尺

图1.50　带有数字装置的游标卡尺

3）千分尺

千分尺是一种应用广泛的精密量具，其测量精确度比游标卡尺高。千分尺的形式和规格繁多，按其用途和结构，可分为外径千分尺、内径千分尺、深度千分尺、公法线千分尺、尖头千分尺及壁厚千分尺等。

（1）外径千分尺的结构和规格

常用外径千分尺的结构如图1.51所示。外径千分尺的规格如按测量范围划分，在500

mm 以内时，每 25 mm 为一挡，如 0 ~ 25，25 ~ 50 mm 等；在 500 ~ 1 000 mm 时，每 100 mm 为一挡，如 500 ~ 600，600 ~ 700 mm 等。外径千分尺按制造精度，可分为 0 级和 1 级两种。0 级最高，1 级次之。

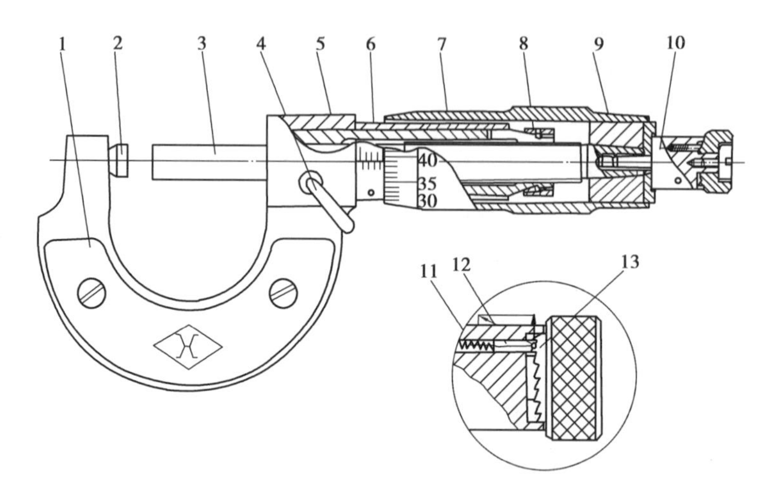

图 1.51 外径千分尺的结构

1—尺架；2—占座；3—测微螺杆；4—锁紧手柄；5—螺纹套；6—固定套管；7—微分筒；8—螺母；9—接头；10—测力装置；11—弹簧；12—棘轮爪；13—棘轮

(2)外径千分尺的读数原理及读法

①外径千分尺的读数原理

外径千分尺是利用螺旋传动原理，将角位移变成直线位移来进行长度测量的。由外径千分尺结构可知，微分筒 6 与测微螺杆 7 连成一体，且上面刻有 50 条等分刻线。当微分筒 6 旋转一圈时，由于测微螺杆 7 的螺距一般为 0.5 mm，故它就轴向移动 0.5 mm，当微分筒旋转一格时，测微螺杆轴向移动距离为 0.5 mm ÷ 50 = 0.01 mm。这就是千分尺的读数装置所以能读报出 0.01 mm 的原理，而 0.01 mm 就是外径千分尺的读数值。

②外径千分尺的读数方法

外径千分尺的读数部分是有固定套筒和微分筒组成。固定套筒上的纵刻线是微分筒读数值的基准线，而微分筒锥面的端面是固定套筒读数值的指示线。

固定套筒纵刻线的两侧各有一排均匀刻线，刻线的间距都是 1 mm 且相互错开 0.5 mm，标出数字的一侧表示 1 mm 数，未标数字的一侧即 0.5 mm 数。

用外径千分尺进行测量时，其读数步骤可分为以下 3 步(见图 1.52)：

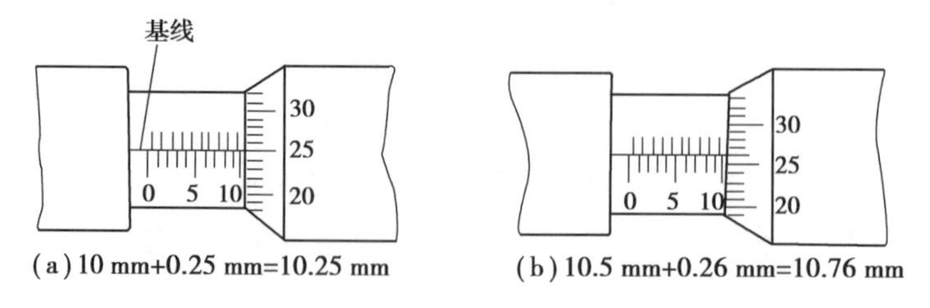

(a) 10 mm+0.25 mm=10.25 mm　(b) 10.5 mm+0.26 mm=10.76 mm

图 1.52 外径千分尺的读数方法

a. 读整数。微分筒端面是读整数的基准。读整数时，看微分筒端面左边固定套筒上露出的刻线的数值,该数值就是整数值。

b. 读小数。固定套筒上的基线是读小数的基准。读小数时,看微分筒上是哪一根刻线与基线重合。如果固定套筒上的0.5 mm刻线没有露出来,那么微分筒上与基线重合的那根线的数目,即所求的小数。如果0.5 mm刻线已露出来,那么从微分筒上读得的数还要加上0.5 mm后,才是小数。当微分筒上没有任何一根刻线与基线恰好重合时,应进行估读到小数点第三位数。

c. 整个读数。将上面两次读数相加,就是被测件的整个读数值。

(3)千分尺的使用与保养

①千分尺的合理使用

只有正确合理地使用千分尺,才能保证测量的准确性。因此,在使用时应注意以下8点:

a. 根据不同公差等级的工件,正确合理地选用千分尺。一般情况下,0级千分尺适用于测量IT8级公差等级以下的工件,1级千分尺适用于测量IT9级公差等级以下的工件。

b. 使用前,首先用清洁纱布将千分尺擦干净,然后检查其各活动部分是否灵活可靠。在全角程内活动套管的转动要灵活,轴杆的移动要平稳,锁紧装置的作用要可靠。

c. 检查零位时,应使两测量面轻轻接触,并无漏出间隙。这时,微分筒上的零线应对准固定套筒上纵刻线,微分筒锥面的端面应与固定套筒零刻线相对。

d. 在测量前,必须先把工件的被测表面擦干净,以免脏物影响测量精度。

e. 测量时,要使测微螺杆轴线与工件的被测尺寸方向一致,不要倾斜。转动微分筒,当测量面将与工件表面接触时,应改为转动棘轮,直到棘轮发出"咔咔"的响声后,方能进行读数,这时最好在被测件上直接读数。如果必须取下千分尺读数时,应用锁紧装置把测微螺杆锁住再轻轻滑出千分尺。注意,绝对不能在工件转动时测量,如图1.53所示。

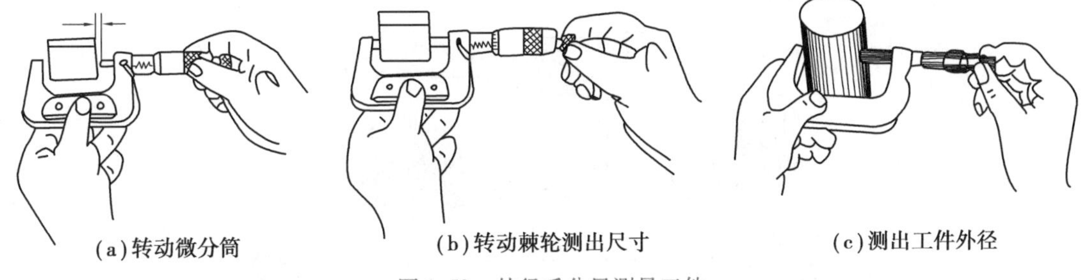

(a)转动微分筒　(b)转动棘轮测出尺寸　(c)测出工件外径

图1.53　外径千分尺测量工件

f. 测量较大工件时,有条件的可把工件放在V形块或平板上,采用双手操作法,左手拿住尺架的隔热装置,右手用两指旋转测力装置的棘轮。

g. 测量中,要注意温度的影响,防止手温或其他热源的影响。使用大规格的千分尺时,更要严格地进行等温处理。

h. 不允许测量带有研磨剂的表面和粗糙表面,更不能测量运动着的工件。

②千分尺的维护保养

千分尺在使用中要经常注意维护保养,才能长期保持其精度。因此,必须做到以下6点:

a. 测量时,不能使劲拧千分尺的微分筒。

b. 不许把千分尺当卡规用。

c. 不要拧松后盖,否则会造成零位改变,如果后盖松动,必须校对零位。

d. 不许手握千分尺的微分筒旋转晃动,以防止丝杠磨损或测量面互相撞击。

e. 不允许在千分尺的固定套筒和微分筒之间加进酒精、煤油、柴油、凡士林及普通机油等;不准把千分尺侵入上述油类和切削液里。

f. 要经常保持千分尺的清洁,使用完毕后擦干净,同时还要在两测量面上涂一层防锈油,并让两测量面互相离开一些,然后放在专用盒内,并保存在干燥的地方。

(4)其他千分尺简介

①内径千分尺

内径千分尺是用来测量内孔直径及槽宽等尺寸的。它可分为普通内径千分尺和杠杆内径千分尺两种。

a. 普通内径千分尺主要适用于直接测量工件的沟槽宽度,浅孔直径,浅槽和空隙的宽度,活塞环宽度,以及传动轴的配合槽宽度等。普通内径千分尺是由微分头和两个柱面形测量爪组成的,如图 1.54 所示。

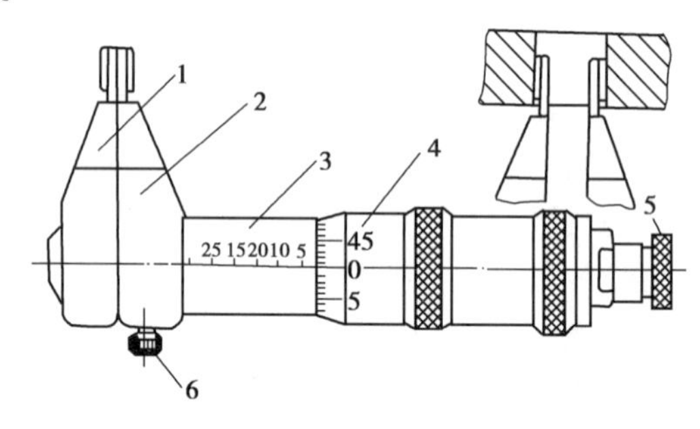

图 1.54　普通内径千分尺

1—固定测量爪;2—活动测量爪;3—固定套筒;4—微分筒;5—测力装置;6—紧固螺钉

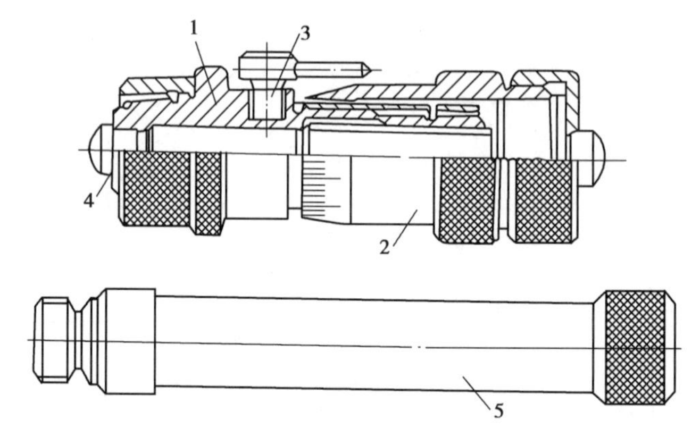

图 1.55　杆式内径千分尺

1—固定套筒;2—微分筒;3—紧固手柄;4—测量面;5—接长杆

普通内径千分尺的读数方法与外径千分尺相同,但测量和读数方向与外径千分尺相反。由于它测量轴线不在基准轴线的延长线上。因此,测量精度较低。普通内径千分尺的读数值为 0.01 mm,测量范围有 5 ~30 或 5 ~25,25 ~50,50 ~75 mm 等,并都备有校对零位用的光面环规(称为校对量具)。

b. 杆式内径千分尺由微分头和接长杆两部分组成。其结构如图 1.55 所示。

杆式内径千分尺的微分头结构原理和读数方法与外径千分尺相同,微分头可单独使用,但其测量范围小，仅可测量50～75 mm范围孔径。采用接长杆便可扩大其测量范围，每套杆式内径千分尺都附有不同尺寸的接长杆，其测量范围有50～175，50～250，50～300，50～575，50～1 500 mm等。

由于杆式内径千分尺没有测力装置。因此，测量时安放的位置又不可能毫无倾斜，尺寸接长以后还会产生一定的弯曲现象，这些都会给杆式内径千分尺增加测量误差，造成测量精度不高。为减少测量误差，应在径向截面内找到最大值，轴向截面内找到最小值。

②深度千分尺

深度千分尺的结构如图1.56所示。它是用来测量工件中表面粗糙度值小，尺寸精度要求高的台阶，槽和不通孔深度的。其结构基本上与外径千分尺相同，不同之处是用底板代替了尺架和测砧，测量时以底板测量面作为基准面，测杆的长度可根据工件的尺寸不同进行调换。

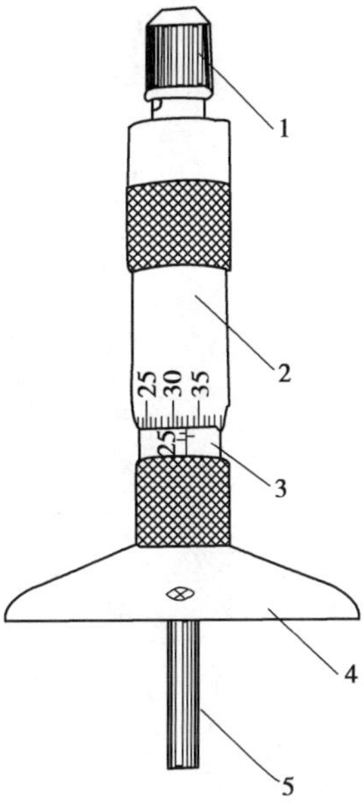

图1.56　深度千分尺
1—测力装置；2—微分筒；3—固定套筒；4—底板；5—可换测件

③壁厚千分尺

壁厚千分尺的结构如图1.57所示。它是用来测量精密管形零件的壁厚尺寸，测量面镶有硬质合金，以提高寿命，壁厚千分尺的读数值为0.01 mm。

④尖头千分尺

尖头千分尺是用来测量普通千分尺不能测量的小沟槽的，如钻头和偶数槽丝锥的沟槽直径等（见图1.58）。尖头千分尺读数值为0.01 mm，测量范围为0～25 mm。

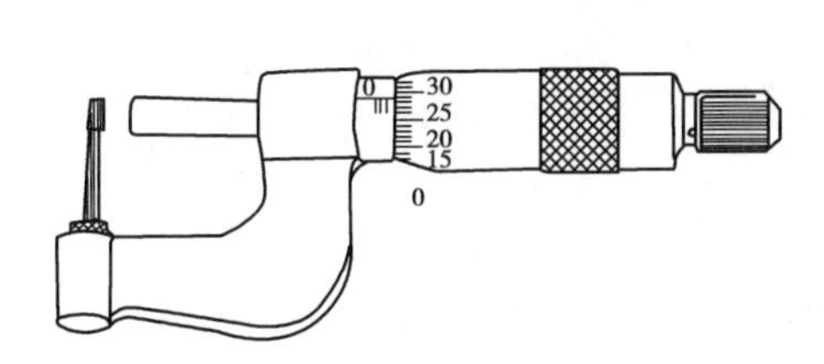

图1.57　壁厚千分尺

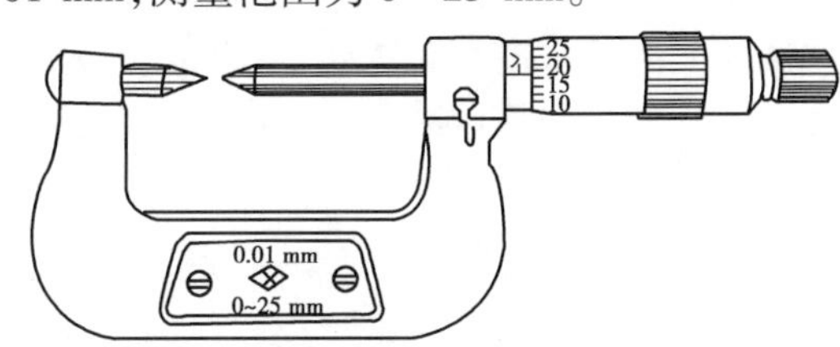

图1.58　尖头千分尺

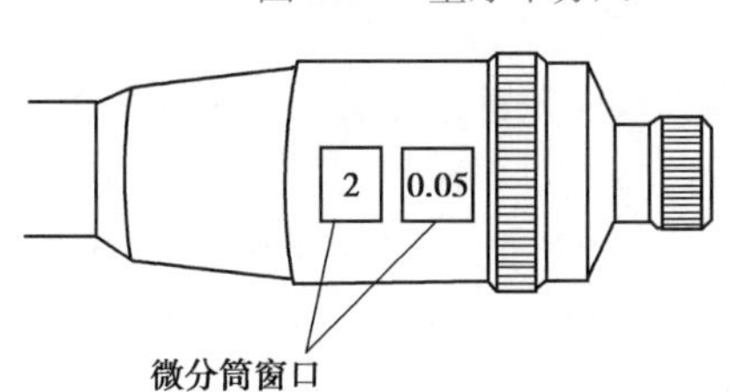

图1.59　新型千分尺微分筒窗口

上述所介绍的各种千分尺，在读尺寸时都较麻烦。目前，生产的新型千分尺就较方便，当千分尺在零件上量得尺寸时，这个尺寸就会在微分筒窗口显示出来（见图1.59）。

4）百分表

（1）钟面式百分表

①钟面式百分表的结构形式

钟面式百分表简称百分表，是一种指示式精密量具。它具有传动比大、结构简单、使用方便等特点，主要用于工件的长度尺寸、形状和位置偏差的绝对测量或相对测量，也能在某些机床或测量装置中用作定位和指示。

钟面式百分表的结构形式如图1.60所示。百分表的分度值为0.01 mm。测量范围一般有 0～3,0～5,0～10 mm,特殊情况下有 0～20,0～30,0～50,0～100 mm 等大量程的百分表。按制造精度,百分表可分为 0 级和 1 级。其中,0 级最高,1 级次之。

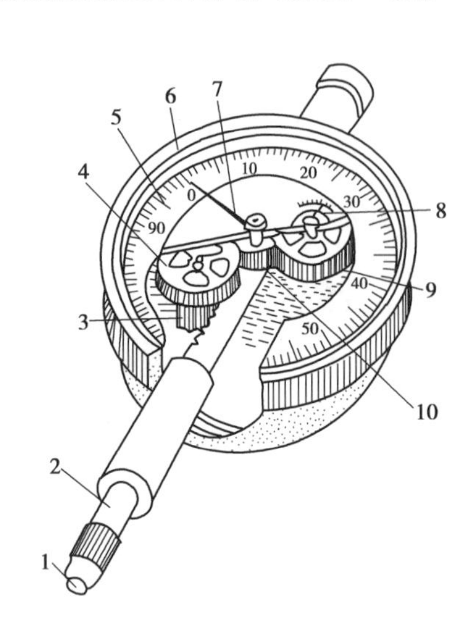

图 1.60　钟面式百分表

1—测量头;2—量杆;3,10—小齿轮;4—表盘;5—短指针;6—盘形弹簧;7—长指针;8—短指针;9—大齿轮

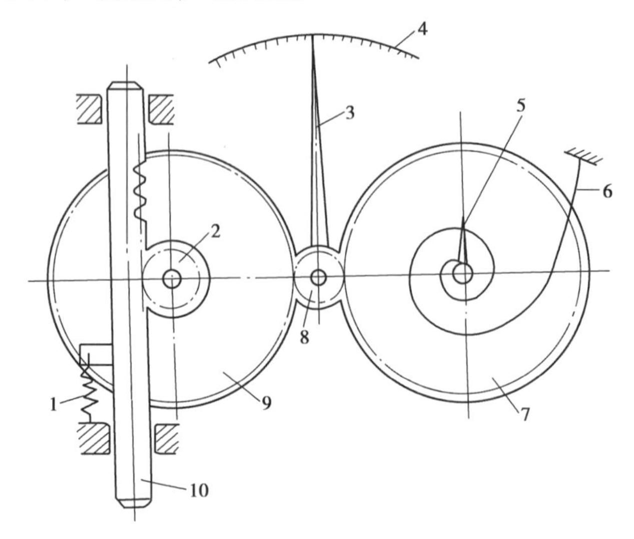

图 1.61　钟面式百分表的传动原理

1—拉伸弹簧;2—小齿轮;3—长指针;4,7,9—大齿轮;5—盘面;6—表圈;8—中心齿轮;10—测量杆

②钟面式百分表的传动原理

由图 1.61 可知,当测量杆 10 作直线移动时,测量杆上的齿条带动小齿轮 2 旋转,与小齿轮 2 同轴的大齿轮 9 也一起转动,从而带动与 9 相啮合的中心齿轮 8 旋转。由于指针 3 和齿轮 8 同轴,因此指针 3 也跟着一起转动。通过上述齿条—齿轮机构的转动,将测量杆的直线运动变为指针的回转运动。

为了消除齿轮啮合间隙引起的误差,大齿轮 7 是在盘形弹簧 6 的作用下与齿轮 8 啮合,使整个传动过程中齿轮啮合始终靠向单面。在大齿轮 7 的轴上装有短指针 5,用以记录长指针 3 转动的圈数。

测量杆齿条的齿距为 0.625 mm,齿轮 2 的齿数为 16,大齿轮 9 齿数为 100,中心齿轮 8 齿数为 10。当测量杆移动 10 mm 时,齿轮 2 转动 1 圈,同轴的大齿轮 9 也旋转一圈,小齿轮 8 和长指针 3 转过 10 圈,若测量杆上升 1 mm,长指针则转 1 圈。由于百分表的表盘 4 上有 100 等分刻线。因此,当测量杆移动 0.01 mm 时,长指针 3 转过 1 格。由此可知,钟面式百分表的传动机构能将测杆的微小位移进行放大,这给读数带来很大的方便。

③钟面式百分表的使用方法

a. 应按被测工件的尺寸和精度要求选用合适的百分表。通常百分表在全部行程范围内作绝对测量时,可测定 IT14—IT12 级公差等级的工件。在任意 0.1 mm 内用 6 等量块作相对法测量时,可测量 IT11—IT9 级公差等级的工件。

b. 在使用前,须检查百分表,以免在测量中发生不应有的误差。首先进行外观检查,表面应无破裂和脱落,后盖应封得严密,如果密封不严,灰尘和潮气就会侵入表内,造成内部零件发生锈蚀,测杆、测头套筒等活动部分应无锈蚀或碰伤的地方;然后进行灵敏度检查,测量杆移动要灵活，指针与字盘应无摩擦，字盘无晃动，如果发现测杆运动时有卡住或表针有跳动现象，就不能使用；最后进行稳定性检查，可多次拨动测头，察看指针是否每次均回到原位，如果没有回到原位，说明百分表的稳定性不好，不能使用。

c.测量头的选用。根据工件的形状，表面粗糙度和材质，选用适当的测量头。球形工件应选用平测量头；圆柱形或平面形的工件应选用球面测量头；凹面或形状复杂的表面应选用尖测量头。使用尖测量头时，应注意避免划伤工件表面。

d.百分表的安装。在测量时，应把百分表装夹在表架或其他牢靠的支架上，夹紧力要适当不要过大。有时，为了测量方便，也可将百分表安装在万能表架或磁性表座上使用（见图1.62）。

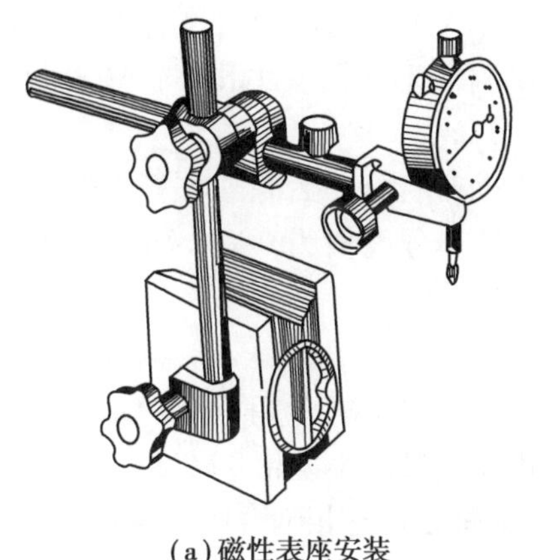

(a)磁性表座安装

(b)用万能表座安装

图1.62　百分表的安装

e.用百分表测量平面时，测量杆要与被测平面垂直，否则不仅测量误差大，而且会使测量杆卡住不能动，造成百分表的损坏。测量圆柱形工件时，测杆的中心线要垂直地通过被测工件的中心线，如图1.63所示。

(a)测量平面方法错误

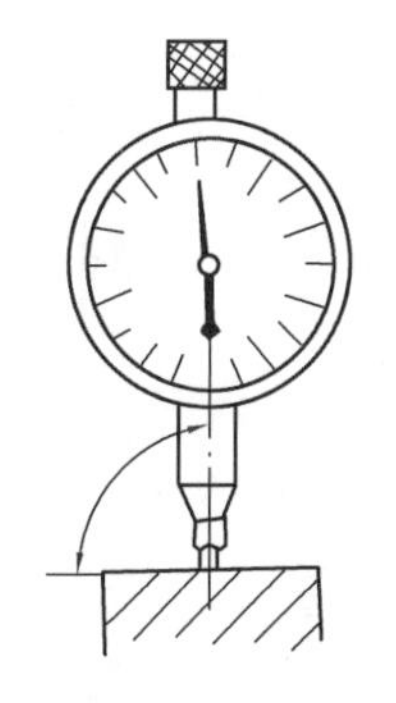

(b)测量平面方法正确

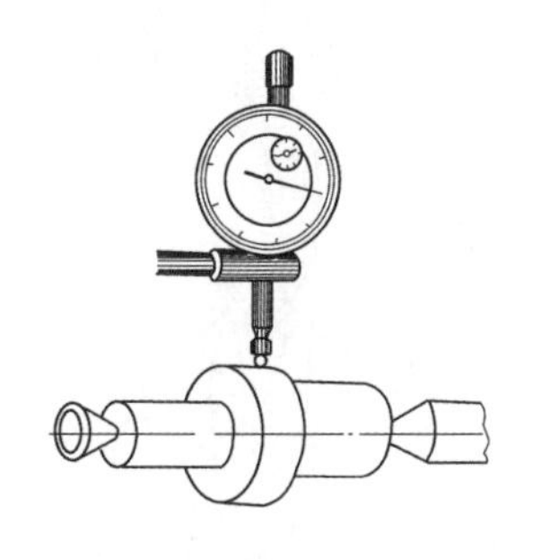

(c)测量圆柱体

图1.63　百分表的使用

④钟面式百分表的维护保养

a.使用百分表时要轻拿轻放，不要使测量杆作过多无效的运动；不要使测量杆移动的距离超出它的测量范围，否则会损坏表内的零件。

b.不要使表受到剧烈的震动，不要让测头突然撞落到被测件上。

c.不要随意拆卸表的后盖，以防止杂物侵入表内，严禁把表浸在切削液或其他液体内。

d. 百分表用完后，应擦干净放回盒内，除非长期保管，不许在测量杆上涂凡士林或其他油类，否则会使测杆和套筒黏结，造成运动不灵活。

e. 百分表在不使用时，应让测量杆处于自由状态，可避免弹簧失效，以保持其测量精度。

另外，有一种用途与百分表相同，但测量精度比百分表更精密的量具，称为钟面式千分表。从结构上看，千分表仅比百分表多了一对齿轮，其他基本上与百分表相同。千分表的分度值有 0.001，0.002，0.005 mm 3 种。测量范围有 0～0.1，0～0.2，0～0.5，0～1，0～2，0～5 mm 等。

（2）杠杆百分表

①杠杆百分表的结构形式

杠杆百分表主要用于测量工件的形状或位置公差，也可用比较法测量零件的高度、长度尺寸等。它体积小，质量小，测头可改变方向，使用方便，对凹槽或小孔等工件表面，可起到其他量具无法测量的独特作用。

杠杆百分表的结构形式如图 1.64 所示。它借助于杠杆—齿轮或杠杆—螺旋传动机构，将测杆测头的摆动变成指针在表盘上的回转运动。其分度值为 0.01 mm，测量范围有 0～0.8，0～1 mm两种。

②杠杆百分表的传动原理

如图 1.65 所示，杠杆测头 11 与扇形齿轮 10 用连接板 1 联接，杠杆测头 11 与连接极 1 靠摩擦力联接，当杠杆测头向上（或向下）摆动时，扇形齿轮就带动小齿轮 8 转动。在小齿轮 8 的同一轴上装有端面齿轮 7，于是齿轮 7 就随之转动，从而带动与它相啮合的小齿轮 5。当小齿轮 5 转动时，与它同轴上的指针 6 也就随之转动，这样就可在表面上读出读数。外壳 4 可调节（转动），以便使指针对准需要的刻线，这种表的杠杆测头可自上向下摆动，也可自下向上摆动。只要扳动表面测面的扳手 9 通过钢丝 3 和挡销 2，就可使扇形齿轮向左或向右偏，从而使杠杆测头处在需要的方向。杠杆的百分表在使用时，应安装在相应的表架或专门的夹具上。

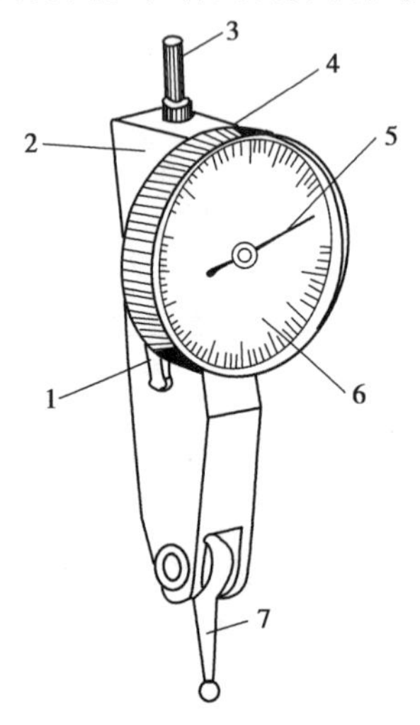

图 1.64　杠杆百分表
1—扳手；2—表体；3—连接杆；
4—表壳；5—指针；6—表盘；
7—活动测量杆

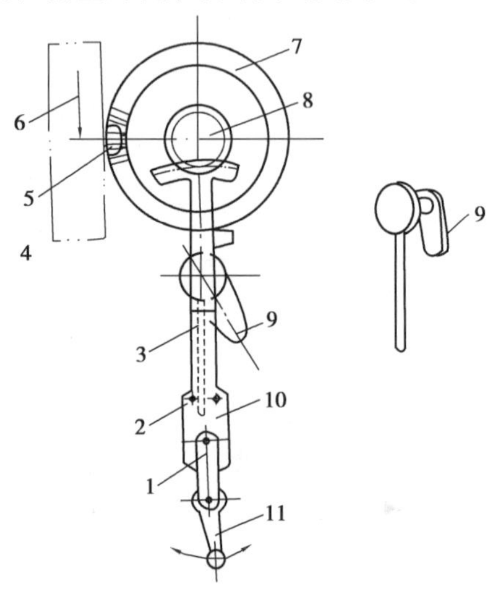

图 1.65　杠杆百分表传动原理
1—连接板；2—挡销；3—钢丝；4—外壳；
5—小齿轮；6—指针；7—端面齿轮；8—小齿轮；
9—扳手；10—扇形齿轮；11—杠杆

③杠杆百分表的使用与维护

在使用杠杆百分表时，除了必须遵守钟面式百分表合理使用的要求外，还应注意以下3点：

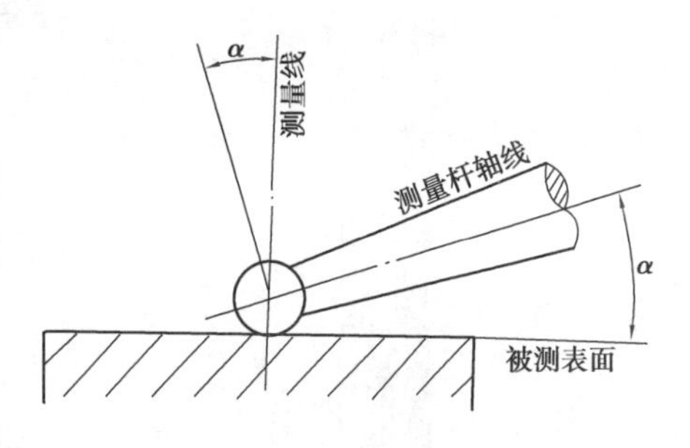

图1.66 杠杆百分表的使用

a. 夹持杠杆表的表架应可靠，且要求足够的刚度。为防止变形引起的测量的误差，悬臂伸出长度应尽量短，如需调整表的位置，应先松开紧固螺钉，再旋转轴套，不能直接扭转表体。

b. 测量时，应使杠杆测头轴线与被测表面保持平行，即使杠杆测头轴线与测量方向垂直，以避免杠杆比发生变化后引起测量上的误差，如图1.66所示。当无法保持杠杆头轴线与被测表面平行时，应对测量结果进行修正，即

$$L_1 = L\cos\alpha$$

式中 L_1——实际值；

L——读数值；

α——杠杆测头轴线与被测表面的夹角。

c. 测量中为读数方便，一般都对准零位，对预先不对零位的表要记住指针的起始位置。对零位的方法是：装夹完毕后，首先使表测头与被测表面的某一位置相接触，待指针压缩到该表测量范围的中间位置时，紧固表架，然后转动表盘使零线与指针重合。退出表架，使杠杆测头脱开工件，再重新接触。如此反复数次，百分表零位不变，即可进行测量。

(3)内径百分表

①内径百分表的结构形式和规格

内径百分表简称内径量表，用于以比较测量法，测量圆柱形内孔尺寸及其几何形状误差。由于量具结构简单和测量方法简便，内径百分表经一次调整后可测量基本尺寸相同的若干个孔而中途不需调整。在大批量生产中，对较深孔的测量，用内径百分表测量很方便。

内径百分表主要由表头和表架组成。其结构形式有两种：一是带定中心支架式，二是不带定中心支架式，如图1.67(a)、(b)所示。

带定中心支架式百分表，在表架一端装有活动测头12，另一端安装有可换的可换测头5，当活动测头被压缩，产生轴向位移，推动杠杆10带动推杆15，使表针显示出测头位移量。内径百分表的杠杆有多种结构形式，但其杠杆比都是1∶1，故没有放大作用。定中心支架的作用是帮助找正孔的直径位置，便于提高测量精度。弹簧18是测力源，其作用是消除各传动件之间的间隙，使它们紧密接触，减少测量误差，使活动测头获得向外推的力。

不带定中心架的内径百分表结构简单，其可换测头具有弹性，能扩张，故把这种内径百分表称为扩张式内径百分表。其测头具有圆形截面，因此能起自动定心作用。

带定中心支架式的内径百分表的规格有0～18，18～35，35～50，50～100，100～160，160～250，250～450 mm等。各种规格的内径表均各有整套可换测头，且在测头上标有测量范围，可按所测尺寸的大小自行选换。在使用中，常见到小型不带定中心支架的百分表，其规格是0.47～0.97，0.95～2.45，2.30～6.20 mm等。

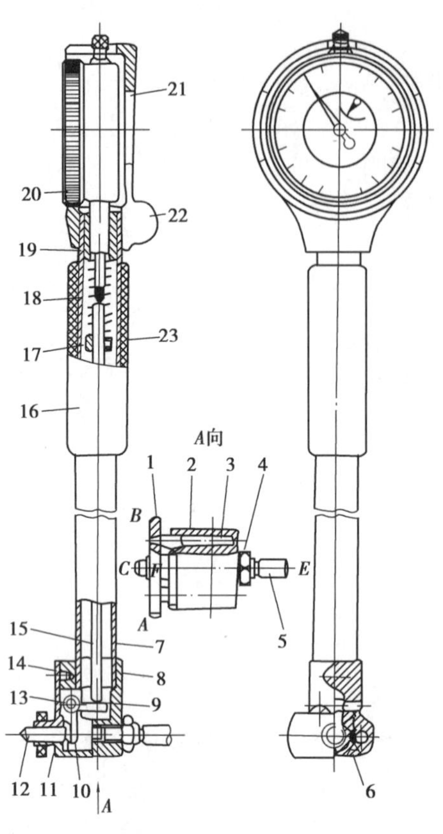

(a)带中心支架式内径百分表

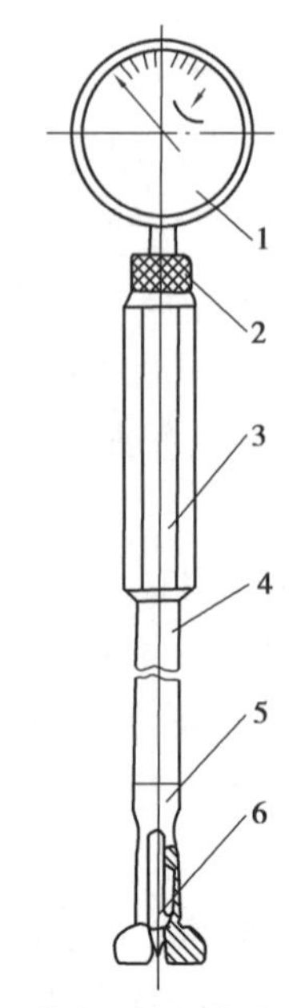

(b)不带中心支架式内径百分表

图 1.67　内径百分表

(a)

1—桥板;2—压簧;3—导向杆;4—螺母;5—可换测头;

6—限位销;7—套筒;8—基体;9—钢球;10—传动杠杆;

11—盖板;12—活动测头;13—回转轴;14—螺钉;15—推杆;

16—隔热手柄;17—限位环;18—测力弹簧;19—衬套;

20—百分表;21—保护罩;22—紧固螺钉;23—顶丝

(b)

1—表头;2—螺母;3—手把;4—表杆;

5—开尾可换测头;6—推杆

②内径百分表的使用

a.内径百分表是用比较测量孔径或几何形状的。测量时,要根据被测孔径的尺寸和精度要求来选择内径表的规格和级别。1 级内径百分表适用于测量孔公差等级 IT9—IT8 级的孔,2 级内径百分表适用于测量 IT9 级的孔。公差等级高于 8 级的孔,应选用内径千分表进行测量。

b.在使用内径百分表之前,首先检查内径百分表的各部件,是否符合要求,然后把百分表的装夹套筒擦净,小心地装进表架的弹簧卡头中,并使表的指针转过一圈后再紧固弹簧卡头,夹紧力不宜太大。

c.根据被测尺寸,选取一个相应尺寸的可换测头装到表架上,并尽量使活动测头在活动范围的中间位置使用,此时杠杆误差很小。

d.利用标准环或量规调整尺寸时,首先检查百分表的灵敏度和稳定性,然后用手按中心支架,将活动测头先放入标准环内,再放入可换测头,使测杆与孔壁垂直。找出指针的"拐点",转动检查零位是否稳定。对好零位后,用手按中心支架把内径百分表从标准环内取出。不带定中心支架式百分表,利用外径千分尺来核对零位较为方便。

e.测量孔径时的操作方法与调整尺寸时相同。读数时,如果指针正好指在零位,说明被测孔径与标准环的外径相等。若被测孔径小于标准环的孔径,指针顺时针方向离开零位;反之,逆时针方向离开零位,其偏离值即两者之差值。

f.为了测出孔的圆度误差,可在径向平面内的不同位置上测量数次。为测出孔的圆柱度误差,可在几个径向平面内测量数次。

③内径百分表的维护保养

a.使用内径百分表要轻拿轻放,以防破坏调整好的尺寸。

b.测量时,不要用力过大或过快地按压活动测头,不要使活动测头受到剧烈震动。在测量过程中应经常校对零位。

c.装拆百分表时,不允许硬性地插入或拔出,要先松开弹簧夹头的紧固螺钉或螺母。

d.测量完毕,把百分表、可换测头取下并擦净,再在测头上涂好防锈油放入盒内,保管在干燥的地方。

5)角度尺

(1)90°角尺

①90°角尺的结构形式和制造精度

90°角尺主要用于对有关平面间垂直度误差的检验。按形式不同,可分为圆柱角尺、宽座角尺和刀口角尺,如图1.68所示。其中,宽座角尺结构简单,使用方便,可测量工件的内外角,在生产中应用较广泛。

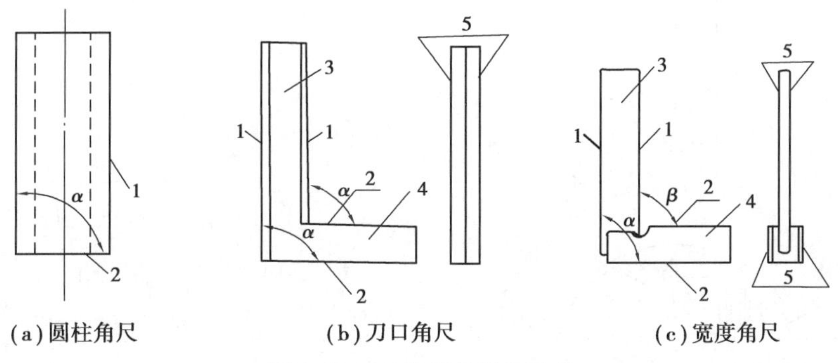

图1.68　90°角尺的结构形式

1—测量面;2—基面;3—长边;4—短边;5—侧面

90°角尺的制造精度分为00,0,1,2级4个级别。其中,00级精度最高,2级精度最低。00级精度的90°角尺,仅用来测量和检验高精度工件;0级和1级精度的90°角尺用来测量和检验精密工件;2级精度的90°角尺用来测量和检验一般工件。

②90°角尺的使用与维护

合理地使用和正确地保养能提高90°角尺的检验精度和延长其使用寿命。

a.使用90°角尺前,应根据被测件的尺寸和精度要求,选择90°角尺的规格和精度等级,并应检查工作面和边缘是否有碰伤、毛刺等明显缺陷,擦净角尺的工作面和被测工件的表面。

b. 测量时,先将角尺的短边放在辅助基准表面(或平板)上,再将90°角尺的长边轻轻地靠拢被测工件表面,不要碰撞。观察90°角尺与被测表面之间的间隙的部位。根据透光间隙的大小和出现间隙的部位判断被测部位的垂直度误差值。在观察时,一般有以下5种情况出现:无光、中间部位有少光、两端有少光、上端有光、下端有光。第一种情况说明被测面不仅平面度符合要求,而且与基准面垂直;第二种、第三种情况垂直度符合要求,但平面度达不到要求,后两种情况说明有垂直度误差。

c. 在实际生产中,也可用塞尺和量块分别在90°角尺的长边接近顶端处测量。这时,塞尺片或量块组尺寸的最大差值即工件垂直度的线值误差。

d. 在使用90°角尺时,应注意:长边测量面和短边测量面是工作面,故只能用这两个面去测量;90°角尺的使用精度与检测时所用的平板精度有关,使用时应注意合理选用平板。

e. 使用完毕后,应将90°角尺擦洗干净,涂油保养。

(2)游标万能角度尺

游标万能角度尺用于直接测量各种平面角。游标万能角度尺有Ⅰ型和Ⅱ型两种形式。其测量范围和读数值见表1.6。

表1.6 游标万能角度尺测量范围和读数值

类型	测量范围/(°)	游标读数值/(′)
Ⅰ	0~320	2
Ⅱ	0~360	5

①Ⅰ型游标万能角度尺

Ⅰ型游标万能角度尺的结构如图1.69所示。

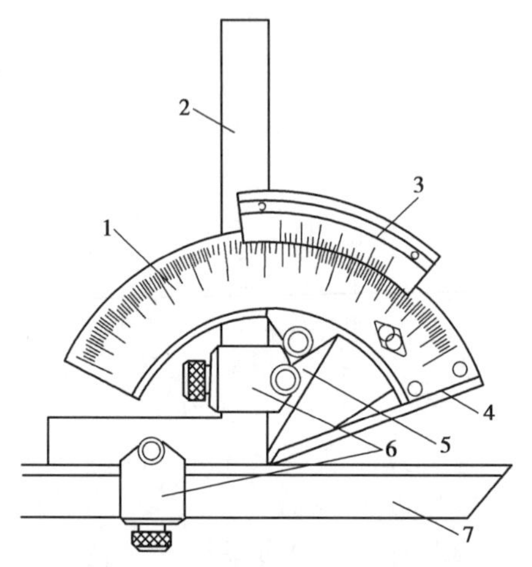

图1.69 Ⅰ型游标万能角度尺

1—主尺;2—角尺;3—游标;4—基尺;

5—扇形板;6—支架;7—直尺

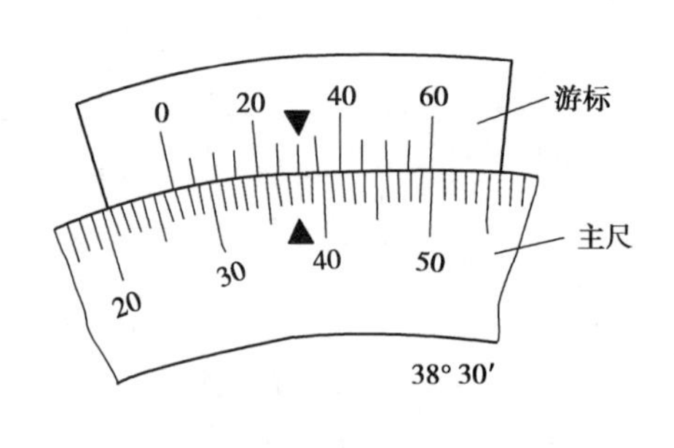

图1.70 游标万能角度尺读数原理

a. Ⅰ型游标万能角度尺是由主尺和游标两部分组成。其读数原理与游标卡尺相似,不同的是游标卡尺的读数是长度单位值,而游标万能角度尺的读数是角度单位值。因此,游标万能角度尺是利用游标原理进行读数的一种角度量具。

如图1.70所示为Ⅰ型游标万能角度尺的主尺和游标。主尺两条刻线间的角度值为1°，主尺的23格与游标上的12格相等，则游标每1格的角度值为

$$\frac{23^\circ}{12}=\frac{60'\times 23}{12}=115'$$

这样，主尺两格与游标1格的差值为

$$2^\circ-115'=120'-115'=5'$$

上述即读数值为5′的游标万能角度尺的读数原理。同理，也可得到读数值为2′和10′的万能角度尺的读数原理。

b. Ⅰ型游标万能角度尺的读数方法与游标卡尺相似。其读数步骤为：先读度(°)，再读分(′)，后将两数值相加得到整个读数。如图1.38所示，可先读出度(°)值，从主尺上可见为26°；再读分(′)值，图中游标和主尺对准的那条线为30′，后两数值相加，即26°+30′=26°30′。

c. Ⅰ型游标万能角度尺可测量0°~320°的任何角度。当测量0°~50°时，将被测件置于基尺和直尺的测量面之间(见图1.71(a))；当测量50°~140°时，应取下直尺和支架，并将角尺向下移，把被测件置于基尺和角尺之间(见图1.71(b))；当测量140°~230°时，也要取下直尺和支架，但应将角尺上移，直到角尺上短边和长边的交界点与基尺的尖端对齐为止，然后把角尺和基尺的测量面靠在被测件的表面上进行测量(见图1.71(c))；当测量230°~320°时，取下角尺和支架后即可直接用基尺和扇形板的测量面进行测量(见图1.71(d))。

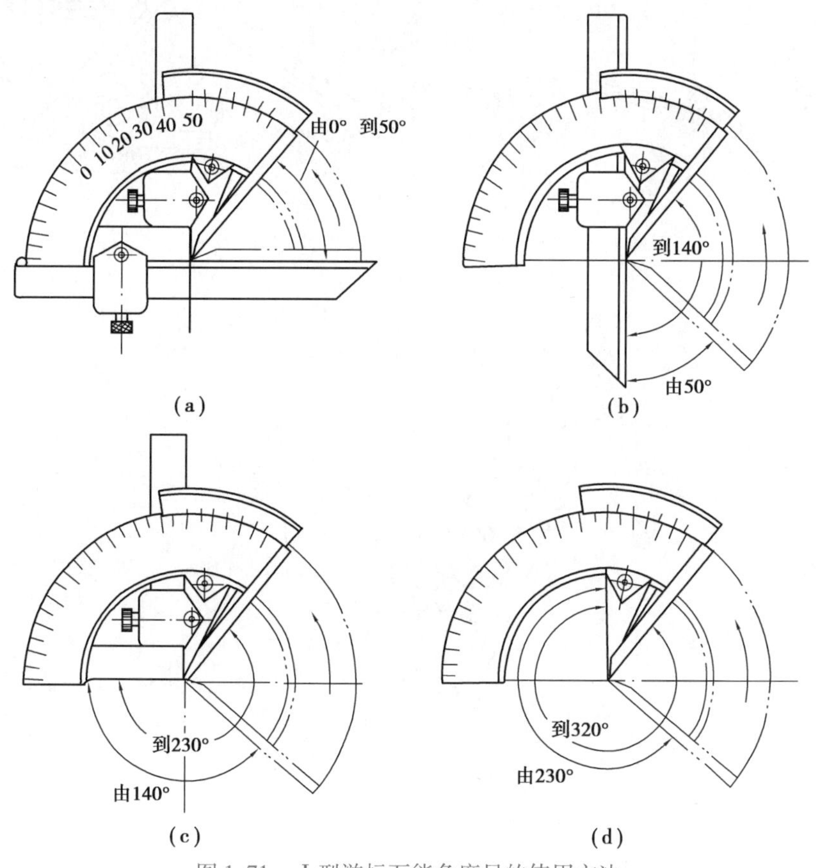

图1.71　Ⅰ型游标万能角度尺的使用方法

②Ⅱ型游标万能角度尺

Ⅱ型游标万能角度尺的结构如图 1.72 所示。

a. Ⅱ型游标万能角度尺的读数原理和读数方法与Ⅰ型游标万能角度尺相同,只不过这种角度尺的游标在尺身的下面,并且具有长达 300 mm 的直尺,很适合于测量大型工件的角度。

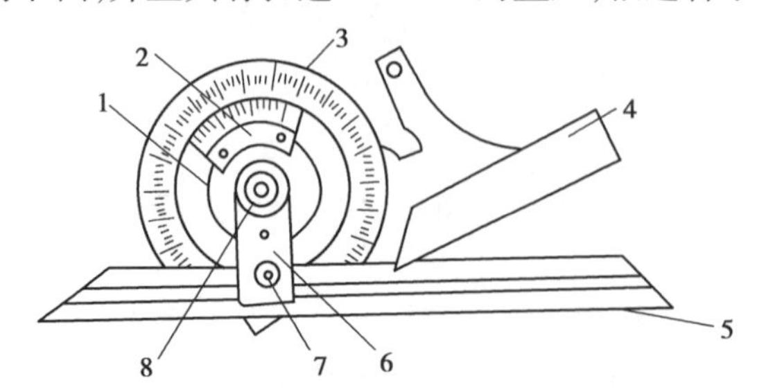

图 1.72　Ⅱ型游标万能角度尺的结构

1—转盘;2—游标;3—尺身;4—基尺;

5—直尺;6—连杆;7—固定螺钉;8—螺母

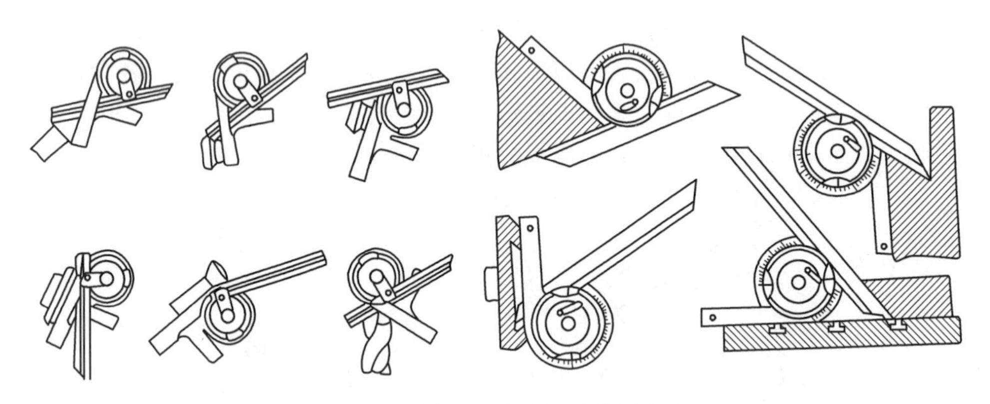

图 1.73　Ⅱ型游标万能角度尺的使用方法(一)

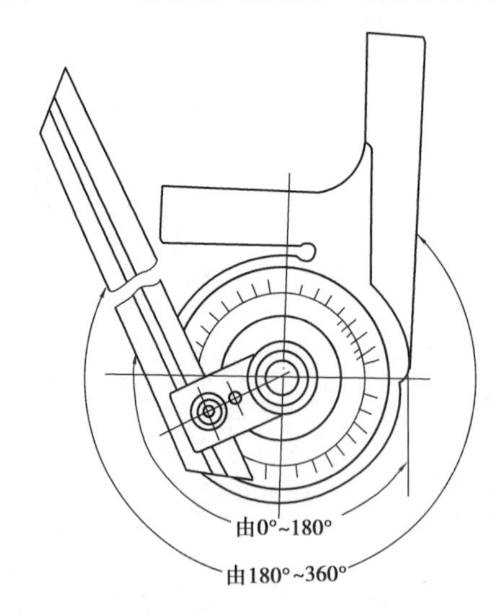

图 1.74　Ⅱ型游标万能角度尺的使用方法(二)

b. Ⅱ型游标万能角度尺使用方便,单用尺身与直尺的配合,便可测出 0° ~360°的各种角度，如图1.73和图1.74所示。

③游标万能角度尺的维护保养

a. 使用前，要擦净游标万能角度尺和被测圆柱体，并检查游标万能角度尺测量面是否生锈和碰伤，活动件是否灵活、平稳，能否固定在规定的位置上。

b. 应将游标的零线对准尺身的零线，游标的尾线对准尺身相应刻线，再拧紧固定螺钉。

c. 测量完毕后，松开各紧固件，取下直尺等元件，然后擦净，上好防锈油，装入专用盒内。

6）塞尺

塞尺用来检验两个结合面之间的间隙大小；首先将工件放在标准平板上，然后通过用塞尺检测工件与平板之间的间隙来确定工件表面平面度情况。

塞尺具有两个平行的测量平面，如图1.75所示。其长度有50,100,200 mm，厚度为0.03～0.1 mm，中间每片相距0.01 mm。厚度在0.1～1 mm的塞尺，则中间每片相隔0.05 mm。

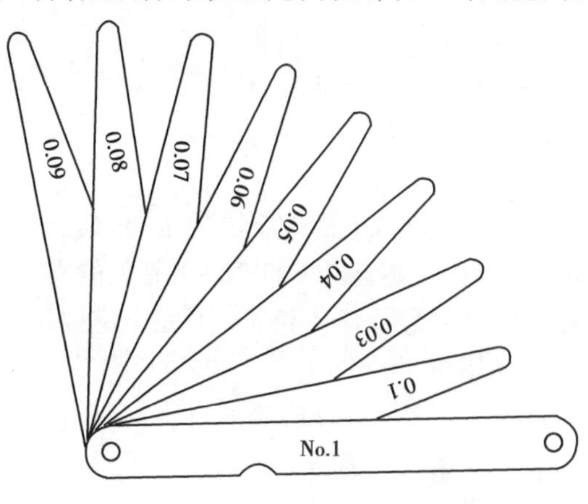

图1.75　塞尺

使用塞尺时，根据尺寸需要，可用一片或数片重叠在一起使用，但是尽量减少重叠片数，以减少积累误差。测量时，如用0.03 mm一片能插入，而用0.04 mm一片不能插入，这说明间隙在0.03～0.04 mm，故塞尺也是一种界限量规。使用塞尺时，要注意以下两点：

①使用前，清除工件和塞尺上的灰尘和油污。

②测量时，不能用力太大，以免塞尺弯曲和折断。

1.6　工件的装夹与定位

1.6.1　装夹原则

正确、合理地选择工件的定位与夹紧方式，是保证加工精度的必要条件。夹具的选择要根据零件精度等级、零件结构特点、产品批量及机床精度等情况综合考虑。选择原则是：首先考虑通用夹具，然后考虑组合夹具，最后考虑专用夹具、成组夹具。此外，还应该注意以下3点：

①力求设计基准、工艺基准与编程原点统一，以减少基准不重合误差和数控编程中的计算工作量。

②设法减少装夹次数，尽可能做到一次定位装夹后能加工出工件上全部或大部分待加工表面，以减少装夹误差，提高加工表面之间的相互位置精度，充分发挥数控机床的效率。

③避免采用占机人工调整式方案，以免占机时间太多，影响加工效率。

1.6.2 工件的定位

任何形状工件的定位都应采用六点定位原理。如果违背这个原理,工件在夹具中的位置就不能完全确定,影响加工质量。进行定位时,还必须根据具体加工要求灵活运用定位原理。工件形状不同,定位表面不同,定位点的布置情况会各不相同。其宗旨是采用最简单的定位方法,使工件在夹具中迅速获得正确的位置。工件的定位类型有:

1)完全定位

工件的6个自由度全部被夹具中的定位元件所限制,而在夹具中占有完全确定的唯一位置,称为完全定位。

2)不完全定位

根据工件加工表面的不同加工要求,定位支承点的数目可少于6个。有些自由度对加工要求无影响,只要分布与加工要求有关的支承点,就可用较少的定位元件达到定位的要求,这种定位情况称为不完全定位。不完全定位是允许的。

3)欠定位

按照加工要求应该限制的自由度没有被限制的定位,称为欠定位。欠定位是不允许的,因为欠定位保证不了加工的要求。

4)过定位

工件的一个或几个自由度被不同的定位元件重复限制的定位,称为过定位。当过定位有可能导致工件或定位元件变形,影响加工精度时,应严禁采用。但当过定位并不影响加工精度,反而对提高加工精度有利时,也可采用,要具体情况具体分析。

1.6.3 常用机床夹具

机床夹具是指安装在机床上用于装夹工件或引导刀具,使工件和刀具具有正确的相互位置关系的装置。

1)平口虎钳

平口虎钳具有较大的通用性和经济性,适用于尺寸较小的方形工件的装夹。常用精密平口虎钳如图1.76所示。通常采用机械螺旋式、气动式或液压式夹紧方式。

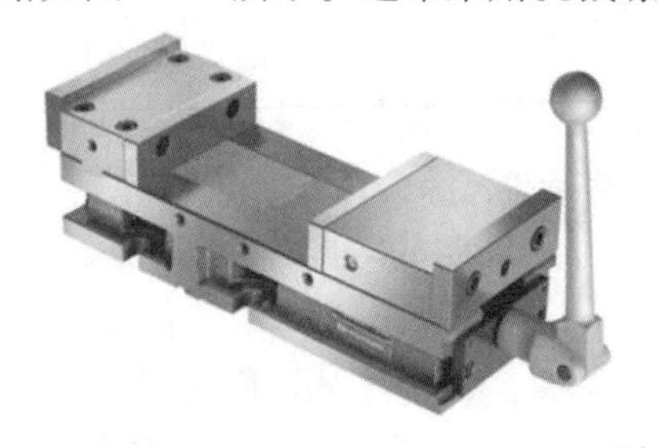

图1.76 平口虎钳

2)卡盘

卡盘根据卡爪的数量分为三爪自定心卡盘(见图1.77)、四爪单动卡盘(见图1.78)和六爪卡盘等。在数控铣床上应用较多的是三爪自定心卡盘和四爪单动卡盘,特别是三爪自定心卡盘,由于其具有自动定心作用和装夹简单的特点,因此在数控铣床上加工中小型圆柱形工件时,常采用三爪自定心卡盘进行装夹。卡盘的夹紧有机械螺旋式、气动式或液压式等。

图1.77　三爪卡盘

图1.78　四爪卡盘

图1.79　分度头

3）分度头

分度头是数控铣床或普通铣床的主要部件。在机械加工中，分度头夹持部分通常配置三爪或四爪卡盘，常用于多角度加工零件的分度，如图1.79所示。

4）组合夹具

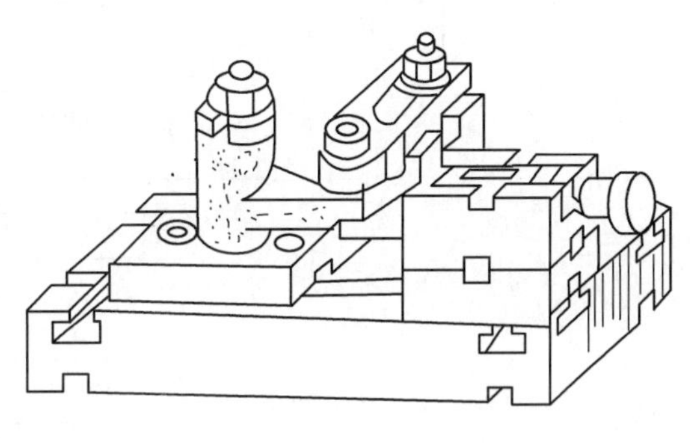

图1.80　组合夹具

组合夹具是指元件上制作有标准间距的相互平行及垂直的T形槽或键槽，通过键在键槽中的定位，就能准确决定各元件在夹具中准确位置，元件之间用螺纹联接或紧固（见图1.80）。由于槽系组合夹具各元器件之间相互位置都可由可沿槽中滑动的键或键在槽中的定位来决定，因此具有很好的可调节性。

1.7　工艺原则和工序划分

数控加工的工艺流程如图1.81所示。它主要包括根据图样确定加工方案、工件的定位与装夹、刀具的选择与安装、数控加工程序编制、试切削或试运行、数控加工、工件的验收与质量误差分析等。

1.7.1　定位基准的选择原则

在机加工的第一道工序中，只能用毛坯上未加工过的表面作定位基准，称为粗基准。在随后的工序中，用加工过的表面作定位基准，称为精基准。有时，为方便装夹或易于实现基准统一，在工件上专门制出定位基准，称为辅助基准。

1）粗基准的选择原则

选择粗基准时，必须要达到以下两个基本要求：其一，应保证所有加工表面都有足够的加工余量；其二，应保证工件加工表面和不加工表面之间具有一定的位置精度。粗基准的选择原则包括：

（1）相互位置要求原则

选取与加工表面相互位置精度要求较高的不加工表面作为粗基准，以保证不加工表面与加工表面的位置要求。

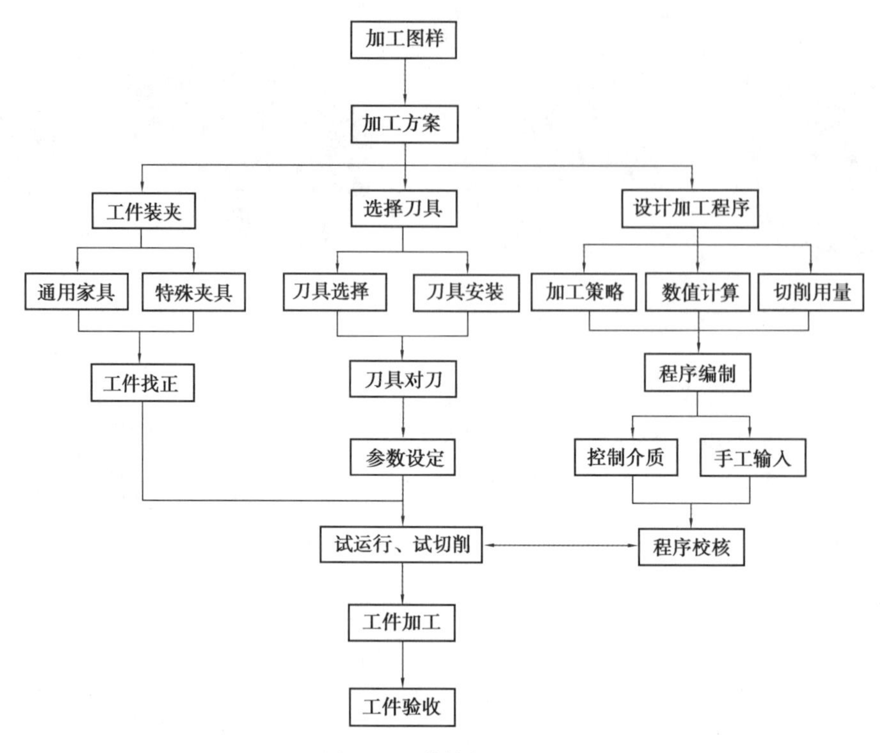

图 1.81　数控加工流程

(2)加工余量合理分配原则

以余量最小的表面作为粗基准,以保证各加工表面有足够的加工余量。

(3)重要表面原则

为保证重要表面的加工余量均匀,应选择重要加工面为粗基准。

(4)不重复使用原则

粗基准未经加工,表面比较粗糙且精度低,二次安装时,其在机床上(或夹具中)的实际位置可能与第一次安装时不一样,从而产生定位误差,导致相应加工表面出现较大的位置误差。因此,粗基准一般不应重复使用。若毛坯制造精度较高,而工件加工精度要求不高,则粗基准也可重复使用。

(5)便于工件装夹原则

作为粗基准的表面,应尽量平整光滑,没有飞边、冒口、浇口或其他缺陷,以便使工件定位准确、夹紧可靠。

2)精基准的选择原则

精基准的选择应主要考虑如何减少加工误差、保证加工精度(特别是加工表面的相互位置精度)以及实现工件装夹的方便、可靠与准确。其选择应遵循以下原则:

(1)基准重合原则

直接选择加工表面的设计基准为定位基准,称为基准重合原则。采用基准重合原则可避免由定位基准与设计基准不重合而引起的定位误差(称为基准不重合误差)。

应用基准重合原则时,要具体情况具体分析。定位过程中产生的基准不重合误差,是在用夹具装夹、调整法加工一批工件时产生的。若用试切法加工,设计要求的尺寸一般可直接测量,不存在基准不重合误差问题。在带有自动测量功能的数控机床上加工时,可在工艺中安排坐标系测量检查工步,即每个零件加工前由CNC系统自动控制测量头检测设计基准并自动计算、修正坐标值,消除基准不重合误差。因此,不必遵循基准重合原则。

(2)基准统一原则

同一零件的多道工序尽可能选择同一个定位基准,称为基准统一原则。这样既可保证各加工表面间的相互位置精度,避免或减少因基准转换而引起的误差,又简化了夹具的设计与制造工作,降低了成本,缩短了生产准备周期。

基准重合和基准统一原则是选择精基准的两个重要原则,但生产实际中有时会遇到两相互矛盾的情况。此时,若采用统一定位基准能保证加工表面的尺寸精度,则应遵循基准统一原则;若不能保证尺寸精度,则应遵循基准重合原则,以免使工序尺寸的实际公差值小,增加加工难度。

(3)自为基准原则

精加工或光整加工工序要求余量小而均匀,选择加工表面本身作为定位基准,称为自为基准原则。采用自为基准原则时,只能提高加工表面本身的尺寸精度、形状精度,而不能提高加工表面的位置精度,加工表面的位置精度应由前道工序保证。此外,研磨、铰孔都是自为基准的例子。

(4)互为基准原则

为使各加工表面之间具有较高的位置精度或加工表面具有均匀的加工余量,可采取两个加工表面互为基准反复加工的方法,称为互为基准原则。

(5)便于装夹原则

所选精基准应能保证工件定位准确稳定,装夹方便可靠,夹具结构简单适用,操作方便灵活。

(6)基准面先行原则

用作精基准的表面应优先加工出来,因为定位基准的表面越精确,装夹误差就越小。

(7)先主后次原则

零件的主要工作表面、装配基面应先加工,从而能及早发现毛坯中主要表面可能出现的缺陷。次要表面可穿插进行,放在主要加工表面加工到一定程度后,精加工之前进行。

(8)先面后孔原则

对箱体、支架类零件,平面轮廓尺寸较大,一般先加工平面,再加工孔和其他尺寸。这样安排加工顺序,一方面用加工过的平面定位,稳定可靠;另一方面在加工过的平面上加工孔,比较容易,并能提高孔的加工精度,特别是钻孔,孔的轴线不易偏斜。

3)辅助基准的选择

辅助基准是为了便于装夹或易于实现基准统一而人为制成的一种定位基准。例如,轴类零件加工所用的两个中心孔,它不是零件的工作表面,只是出于工艺上的需要才做出的。

1.7.2 工序的划分与方法

在数控机床上加工的零件,一般按工序集中原则划分工序。工序划分的方法主要有以下4种:

1)按所用刀具划分

以同一把刀具完成的那一部分工艺过程为一道工序。这种方法适用于工件的待加工表面较多,机床连续工作时间较长,以及加工程序的编制和检查难度较大等情况。

2)按安装次数划分

以一次安装完成的那一部分工艺过程为一道工序。这种方法适用于工件的加工内容不多的工件,加工完成后就能达到待检状态。

3)按粗、精加工划分

粗加工中完成的那部分工艺过程为一道工序,精加工中完成的那一部分工艺过程为一道工序。这种划分方法适用于加工后变形较大,需粗、精加工分开的零件,如毛坯为铸件、焊接件或锻件。

4)按加工部位划分

以完成相同型面的那一部分工艺过程为一道工序,对加工表面多而复杂的零件,可按其结构特点(如内形、外形、曲面和平面等)划分成多道工序。

1.7.3 加工方法的选择

由于获得同一级精度及表面粗糙度的加工方法有多种。因此,在实际选择时,要结合零件的形状、尺寸、批量、毛坯材料及毛坯热处理等情况合理选用加工方法。此外,还应考虑生产率和经济性的要求以及工厂的生产设备等实际情况。

1)孔加工方法的选择

常用于加工孔的方法有钻孔、扩孔、铰孔、粗/精镗孔及攻螺纹等。对这些孔的推荐加工方法见表1.7。

表1.7的说明如下:

①在加工直径小于30 mm且没有预留孔的毛坯孔时,为了保证钻孔加工的定位精度,可选择在钻孔前先将孔口端面铣平或采用打中心孔的加工方法。

②对表中的扩孔及粗镗加工,也可采用立铣刀铣孔的加工方法。

③在加工螺纹孔时,先加工出螺纹底孔;对直径在M6—M20的螺纹,通常采用攻螺纹的加工方法;对直径在M20以上的螺纹,可采用螺纹镗刀镗削加工。

表1.7 孔的加工方法

<table>
<tr><th rowspan="2">孔的精度</th><th rowspan="2">有无预孔</th><th colspan="5">孔尺寸/mm</th></tr>
<tr><th>$\phi 0 \sim \phi 12$</th><th>$\phi 12 \sim \phi 20$</th><th>$\phi 20 \sim \phi 30$</th><th>$\phi 30 \sim \phi 60$</th><th>$\phi 60 \sim \phi 80$</th></tr>
<tr><td rowspan="2">IT11—IT9</td><td>无</td><td>钻—铰</td><td colspan="2">钻—扩</td><td colspan="2">钻—扩—镗(或铰)</td></tr>
<tr><td>有</td><td colspan="5">粗扩—精扩;或粗镗—精镗(余量少可一次性扩孔或镗孔)</td></tr>
<tr><td rowspan="2">IT8</td><td>无</td><td>钻—扩—铰</td><td colspan="2">钻—扩—精镗(或铰)</td><td colspan="2">钻—扩—粗镗—精镗</td></tr>
<tr><td>有</td><td colspan="5">粗镗—半精镗—精镗(或精铰)</td></tr>
<tr><td rowspan="2">IT7</td><td>无</td><td>钻—粗铰—精铰</td><td colspan="4">钻—扩—粗铰—精铰;或钻—扩.粗镗—半精镗—精镗</td></tr>
<tr><td>有</td><td colspan="5">粗镗—半精镗—精镗(如仍达不到精度还可进一步采用精镗)</td></tr>
</table>

2)平面类轮廓加工方法的选择

平面轮廓由直线和圆弧或各种曲线构成。这些平面与装夹基准底平面平行或垂直,通常在三坐标铣床上采用两轴半的坐标进行加工(见图1.82)。

3）固定斜角平面加工

固定斜角平面是指与水平面成一固定夹角的斜面。常用的加工方法有以下4种：

①当零件尺寸不大时，可用斜垫铁垫平后进行加工（见图1.83（a））。

②当机床主轴可摆动时，可将主轴摆成相应的角度（与固定斜角的角度相关）进行加工（见图1.83（b））。

③当零件批量较大时，可采用专用的角度成形铣刀进行加工（见图1.83（c））。

④当上述加工方法均不能实现时，可采用三坐标数控铣床，利用立铣刀、球头铣刀或鼓形铣刀，以直线或圆弧插补形式进行分层铣削加工（见图1.83（d）），并用其他加工方式清除残留面积。

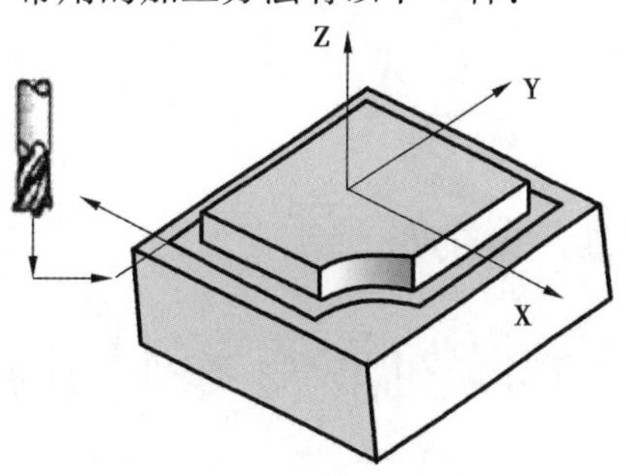

图1.82　平面轮廓加工

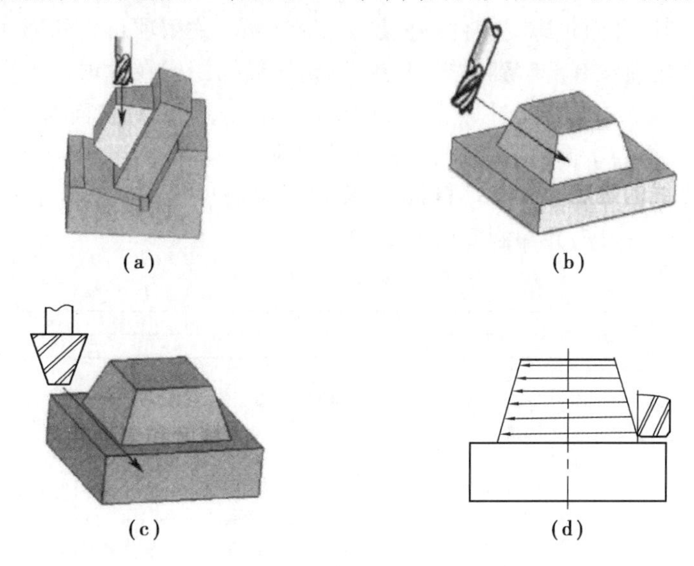

图1.83　固定斜角平面加工方法

4）变斜角平面加工

对曲率变化较小的变斜角面，采用主轴可摆动的四轴联动数控机床进行加工。加工时，保证刀具与零件变斜角平面始终贴合。

采用类似如图1.40（d）所示的分层铣削加工方式。

5）曲面类轮廓加工方法的选择

①规则公式曲面（如球面、椭球面等）数控铣削加工多采用球头铣刀，以“行切法”进行两轴半或三轴联动加工，编程方法选用手工宏程序编程或自动编程。

②不规则曲面数控铣削加工，通常采用“行切法”或“环切法”等切削方法进行三轴（四轴或五轴）联动加工，编程方法宜选用自动编程。

第2章 平面轮廓类零件编程加工

从本章开始，利用平面轮廓类零件编程加工工作过程，采用项目化的形式进行讨论学习，在项目学习中穿插之前没有讲解到的知识点。已讲解的知识点在本项目中直接引用实践，需要补充的知识点在本章补充完善，以达到承上启下的作用，既有对前面所学内容的复习与运用，也有新知识的学习与掌握，并在此项目和以后的项目中进行使用。

本章以如图2.1所示的零件为项目依托，完成零件的加工工艺装备的选择，制订加工工艺路线，最后编写加工程序，并编制完成加工工艺文件。

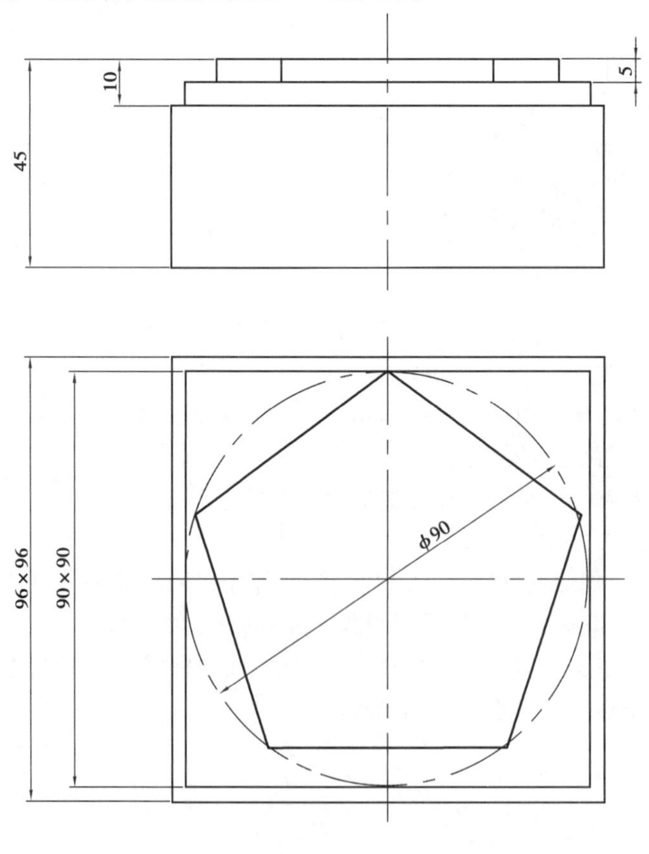

图2.1　零件图

如图 2.1 所示的零件,毛坯尺寸为 96 mm×96 mm×50 mm,材料为经过预先铣削加工过的铝合金材料。零件 96 mm×96 mm 的外形不加工。选用合理的刀具并经预调对刀完毕,对零件进行加工。

2.1　加工的工艺分析

加工的工艺分析见表 2.1。

表 2.1　加工的工艺分析

零件基本信息	本零件是为本节教学内容所设计的,毛坯为标准精坯,其尺寸为 96 mm×96 mm×50 mm,故无须再加工。毛坯材料为铝合金材料,切削性能良好
零件结构	从零件结构来看,该零件为四边形和五边形组成的等高台阶类零件,为上小下大结构形式,符合数控铣床加工工艺特点,故选用数控铣床进行加工 本零件轮廓由直线构成,这些平面与装夹基准平面平行或垂直,采用两轴半方式进行加工
零件尺寸	该零件无尺寸公差标注、形位公差和表面粗糙度标注,故可采用 IT10 级标准进行加工与测量。根据数控机床的制造与生产使用要求,该零件可直接粗加工完成
零件技术要求	虽然该零件无技术要求,但零件加工完成后仍然需要倒棱、去毛刺处理,否则会影响零件的使用和检测

2.2　分析零件基准和加工定位基准

通过分析本零件为平面轮廓零件采用两轴半方式进行加工。由于毛坯采用标准精坯,只需对两凸台进行加工,基准采用基准统一原则,选用毛坯底面和两相互垂直的侧面为定位基准,如图 2.2 所示。

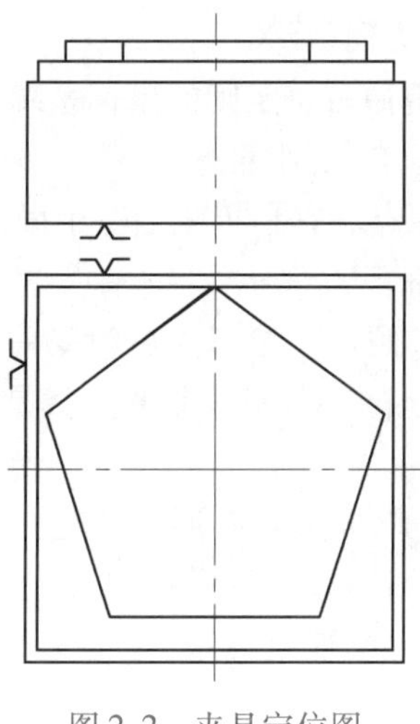

图 2.2　夹具定位图

2.3 坐标系规定

2.3.1 坐标系命名原则

为简化编程和保证程序的通用性，对数控机床的坐标轴和方向命名制订了统一的标准，规定直线进给坐标轴用 X,Y,Z 表示，常称基本坐标轴。X,Y,Z 坐标轴的相互关系用右手螺旋定则决定，如图 2.3 所示。其中，大拇指的指向为 X 轴的正方向，食指指向为 Y 轴的正方向，中指指向为 Z 轴的正方向。

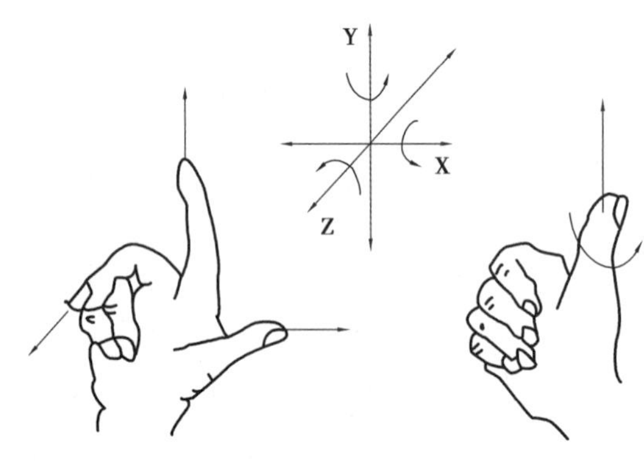

图 2.3 机床坐标轴

围绕 X,Y,Z 轴旋转的圆周进给坐标轴分别用 A,B,C 表示。根据右手螺旋定则，以大拇指指向 +X, +Y, +Z 方向，则食指、中指等的指向是圆周进给运动的 +A, +B, +C 方向。

数控机床的进给运动，有的由主轴带动刀具运动来实现，有的由工作台带着工件运动来实现。上述坐标轴正方向，是假定工件不动，刀具相对于工件作进给运动的方向。如果是工件移动，则用加的“′”字母表示，按相对运动的关系，工件运动的正方向恰好与刀具运动的正方向相反，即

$$+X = -X', \quad +Y = -Y', \quad +Z = -Z'$$

$$+A = -A', \quad +B = -B', \quad +C = -C'$$

同样，两者运动的负方向也彼此相反。

机床坐标轴的方向取决于机床的类型和各组成部分的布局。对于铣床而言：

Z 轴与主轴轴线重合，刀具远离工件的方向为正方向(+Z)。

X 轴垂直于 Z 轴，并平行于工件的装卡面。如果为单立柱铣床，面对刀具主轴向立柱方向看，其右运动的方向为 X 轴的正方向(+X)。

Y 轴与 X 轴和 Z 轴一起构成遵循右手定则的坐标系统。

1)机床的原点、参考点、编程原点、工件原点

机床原点就是机床坐标系的原点。它是机床上一个固定的点，由制造厂家确定。机床坐标系是通过回参考点操作来确立的。

参考点是确立机床坐标系的参照点。参考点可设第一参考点，第二参考点，也可设为换刀点，可以说机床原点是一个参考点，但不能说参考点就是机床原点，参考点可以有多个，机床原点只有一个。

拿到图纸或模型后，开始编程前，先要在图形上设定一个点为编程原点，通常设定在零件中间上表面处，也有边上中间处。编程原点的设定原则上是满足工艺需要设定，而不是随意设定的。编程原点设定好后，再设定编程坐标系，才能进行 G90 绝对坐标编程(参考 G90 绝对坐标和 G91 相对坐标)。

编程坐标系在机床上表现为工件坐标系，编程原点就称为工件原点，如图 2.4 所示。

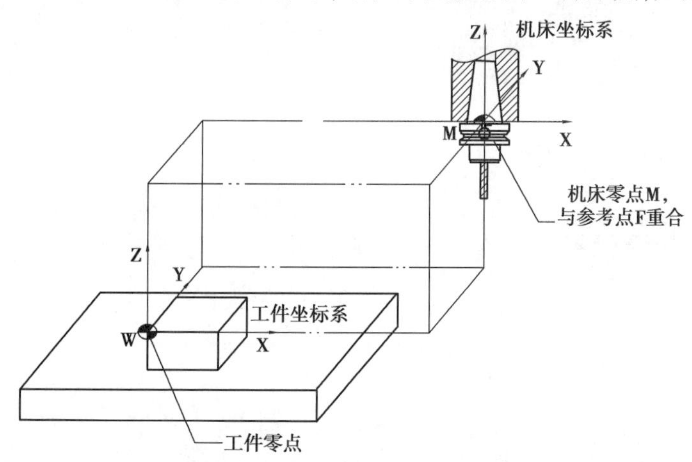

图 2.4　立式数控铣床机床坐标系

2）数控铣床的坐标系

(1)机床坐标系

机床坐标系是机床固有的坐标系，机床坐标系的原点也称机床原点或机床零点。在机床经过设计、制造和调整后，这个原点便被确定下来，它是固定的点。

数控装置上电时，并不知道机床零点，每个坐标轴的机械行程是由最大和最小限位开关来限定的。

为了正确地在机床工作时建立机床坐标系，通常在每个坐标轴的移动范围内设置一个机床参考点（测量起点）。机床启动时，通常要进行机动或手动回参考点，以建立机床坐标系。

(2)工件坐标系

工件坐标系是编程人员在编程时使用的。为了工艺需要或方便编程，编程人员又选择工件上的某一已知点为原点（也称程序原点），建立一个新的坐标系，称为工件坐标系。工件坐标系一旦建立便一直有效，直到被新的工件坐标系所取代。

指令格式：

G92 Xa Yb Zc；

G92 设定的工件坐标系由程序指令，用 G92 后面的数字设定工件坐标系。

工件坐标系的原点选择要尽量满足编程简单，尺寸换算少，以及引起的加工误差小等条件。一般情况下，以坐标系尺寸标注的零件，程序原点应选在尺寸标注的基准点；对称零件或以同心圆为主的零件，程序原点应选在对称中心线或圆心上。Z 轴的程序原点通常选在工件的上表面。

立式数控铣床机床坐标系与工件坐标系如图 2.4 所示。卧式数控铣床机床坐标系与工件坐标系如图 2.5 所示。

2.3.2　绝对坐标系（G90）与相对坐标系（G91）

1）绝对坐标系（G90）

绝对坐标系是所有坐标全部基于一个固定的坐标系原点的位置的描述的坐标系统。绝对坐标是一个固定的坐标位置，使用它输入的点坐标不会因参照物的不同而不同。

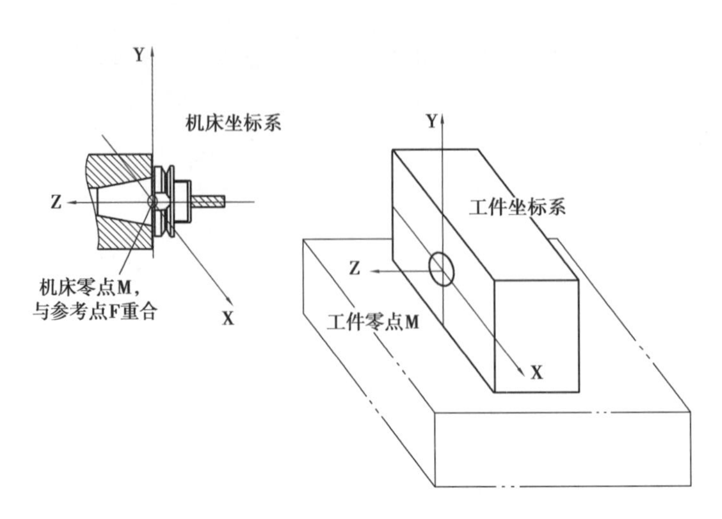

图 2.5　卧式数控铣床机床坐标系

绝对坐标指在平面坐标中，X，Y，Z 轴永远相对原点(0,0,0)的实际位移，并以(X，Y，Z)表示点的坐标。

2)相对坐标系(G91)

相对坐标系又称增量坐标系，含义是相对于上一点而言的。它是指 B 坐标相对于 A 坐标的相对位置。

进入相对坐标系(G91)编程模态后，程序中的前一个点都是后一个位置点的参照点，坐标值即相对前一个点的位移值。

在绝对坐标(G90)编程模态下，所有的位置点的坐标值都是参照一个点(编程原点)来确定的。从编程原点到位置点，X，Y，Z 的值就是绝对坐标值。

2.4　铣刀和夹具的选用

2.4.1　铣刀的选用

1)确定加工类型

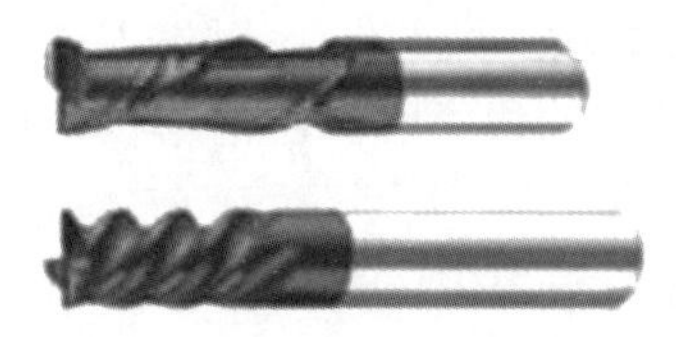

图 2.6　立铣刀

通过对零件图的分析，该零件为平面轮廓类零件，所有平面与装夹基准底平面平行或垂直。因此，选用立铣刀为本零件的加工刀具类型，如图 2.6 所示。

2)确定被加工材料

该零件为铝合金材料，属于容易加工的材料，对刀具的磨损较小，具有优良的耐腐蚀性、塑性和加工性能；与钢材和黄铜相比，铝合金强度和硬度相对较低，铝合金在切削加工时速度较高，但熔点较低，高速切削加工下的变形和摩擦作用会使材料切削表面温度升高，进而引起材料的塑性增大，工件表面的金属层变软，牢牢地粘在了刀具的尖端上，这就是俗称的“黏刀”现象。这种现象会降低工件的表面加工质量，并可能出现刮痕和弹刀的痕迹，切削过程中累积的积屑瘤也会严重影响切削加工效果，难以获得良好的表面粗糙度。因此，选用 YW 类硬质合金或高速钢刀具。

3）选择铣刀结构类型

高速钢刀具又称白钢刀或锋钢刀，一般为整体式刀具。根据铝合金材料的切削性能，可选用齿少的大螺旋槽刀具，以提高切削时的排屑能力。

因零件外形尺寸不大，侧向无内凹槽结构，故刀具无须考虑最小可切削刀具直径要求；综合考虑切削力、切削效率和经济性，最终选择 $\phi16$ 的 3 刃高速钢立铣刀刀具加工本零件。

4）确定切削参数

由前述加工切削参数选择查表可知：

（1）背吃刀量选用

背吃刀量选用：$a_p = 5$ mm。

（2）计算切削用量

查表选用：$v_c = 50$ m/min，即

$$v_c = \frac{\pi D n}{1\ 000} = \frac{16\pi n}{1\ 000} = 50 \text{ m/min}$$

则

$$n \approx 955.223 \text{ r/min}$$

取整为 $n = 1\ 000$ r/mim。

查表选用：$f_z = 0.06$ mm/z，即

$$v_f = fn = f_z z n = 0.06 \times 3 \times 1\ 000 \text{ mm/min} = 180 \text{ mm/min}$$

2.4.2　夹具的选用

1）数控铣床常用夹具

（1）机用平口虎钳

机用平口虎钳是一种机床通用附件，配合工作台使用，对加工过程中的工件起固定、夹紧、定位作用，如图 2.7 所示。机用平口虎钳由躯座、活动钳口、螺母及螺杆等组成。按其结构和使用，可分为通用平口虎钳、角度压紧机用平口虎钳、可倾机用平口虎钳、高精度机用平口虎钳及增力机用平口虎钳等。

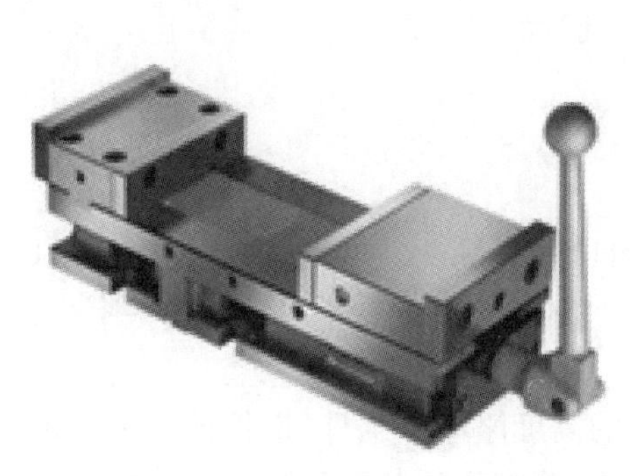

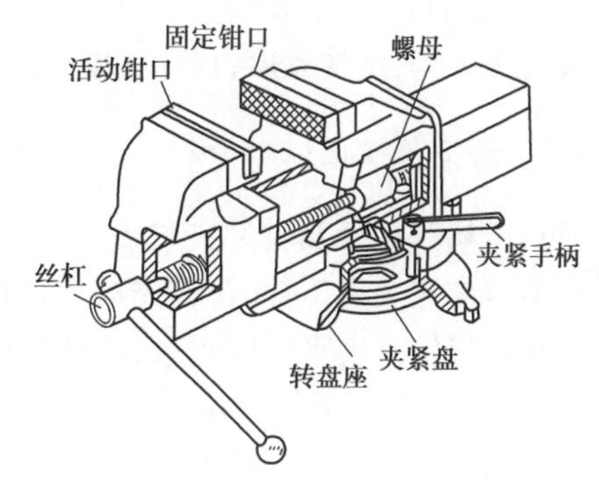

图 2.7　机用平口虎钳

虎钳在机床上安装的大致过程为：清除工作台面和虎钳底面的杂物及毛刺，将虎钳定向键（有的平口钳可能没有）对准工作台的 T 形槽，校正固定钳口相对机床的平行度，然后紧固

虎钳。

(2)压板

对中大型和形状较复杂的零件,一般采用压板将工件紧固在数控铣床的工作台面上,如图2.8所示。压板装夹工件时所用工具较简单,主要是压板、垫铁、T形螺栓(或T形螺母和螺栓)及螺母。为满足不同形状零件的装夹需要,压板的形状种类也较多。另外,在搭装压板时,应注意搭装稳定和夹紧力的三要素。

(3)自定心卡盘

自定心卡盘是利用均布在卡盘体上的活动卡爪的径向移动,把工件定位夹紧,如图2.9所示。它主要装夹轴类零件,以压板方式固定在工作台上,再以杠杆表打表零件轴以找正中心。上下移动找正轴线对工作台面的垂直度。

2)夹具的选择原则

按进给方式铣床夹具,可分为直线进给式、靠模进给式和圆周进给式3种。

(1)直线进给式铣床夹具

这类铣床夹具用得最多,夹具安装在铣床工作台上,加工中随工作台按直线进给方式运动。

图2.8　压板装夹工件

图2.9　三爪自定心卡盘

(2)靠模铣床夹具

靠模的作用是使工件获得辅助运动,形成仿形运动,它用在专用或通用铣床上,用于加工各种非圆曲面。

(3)圆周进给式铣床夹具

可在不停车的情况下装卸工件,一般是多工位,在有回转工作台的铣床上使用。这种夹具是高效铣床夹具,结构紧凑,操作方便,适用于大批量生产。

2.4.3　装夹与找正

1)平口虎钳和压板及其装夹与找正

采用平口虎钳装夹工件时,首先对平口虎钳钳口进行找正,以保证平口虎钳的钳口方向与主轴刀具的进给方向平行或垂直;然后要根据工件的切削高度在平口虎钳内垫上合适高度的平行垫铁,以保证工件在切削过程中不会产生受力位移。

采用压板装夹工件时(见图2.10),应使垫铁的高度略高于工件,以保证夹紧效果;压板螺栓应尽量靠近工件,以增大压紧力;压紧力要适中,或在压板与工件表面安装软材料垫片,以防工件变形或工件表面受到损伤;工件不能在工作台面上拖动,以免工作台面划伤。

工件在使用平口虎钳或压板装夹过程中,应对工件进行找正。其找正方法如图2.11所示。找正时，将百分表用磁性表座固定在主轴上，百分表触头接触工件，在前后或左右方向移动主轴，从而找正工件上下平面与工作台面的平行度。同样，在侧平面内移动主轴，找正工件侧面与轴进给方向的平行度。如果不平行，则可用铜棒轻敲工件或垫塞尺的办法进行纠正，再重新进行找正。

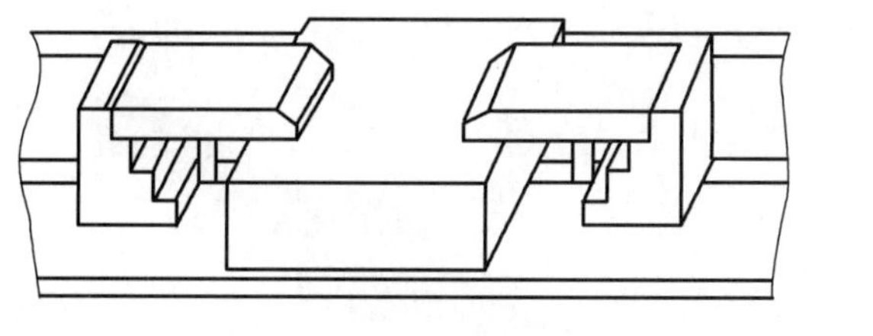

图2.10　压板装夹

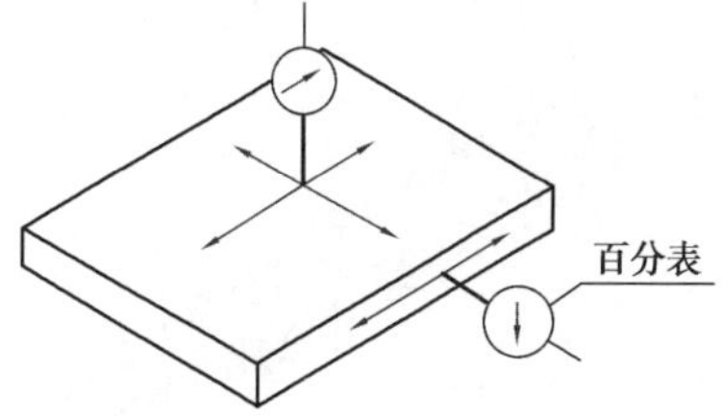

图2.11　百分表找正

2）**卡盘和分度头及其装夹与找正**

在加工中心上装夹与校正卡盘时，通常用压板将卡盘压紧在工作台面上，使卡盘轴心线与主轴平行。三爪自定心卡盘装夹圆柱形工件的找正（见图2.12），将百分表固定在主轴上，触头接触外圆侧母线，上下移动主轴，根据百分表的读数用铜棒轻敲工件进行调整。当主轴上下移动过程中百分表读数不变时，表示工件母线平行于Z轴。

当找正工件外圆圆心时，百分表固定在主轴上，表头置于零件表面，手动旋转主轴，根据百分表的读数值在XY平面内手摇移动工件，直至手动旋转主轴时百分表读数值不变。此时，工件中心与主轴轴心同轴。记下此时的X，Y机床坐标系的坐标值，可将该点（圆柱中心）设为工件坐标系XY平面的编程零点。内孔中心的找正方法与外圆圆心的找正方法相同。

分度头装夹工件（工件横放）的找正方法如图2.13所示。首先分别在前后两个点之间移动百分表，调整工件，保证两处百分表的最大读数相等，以找正工件上母线与工作台面的平行度；然后将百分表表头置于侧母线处，移动工作台，找正工件侧母线与工件进给方向平行。

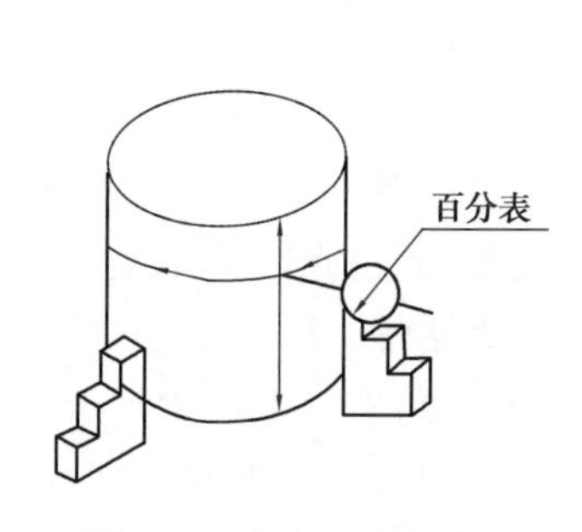

图2.12　竖放工件的找正

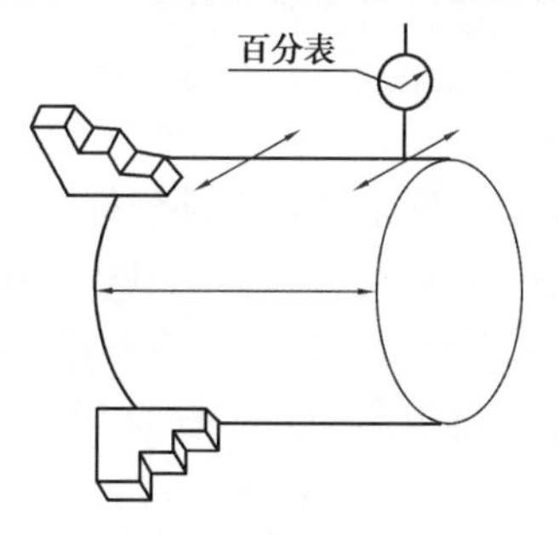

图2.13　横放工件的找正

2.4.4　对刀

在数控机床上加工零件，由于工件在机床上的安装位置是任意的，要正确执行加工程序，必须确定工件在机床坐标系中的确切位置。加工中心的对刀是指找出工件坐标系与机床坐标系空间关系的操作过程。通俗地说，对刀就是告诉机床工件在机床工作台的什么位置。

为了保证工件的加工精度要求，对刀位置应尽量选在零件的设计基准或工艺基准上已加工过的光滑表面。如零件上基准孔或两条相互垂直的基准边作为对刀位置,则对这些对刀位置应提出相应的精度要求,并在对刀以前准备好。

1)对刀器

对刀器(或找正器)是用于测定刀具与工件的相对位置仪器。常用的对刀器具有对刀量块、机械式找正器、机械偏心式寻边器(见图2.14(a)),电子式对刀器、电子式寻边器(见图2.14(b)),机械式Z向对刀器(见图2.14(c)),以及机外对刀仪(见图2.14(d))等。

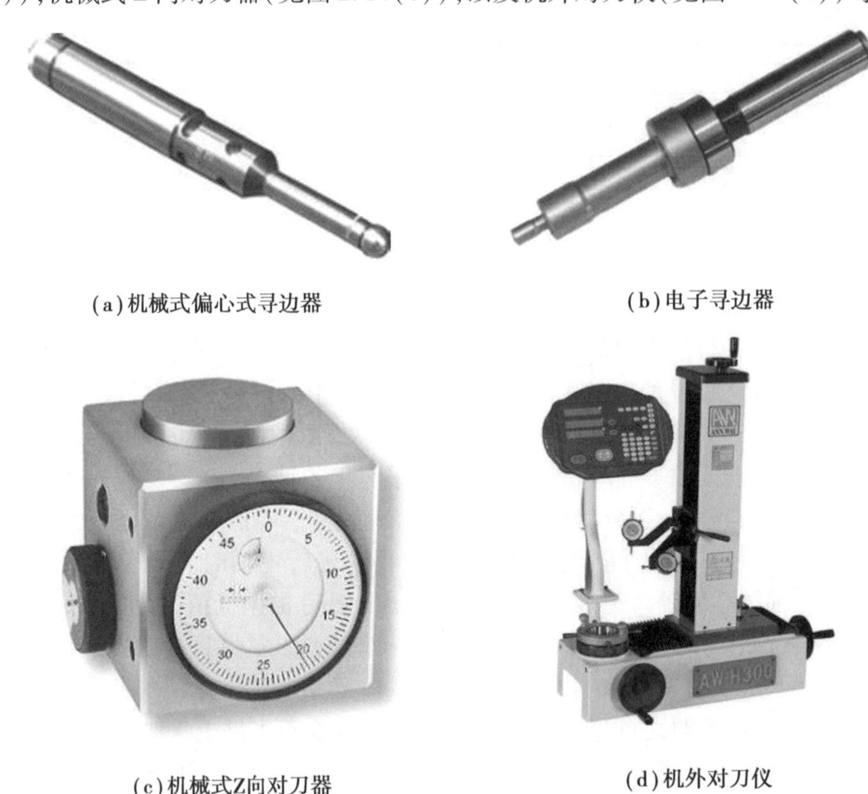

(a)机械式偏心式寻边器　　(b)电子寻边器

(c)机械式Z向对刀器　　(d)机外对刀仪

图2.14　加工中心常用对刀仪器

(1)Z轴设定器

Z轴设定器主要用于确定工件坐标系原点在机床坐标系的Z轴坐标,或确定刀具在机床坐标系中的高度。Z轴设定器有光电式和指针式等类型,通过光电指示或指针判断刀具与对刀器是否接触,对刀精度一般可达0.005 mm。Z轴设定器带有磁性表座,可牢固地附着在工件或夹具上。Z轴设定器高度一般为50 mm或100 mm,如图2.15所示。

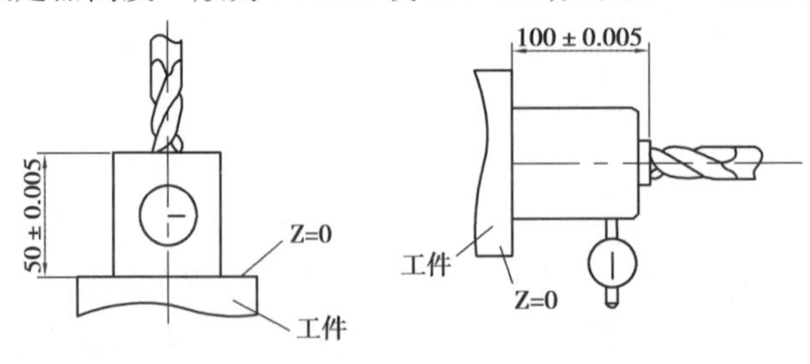

图2.15　Z轴设定器

Z轴设定器的使用方法如下:

①将刀具装在主轴上,将Z轴设定器附着在已装夹好的工件或夹具平面上。

②快速移动工作台和主轴,让刀具端面靠近Z轴设定器上表面。

③改用微调操作,让刀具端面慢慢接触到Z轴设定器上表面,直到Z轴设定器发光或指针指示到零位。

④记下此时机械坐标系中的Z值。

在当前刀具情况下,工件或夹具平面在机床坐标系中的Z坐标为此值再减去Z轴设定器的高度。

若工件坐标系Z坐标零点设定在工件或夹具的对刀平面上,则此值即为工件坐标系Z坐标零点在机床坐标系中的位置,即Z坐标零偏值,应输入机床相应的工件坐标系存储地址中。

如果对刀精度要求不高,也可用固定高度的对刀块来设定Z坐标。

(2)寻边器

寻边器主要用于确定工件坐标系原点在机床坐标系中的X,Y值,也可测量工件的简单尺寸。它有偏心式和光电式等。

①偏心式寻边器的使用方法

偏心式寻边器是利用可偏心旋转的两部分圆柱进行工作的,当这两部分圆柱在旋转时调整到同心,此时机床主轴中心距被测表面的距离为测量圆柱的半径值。偏心式寻边器的使用方法如下:

①将偏心式寻边器用刀柄装到主轴上。

②启动主轴旋转,一般取500 r/min。

③在X方向手动控制机床使偏心式寻边器靠近被测表面并缓慢与之接触。

④进一步仔细调整位置,直至偏心式寻边器上下两部分同轴后瞬间错开。

⑤此时被测表面的X坐标为机床当前X坐标值加(或减)圆柱半径。

Y方向同理可得。

②光电式寻边器的使用方法

光电式寻边器的测头一般为10 mm的钢球,用弹簧拉紧在光电式寻边器的测杆上,碰到工件时可以退让,并将电路导通,发出光信号。通过光电式寻边器的指示和机床坐标位置可得到被测表面的坐标位置。利用测头的对称性,还可测量一些简单的尺寸。如图2.16所示为一矩形零件。其几何中心为工件坐标系原点。现需测出工件的长度和工件坐标系在机械坐标系中的位置。具体测量方法如下:

①将工件通过夹具装在机床工作台上,装夹时工件的4个侧面都应留出寻边器的测量位置。

②快速移动主轴,让寻边器测头靠近工件的左侧,改用微调操作,让测头慢慢接触到工件左侧,直到寻边器发光。记下此时测头在机械坐标系中的X坐标值,如-358.300。

③抬起测头至工件上表面之上,快速移动主轴,让测头靠近工件右侧,改用微调操作,让测头慢慢接触到工件右侧,直到寻边器发光。记下此时测头在机械坐标系中的X坐标值,

如 -248.300。

④两者差值再减去测头直径，即工件长度。测头的直径一般为 10 mm，则工件的长度为 L = -248.300 mm - (-358.300) mm - 10 = 100 mm。

⑤工件坐标系原点在机械坐标系中的 X 坐标为 X = -358.3 mm + 100/2 mm + 5 mm = -203.3 mm，将此值输入工件坐标系中(如 G54)的 X 即可。

同样，工件坐标系原点在机械坐标系中的 Y 坐标也按上述步骤测定。

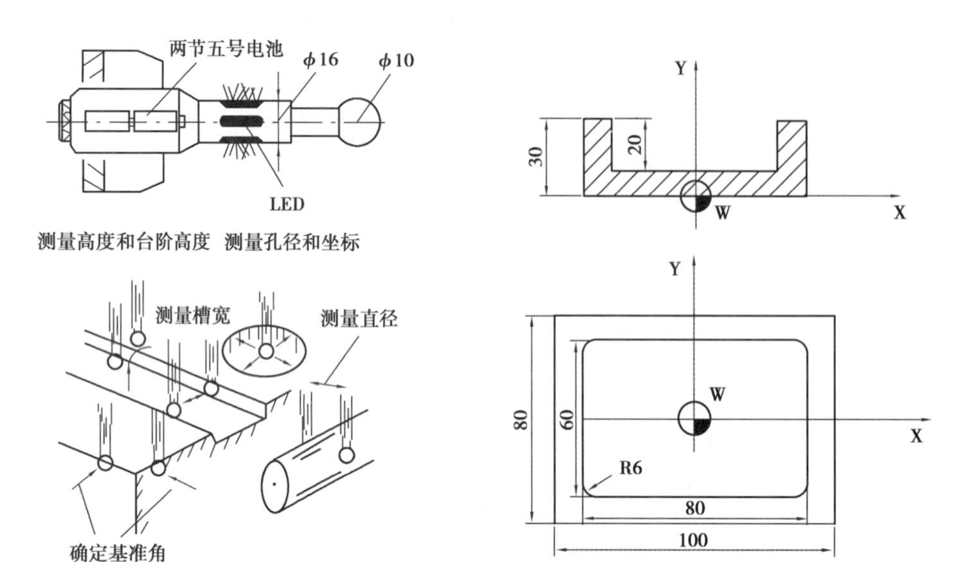

图 2.16 矩形型腔零件坐标系建立示意图

2)对刀点与换刀点

在编程时，应正确选择“对刀点”和“换刀点”的位置。

(1)对刀点

对刀点就是在数控机床上加工零件时，刀具相对于工件运动的起始点。由于程序段从该点开始执行，因此，对刀点又称“程序起点”或“起刀点”。其选择基本原则如下：

①便于用数字处理和简化程序编制。

②在机床上找正容易，加工中便于检查。

③引起的加工误差小。

对刀点可选在工件上，也可选在工件外面(选在夹具上或机床上)，但必须与零件的定位基准有一定的尺寸关系，如图 2.17 所示的 X0 和 Y0，这样才能确定机床坐标系与工件坐标系的关系。为了提高加工精度，对刀点应尽量选在零件的设计基准或工艺基准上，如以孔定位的工件，可选孔的中心作为对刀点。刀具的位置则以此孔来找正，使“刀位点”与“对刀点”重合。工厂常用的找正方法是将千分表装在机床主轴上，然后转动机床主轴，以使“刀位点”与对刀点一致。一致性越好，对刀精度越高。所谓“刀位点”，是指镗刀的刀尖，钻头的钻尖，立铣刀、端铣刀刀头底面的中心，以及球头铣刀的球头中心。

零件安装后,工件坐标系与机床坐标系就有了确定的尺寸关系。在工件坐标系设定后,从对刀点开始的第一个程序段的坐标值为对刀点在机床坐标系中的坐标值(X0,Y0)。当按绝对值编程时,不管对刀点和工件原点是否重合,都是X2,Y2。当按增量值编程时,对刀点与工件原点重合时,第一个程序段的坐标值是X2,Y2;不重合时,则为(X1 + X2),(Y1 + Y2)。

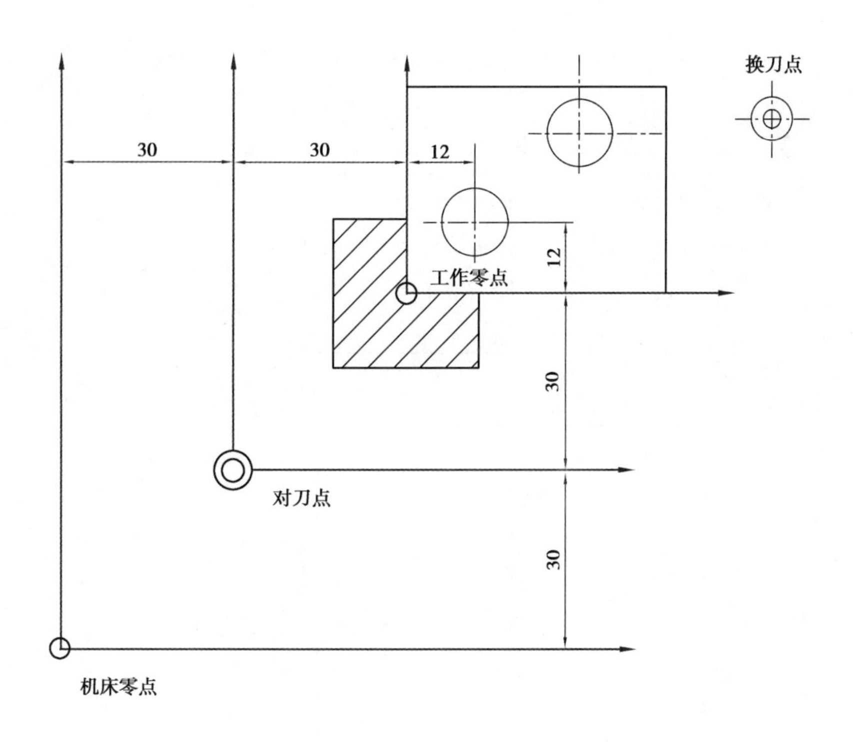

图2.17　对刀点与换刀点

对刀点既是程序的起点,也是程序的终点。因此,在成批生产中,要考虑对刀点的重复精度。该精度可用对刀点相距机床原点的坐标值(X0,Y0)来校核。

(2)换刀点

加工过程中需要换刀时,应规定换刀点。所谓"换刀点",是指换刀时的工作位置。该点可以是某一固定点,也可以是任意的一点。换刀点应设在工件或夹具的外部,以刀架转位时不碰工件及其他部件为准。其设定值可用实际测量方法或计算确定。

2.5　制订走刀路线

根据已学习的内容和已确定的工艺装备,建立项目零件的加工坐标系统,绘制出走刀路线图,填写于相关工艺文件中,见表2.2、表2.3。

表 2.2　数控加工走刀路线图(加工 90×90 方形轮廓)

<table>
<tr><td colspan="3">数控加工走刀路线图</td><td>零件图号</td><td>2.1</td><td>工序号</td><td>1</td><td>工步号</td><td>1</td><td>程序号</td><td>O0001</td></tr>
<tr><td>机床型号</td><td>VMCL850</td><td>刀具型号</td><td>$\phi16$</td><td>加工内容</td><td colspan="4">加工 90×90 方形轮廓</td><td>共 2 页</td><td>第 1 页</td></tr>
<tr><td colspan="9" rowspan="4">30
68
+Z
+X
10
+Y
+X
106
106</td><td colspan="2"></td></tr>
<tr><td>编 程</td><td></td></tr>
<tr><td>校 对</td><td></td></tr>
<tr><td>审 批</td><td></td></tr>
<tr><td>符 号</td><td></td><td></td><td></td><td></td><td></td><td></td><td></td><td></td><td colspan="2"></td></tr>
<tr><td>含 义</td><td>编程原点</td><td>循环点</td><td>换刀点</td><td>快速走刀方向</td><td>给刀走刀方向</td><td></td><td></td><td></td><td colspan="2"></td></tr>
</table>

表2.3　数控加工走刀路线图(加工五边形轮廓)

数控加工走刀路线图		零件图号	2.1	工序号	1	工步号	2	程序号	O0002
机床型号	VMCL850	刀具型号	$\phi16$	加工内容	加工五边形轮廓			共2页	第2页
								编程	
								校对	
								审批	
符号									
含义	编程原点	循环点	换刀点	快速走刀方向	给刀走刀方向				

2.6　程序段格式

一个零件程序是一组被传送到数控装置中去的指令和数据。

一个零件程序是由遵循一定结构、句法和格式规则的若干个程序段组成的,而每个程序段是由若干个指令字组成的,如图2.18所示。

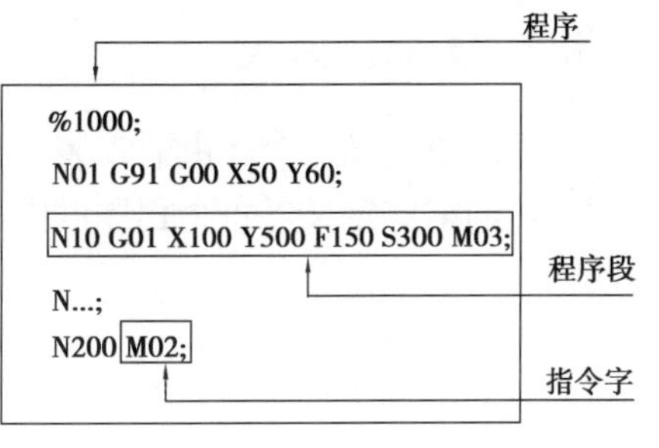

图2.18　程序的结构

2.6.1　指令字的格式

一个指令字是由地址符(指令字符)和带符号(如定义尺寸的字)或不带符号(如准备功能字G

代码)的数字数据组成的。

程序段中,不同的指令字符及其后续数值确定了每个指令字的含义。在数控程序段中包含的主要指令字符见表2.4。

表2.4 指令字符一览表

机能	地址	意 义
零件程序号	%	程序编号:%1—429 496 729 5
程序段号	N	程序段编号:N0—429 496 729 5
准备机能	G	指令动作方式(直线、圆弧等) G00—99
尺寸字	X,Y,Z A,B,C U,V,W	坐标轴的移动命令 ±999 99.999
	R	圆弧的半径,固定循环的参数
	I,J,K	圆心相对于起点的坐标,固定循环的参数
进给速度	F	进给速度的指定 F0—240 00
主轴机能	S	主轴旋转速度的指定 S0—999 9
刀具机能	T	刀具编号的指定 T0—99
辅助机能	M	机床侧开/关控制的指定 M0—99
补偿号	H,D	刀具补偿号的指定 00—99
暂停	P,X	暂停时间的指定秒
程序号的指定	P	子程序号的指定 P1—429 496 729 5
重复次数	L	子程序的重复次数,固定循环的重复次数
参数	P,Q,R	固定循环的参数

2.6.2 程序段的格式

一个程序段定义一个将由数控装置执行的指令行。

程序段的格式定义了每个程序段中功能字的句法,如图2.19所示。

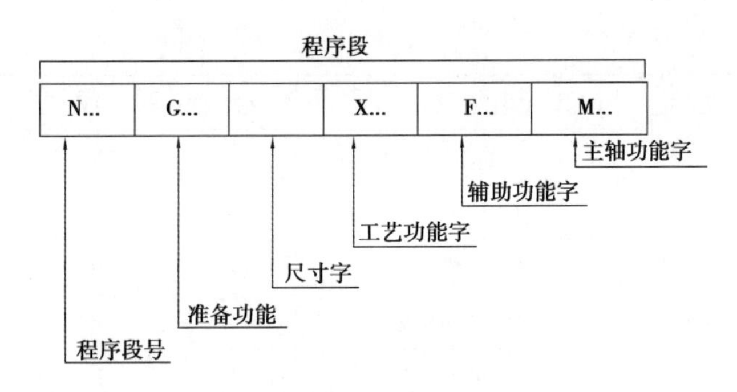

图 2.19　程序段格式

2.6.3　程序的一般结构

一个零件程序必须包括起始符和结束符。

一个零件程序是按程序段的输入顺序执行的,而不是按程序段号的顺序执行的,但书写程序时,建议按升序书写程序段号;华中世纪星数控装置 HNC-818b 的程序结构:

程序起始符:%(或 O)符,%(或 O)后跟程序号。

程序结束:M02 或 M30。

注释符:括号( )内或分号;后的内容为注释文字。

2.7　数控系统的编程

2.7.1　常用 G 功能

准备功能代码是用地址字 G 和后面的二位数字来表示的,见表 2.5。

表 2.5　准备功能 G 代码

B:基本功能;O:选择功能;X:无此功能						
G 代码	组号	意义	3MA	10M	11M	12M
G00	01	点定位(快速进给)	B	B	B	B
* G01		直线插补	B	B	B	B
G02		顺时针圆弧插补	B	B	B	B
G03		逆时针圆弧插补	B	B	B	B
G04	00	暂停	B	B	B	B
G07		假想轴插补	X	X	0	0
G09		准停检验	X	B	B	B
G10		偏移量设定	0	0	0	0

续表

G代码	组号	意义	3MA	10M	11M	12M
G15	18	极坐标指令取消	X	X	0	0
G16		极坐标指令	X	X	0	0
* G17	02	XY 平面指定	B	B	B	B
G18		ZX 平面指定	B	B	B	B
G19		YZ 平面指定	B	B	B	B
G20	06	英制输入	B	B	B	B
G21		米制输入	B	B	B	B
G22	04	存储行程极限 ON	X	0	0	0
G23		存储行程极限 OFF	X	0	0	0
B:基本功能;O:选择功能;X:无此功能						
G27	00	返回参考点检验	B	B	B	B
G28		返回参考点	B	B	B	B
G29		从参考点返回	B	B	B	B
G30		第二参考点返回	X	0	0	0
G31		跳跃功能	0	X	X	X
G39		尖角圆弧插补	B	X	X	X
G40	07	取消刀具半径补偿	B	B	B	B
G41		刀具半径左补偿	B	B	B	B
G42		刀具半径右补偿	B	B	B	B
G43	08	刀具长度正补偿	B	B	B	B
G44		刀具长度负补偿	B	B	B	B
G45	00	刀具偏置增加	X	B	B	B
G46		刀具偏置减少	X	B	B	B
G47		刀具偏置二倍增加	X	B	B	B
G48		刀具偏置二倍减少	X	B	B	B
G49	08	取消刀具长度补偿	B	B	B	B
G50	11	比例取消	X	X	0	0
G51		比例	X	X	0	0
G52	00	局部坐标系统	X	B	B	B
G53		机床坐标系选择	X	B	B	B
G54	12	加工坐标系 1	X	B	B	B
G55		加工坐标系 2	X	B	B	B
G56		加工坐标系 3	X	B	B	B
G57		加工坐标系 4	X	B	B	B
G58		加工坐标系 5	X	B	B	B
G59		加工坐标系 6	X	B	B	B

续表

G 代码	组号	意义	3MA	10M	11M	12M
G60	00	单一方向定位	X	X	0	0
G61	13	准停	X	B	B	B
G62		自动拐角倍率	X	X	0	0
G63		攻螺纹模式	X	B	B	B
G64		切削模式	X	B	B	B
G65	00	宏指令	0	0	0	0
G66	14	调用宏指令 A	X	0	0	0
G67		调用宏指令 A 取消	X	0	0	0
B:基本功能;O:选择功能;X:无此功能						
G68	16	坐标系统旋转	X	X	0	0
G69		坐标系统旋转取消	X	X	0	0
G73	09	钻孔循环	B	B	B	B
G74		反攻螺纹	B	B	B	B
G76		精镗	B	B	B	B
G80		取消固定循环	B	B	B	B
G81		钻孔循环	B	B	B	B
G82		钻孔循环镗阶梯孔	B	B	B	B
G83		钻孔循环	B	B	B	B
G84		攻螺纹循环	B	B	B	B
G85		镗孔循环	B	B	B	B
G86		镗孔循环	B	B	B	B
G87		反镗孔循环	B	B	B	B
G88		镗孔循环	B	B	B	B
G89		镗孔循环	B	B	B	B
G90	03	绝对值输入	B	B	B	B
G91		增量值输入	B	B	B	B
G92	00	设定工件坐标系	B	B	B	B
G94	05	进给速度(mm/min)	B	B	B	B
G95		每转进给	B	B	B	B
G98	04	返回起始平面	B	B	B	B
G99		返回 R 平面	B	B	B	B

G 代码按其功能的不同分为若干组。G 代码有两种模态:模态式 G 代码和非模态式 G 代码。00 组的 G 代码属于非模态式的 G 代码,只限定在被指定的程序段中有效,其余组的 G 代码属于模态式 G 代码,具有延续性,在后续程序段中,只要同组其他 G 代码未出现之前一直有效。

不同组的 G 代码在同一个程序段中可指令多个,但如果在同一个程序段中指令了两个或两个以上属于同一组的G代码时，则只有最后一个G代码有效。在固定循环中，如果指令了01组的G代码，则固定循环将被自动取消或为G80状态(即取消固定循环)，但01组的G代码不受固定循环G代码的影响。如果在程序中指令了G代码表中没有列出的G代码，则显示报警。

2.7.2 系统默态G功能的使用

1)尺寸单位选择G20,G21,G22

格式：

G20;

G21;

G22;

说明：

G20:英制输入制式。

G21:公制输入制式。

G22:脉冲当量输入制式。

3种制式下线性轴、旋转轴的尺寸单位见表2.6。

G20,G21,G22为模态功能，可相互注销，G21为缺省值。

表2.6 尺寸输入制式及其单位

代码	线性轴	旋转轴
英制(G20)	英寸	度
公制(G21)	毫米	度
脉冲当量(G22)	移动轴脉冲当量	旋转轴脉冲当量

2)进给速度单位的设定G94,G95

格式：

G94 [F__];

G95 [F__];

说明：

G94:每分钟进给。

G95:每转进给。

G94为每分钟进给。对线性轴，F的单位依G20/G21/G22的设定而为mm/min,in/min或脉冲当量/min；对旋转轴，F的单位为度/min或脉冲当量/min。

G95为每转进给，即主轴转一周时刀具的进给量。F的单位依G20/G21/G22的设定而为mm/r,in/r或脉冲当量/r，这个功能只在主轴装有编码器时才能使用。

G94,G95为模态功能，可相互注销G94为缺省值。

2.7.3　有关坐标系和坐标平面的指令

1)绝对值编程 G90 与相对值编程 G91

格式:

G90;

G91;

说明:

G90:绝对值编程,每个编程坐标轴上的编程值是相对于程序原点的。

G91:相对值编程,每个编程坐标轴上的编程值是相对于前一位置而言的。该值等于沿轴移动的距离。

G90,G91 为模态功能,可相互注销,G90 为缺省值。

G90,G91 可用于同一程序段中,但要注意其顺序所造成的差异。

例 2.1　如图 2.20 所示,使用 G90,G91 编程。要求刀具由原点按顺序移动到 1,2,3 点。

G90 编程如下:

N01 X20 Y15;

N02 X40 Y45;

N03 X60 Y25;

G91 编程如下:

N01 X20 Y15;

N02 X20 Y30;

N03 X20 Y-20;

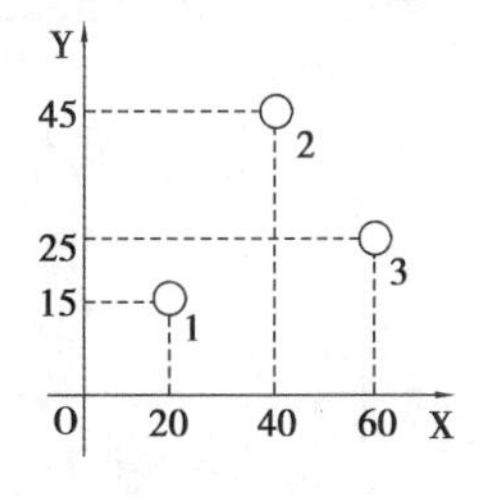

图 2.20　G90/G91 编程

选择合适的编程方式可使编程简化。当图纸尺寸由一个固定基准给定时,采用绝对方式编程较为方便;而当图纸尺寸是以轮廓顶点之间的间距给出时,采用相对方式编程较为方便。

2)工件坐标系选择 G54—G59

格式:

$$\left\{\begin{matrix} G54 \\ G55 \\ G56 \\ G57 \\ G58 \\ G59 \end{matrix}\right\};$$

说明:

G54—G59 是系统预定的 6 个工件坐标系(见图 2.21),可根据需要任意选用。

这 6 个预定工件坐标系的原点在机床坐标系中的值(工件零点偏置值)可用 MDI 方式输入,系统自动记忆。

工件坐标系一旦选定,后续程序段中绝对值编程时的指令值均为相对此工件坐标系原点的值。

G54—G59 为模态功能,可相互注销 G54 为缺省值。

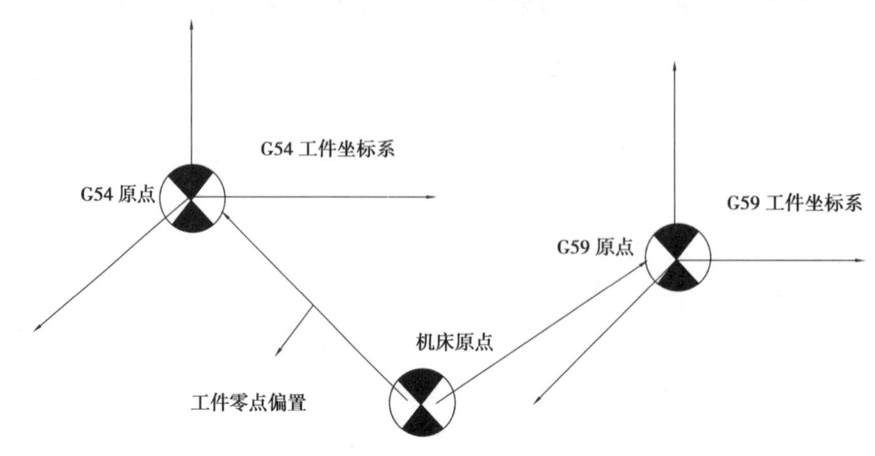

图 2.21　工件坐标系选择(G54—G59)

例 2.2　如图 2.22 所示,使用工件坐标系编程。要求刀具从当前点移动到 A 点,再从 A 点移动到 B 点。

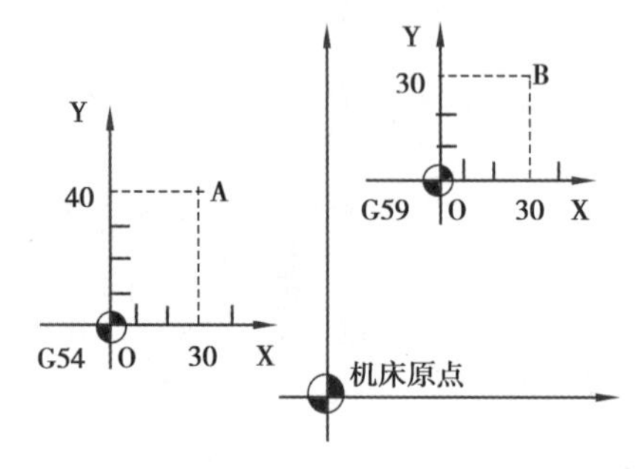

图 2.22　使用工件坐标系编程

程序如下(当前点→A→B):

O1000;

N01 G54 G00 G90 X30;

Y40;

N02 G59;

N03 G00 X30 Y30;

注意:使用该组指令前,先输入各坐标系的坐标原点在机床坐标系中的坐标值。

3)**坐标平面选择** G17,G18,G19

格式:

G17;

G18;

G19;

说明:

G17:选择 XY 平面。

G18:选择 ZX 平面。

G19:选择 YZ 平面。

该组指令选择进行圆弧插补和刀具半径补偿的平面。

G17,G18,G19 为模态功能,可相互注销,G17 为缺省值。

注意:移动指令与平面选择无关,如指令 G17 G01 Z10 时,Z 轴照样会移动。

2.7.4　进给控制指令

1)快速定位 G00

格式:

G00 X__ Y__ Z__ A__;

说明:

X,Y,Z,A :快速定位终点,在 G90 时为终点在工件坐标系中的坐标,在 G91 时为终点相对于起点的位移量。

G00 指令刀具相对于工件以各轴预先设定的速度,从当前位置快速移动到程序段指令的定位目标点。

G00 指令中的快移速度由机床参数“快移进给速度”对各轴分别设定,不能用 F 规定。

G00 一般用于加工前快速定位或加工后快速退刀。

快移速度可由面板上的快速修调旋钮修正。

G00 为模态功能,可由 G01,G02,G03 或 G33 功能注销。

注意:在执行 G00 指令时,由于各轴以各自速度移动,不能保证各轴同时到达终点。因此,联动直线轴的合成轨迹不一定是直线。操作者必须格外小心,以免刀具与工件发生碰撞。常见的做法是:将 Z 轴移动到安全高度,再放心地执行 G00 指令。

例 2.3　如图 2.23 所示,使用 G00 编程。要求刀具从 A 点快速定位到 B 点。

绝对值编程(从 A 到 B 快速定位)如下:

G90 G00 X90 Y45;

增量值编程(从 A 到 B 快速定位)如下:

G91 G00 X70 Y30;

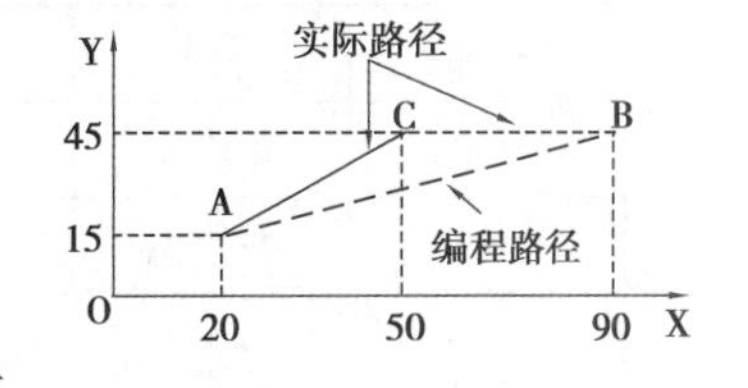

图 2.23　G00 编程

当 X 轴和 Y 轴的快进速度相同时,从 A 点到 B 点的快速定位路线为 A→C→B,即以折线的方式到达 B 点,而不是以直线方式从 A→B。

2)线性进给 G01 X__ Y__ Z__ A__ F__;

格式:

G01 X__ Y__ Z__ A__ F__;

说明:

X,Y,Z,A:线性进给终点,在 G90 时为终点在工件坐标系中的坐标,在 G91 时为终点相对于起点的位移量。

F:合成进给速度。

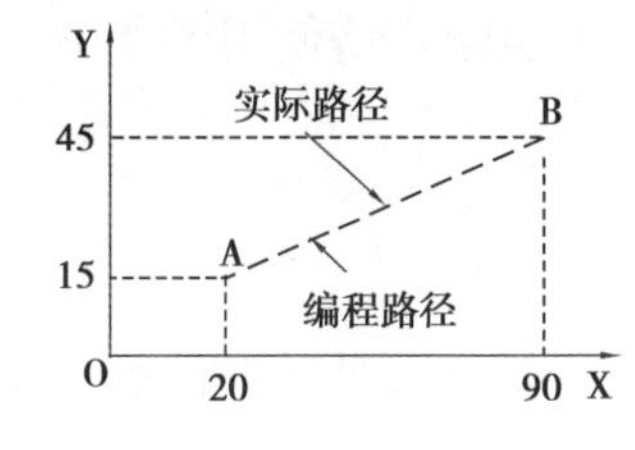

图 2.24　G01 编程

G01 指令刀具以联动的方式,按 F 规定的合成进给速度,从当前位置按线性路线(联动直线轴的合成轨迹为直线)移动到程序段指令的终点。

G01 是模态代码,可由 G00,G02,G03 或 G33 功能注销。

例 2.4　如图 2.24 所示,使用 G01 编程。要求从 A 点线性进给到 B 点(此时的进给路线是从 A→B 的直线)。

绝对值编程(从 A 到 B 线性进给)如下:

G90 G01 X90 Y45 F800;

增量值编程(从 A 到 B 线性进给)如下:

G91 G01 X70 Y30 F800;

2.7.5 辅助功能指令

1)辅助功能 M 代码

辅助功能由地址字 M 和其后的一或两位数字组成。它主要用于控制零件程序的走向,以及机床各种辅助功能的开关动作。

M 功能有非模态 M 功能和模态 M 功能两种形式。

非模态 M 功能(当段有效代码)只在书写了该代码的程序段中有效。

模态 M 功能(续效代码):一组可相互注销的 M 功能,这些功能在被同一组的另一个功能注销前一直有效。模态 M 功能组中包含一个缺省功能(见表 2.4),系统上电时将被初始化为该功能。

另外,M 功能还可分为前作用 M 功能和后作用 M 功能两类。

前作用 M 功能:在程序段编制的轴运动之前执行。

后作用 M 功能:在程序段编制的轴运动之后执行。

华中世纪星 HNC-21M 数控装置 M 指令功能见表 2.7。

表 2.7　M 代码及功能

<table>
<tr><th>代码</th><th>模态</th><th>功能说明</th><th>代码</th><th>模态</th><th>功能说明</th></tr>
<tr><td>M00</td><td>非模态</td><td>程序停止</td><td>M03</td><td>模态</td><td>主轴正转启动</td></tr>
<tr><td>M02</td><td>非模态</td><td>程序结束</td><td>M04</td><td>模态</td><td>主轴反转启动</td></tr>
<tr><td rowspan="2">M30</td><td rowspan="2">非模态</td><td rowspan="2">程序结束并返回程序起点</td><td>M05</td><td>模态</td><td>▶主轴停止转动</td></tr>
<tr><td>M06</td><td>非模态</td><td>换刀</td></tr>
<tr><td>M98</td><td>非模态</td><td>调用子程序</td><td>M07</td><td>模态</td><td>切削液打开</td></tr>
<tr><td>M99</td><td>非模态</td><td>子程序结束</td><td>M09</td><td>模态</td><td>▶切削液停止</td></tr>
</table>

注:▶标记者为缺省值。

其中:

M00,M02,M30,M98,M99 用于控制零件程序的走向,是 CNC 内定的辅助功能,不由机床制造商设计决定,也就是说与 PLC 程序无关。

其余 M 代码用于机床各种辅助功能的开关动作,其功能不由 CNC 内定,而是由 PLC 程序指定,故有可能因机床制造厂不同而有差异(表内为标准 PLC 指定的功能),请使用者参考机床说明书。

2)CNC 内定的辅助功能

(1)程序暂停 M00

当 CNC 执行到 M00 指令时,将暂停执行当前程序,以方便操作者进行刀具和工件的尺寸测量、工件调头、手动变速等操作。

暂停时,机床的主轴、进给及冷却液停止,而全部现存的模态信息保持不变,欲继续执行后续程序,重按操作面板上的“循环启动”键。

M00 为非模态后作用 M 功能。

(2)程序结束 M02

M02 编在主程序的最后一个程序段中。

当 CNC 执行到 M02 指令时,机床的主轴、进给、冷却液全部停止,加工结束。

使用 M02 的程序结束后,若要重新执行该程序,就应重新调用该程序,或在自动加工子菜单下,按 F4 键(请参考第五章 数铣操作),再按操作面板上的“循环启动”键。

M02 为非模态后作用 M 功能。

(3)程序结束并返回到零件程序头 M30

M30 和 M02 功能基本相同,只是 M30 指令还兼有控制返回到零件程序头(%)的作用。

使用 M30 的程序结束后,若要重新执行该程序,只需再次按操作面板上的“循环启动”键。

3)PLC 设定的辅助功能

(1)主轴控制指令 M03,M04,M05

M03 启动主轴以程序中编制的主轴速度顺时针方向(从 Z 轴正向朝 Z 轴负向看)旋转。

M04 启动主轴以程序中编制的主轴速度逆时针方向旋转。

M05 使主轴停止旋转。

M03,M04 为模态前作用 M 功能 M05 为模态后作用 M 功能。

M05 为缺省功能。

M03,M04,M05 可相互注销。

(2)换刀指令 M06

M06 用于在加工中心上调用一个欲安装在主轴上的刀具。

刀具将被自动地安装在主轴上。

M06 为非模态后作用 M 功能。

(3)冷却液打开、停止指令 M07,M09

M07 指令将打开冷却液管道。

M09 指令将关闭冷却液管道。

M07 为模态前作用 M 功能;M09 为模态后作用 M 功能,M09 为缺省功能。

2.7.6　主轴功能 S 进给功能 F 和刀具功能 T

1)主轴功能 S

主轴功能 S 控制主轴转速,其后的数值表示主轴速度,单位为转/每分钟(r/min)。

S 是模态指令,S 功能只有在主轴速度可调节时有效。

2)进给速度 F

F 指令表示工件被加工时刀具相对于工件的合成进给速度,F 的单位取决于 G94(每分钟进给量 mm/min)或 G95(每转进给量 mm/r)。

当工作在 G01,G02 或 G03 方式下,编程的 F 一直有效,直到被新的 F 值所取代,而工作在 G00,G60 方式下,快速定位的速度是各轴的最高速度,与所编 F 无关。

借助操作面板上的倍率按键,F 可在一定范围内进行倍率修调。当执行攻丝循环 G84、螺纹切削 G33 时,倍率开关失效,进给倍率固定在 100%。

3)**刀具功能**(**T 机能**)

T 代码用于选刀,其后的数值表示选择的刀具号 T 代码与刀具的关系是由机床制造厂规定的。

在加工中心上执行 T 指令,刀库转动选择所需的刀具,然后等待,直到 M06 指令作用时自动完成换刀。

T 指令同时调入刀补寄存器中的刀补值(刀补长度和刀补半径)。T 指令为非模态指令,但被调用的刀补值一直有效,直到再次换刀调入新的刀补值。

2.8　程序编制与工艺文件填写

2.8.1　零件图

零件图如图 2.25 所示。

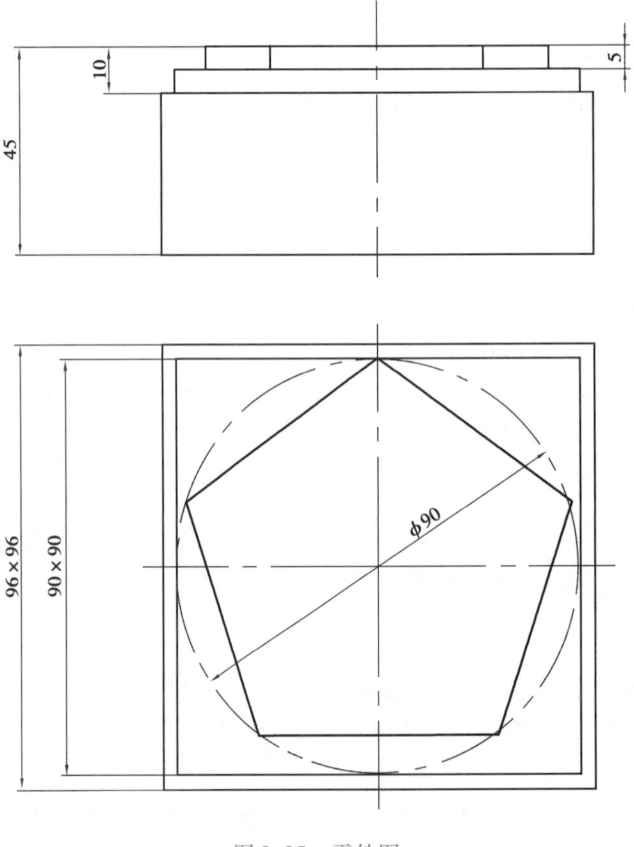

图 2.25　零件图

2.8.2　数控加工程序

根据所学编程内容,按照设定的走刀路线,编写加工程序,见表2.8。

表2.8　数控加工程序

工步1(D16立铣刀)			
O0001;	(程序名)	G01 X-68 Y0;	
G54 G90;	(建立坐标系)	G01 Z-10;	(第二层加工深度)
G00 Z200;	(快速移动至安全平面)	G01 X-53 Y0;	
M03 S1 000;	(主轴正转)	G01 X-53 Y53;	
G00 X-68 Y0;	(移动至下刀点)	G01 X53 Y53;	
G00 Z2;	(快速移动至缓刀高度)	G01 X53 Y-53;	
G01 Z-5 F180;	(第一层加工深度)	G01 X-53 Y-53;	
G01 X-53 Y0;	(第一层加工)	G01 X-53 Y0;	
G01 X-53 Y53;		G01 X-68 Y0;	
G01 X53 Y53;		G00 Z200;	
G01 X53 Y-53;		M30;	(程序结束)
G01 X-53 Y-53;			
G01 X-53 Y0;			
工步2(D16立铣刀)			
O0002;		G01 X-32.263 Y-44.406;	
G54 G90;		G01 X-52.202 Y16.961;	
G00 Z200;		G01 X0 Y54.889;	
M03 S1 000;		G01 X52.202 Y16.961;	
G00 X0 Y-68;	(定位下刀点)	G01 X32.263 Y-44.406 G01 X0 Y-44.406;	
G00 Z2;		G01 X0Y-68;	
G01 Z-5 F180;	(加工深度)	G00 Z200;	(退刀)
G01 Y-57;	(轮廓清料加工)	M30;	(提刀至安全高度)
G02 J 57;	(整圆加工去除残料)		
G01 X0 Y-44.406;	(加工五边形轮廓)		

2.8.3　数控加工工艺文件

①编写零件的数控加工工序卡,见表2.9。

表 2.9　数控加工工序卡

<table>
<tr><td colspan="3" rowspan="2">数控加工工序卡</td><td>产品名称</td><td></td><td>共 1 页</td><td>第 1 页</td></tr>
<tr><td>工序号</td><td>1</td><td>工序名称</td><td>数铣加工</td></tr>
<tr><td colspan="3" rowspan="7"></td><td>零件图号</td><td>2.1</td><td>夹具名称</td><td>精密平口钳</td></tr>
<tr><td>零件名称</td><td></td><td>夹具编号</td><td></td></tr>
<tr><td>材　　料</td><td>6061</td><td>设备名称</td><td>VMCL850</td></tr>
<tr><td>程序编号</td><td>O0001,O0002</td><td>车　　间</td><td></td></tr>
<tr><td>编　　制</td><td></td><td>批　　准</td><td></td></tr>
<tr><td>审　　核</td><td></td><td>日　　期</td><td></td></tr>
<tr><td>序号</td><td>工步工作内容</td><td>刀具号</td><td>刀具规格</td><td>主轴转速
/(r · min⁻¹)</td><td>进给速度
/(mm · min⁻¹)</td><td>切削深度
/mm</td></tr>
<tr><td>1</td><td>检查毛坯尺寸及工量具</td><td></td><td></td><td></td><td></td><td></td></tr>
<tr><td>2</td><td>去除毛坯表面毛刺</td><td></td><td></td><td></td><td></td><td></td></tr>
<tr><td>3</td><td>以毛坯底面为定位基准，采用精密平口钳装夹，保证加工高度 12 mm 以上</td><td></td><td></td><td></td><td></td><td></td></tr>
<tr><td>4</td><td>加工 90 × 90 方形轮廓至图纸尺寸(成)</td><td>T01</td><td>ϕ16</td><td>1 000</td><td>180</td><td>5</td></tr>
<tr><td>5</td><td>加工五边形轮廓至图纸尺寸(成)</td><td>T01</td><td>ϕ16</td><td>1 000</td><td>180</td><td>5</td></tr>
<tr><td>6</td><td>去除零件表面毛刺</td><td></td><td></td><td></td><td></td><td></td></tr>
<tr><td>7</td><td>检测</td><td></td><td></td><td></td><td></td><td></td></tr>
<tr><td>8</td><td>入库</td><td></td><td></td><td></td><td></td><td></td></tr>
</table>

②编写零件的数控加工刀具卡，见表 2.10。

表 2.10　数控加工刀具卡

<table>
<tr><td colspan="3" rowspan="2">数控加工刀具卡</td><td colspan="2">产品名称</td><td colspan="2"></td><td colspan="2">零件图号</td><td>2.1</td></tr>
<tr><td colspan="2">零件名称</td><td colspan="2"></td><td colspan="2">程序编号</td><td>O0001,O0002</td></tr>
<tr><td>编制</td><td></td><td>审核</td><td>批准</td><td></td><td colspan="2">年　月　日</td><td colspan="2">共　页</td><td>第　页</td></tr>
<tr><td rowspan="2">工步
序号</td><td rowspan="2">刀具号</td><td rowspan="2">刀具名称</td><td colspan="2">刀具</td><td colspan="2">补偿值</td><td colspan="2">刀补地址</td><td rowspan="2">备注</td></tr>
<tr><td>直径</td><td>长度</td><td>直径</td><td>长度</td><td>直径</td><td>长度</td></tr>
<tr><td>1</td><td>T01</td><td>D16R0</td><td>ϕ16</td><td>25</td><td>0</td><td>0</td><td>0</td><td>0</td><td>O0001</td></tr>
<tr><td>2</td><td>T01</td><td>D16R0</td><td>ϕ16</td><td>25</td><td>0</td><td>0</td><td>0</td><td>0</td><td>O0002</td></tr>
</table>

第 3 章 圆弧轮廓类零件编程加工

如图 3.1 所示的零件,毛坯尺寸为 80 mm×80 mm×50 mm,是经过预先铣削加工过的铝合金材料。零件 80 mm×80 mm 的外形不加工。选用合理的刀具,并经预调对刀完毕,对零件进行加工。

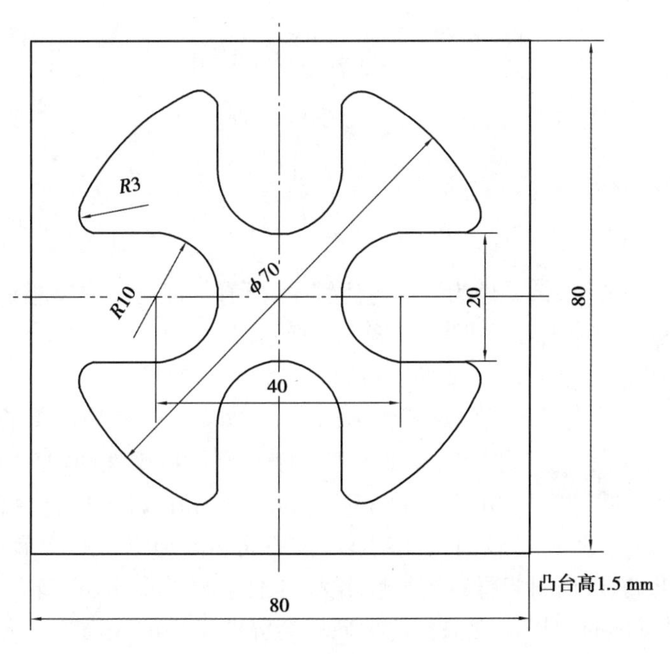

图 3.1　零件图

3.1　加工的工艺分析

加工的工艺分析见表 3.1。

表 3.1 加工的工艺分析

零件基本信息	本零件是为本节教学内容所设计的，毛坯为标准精坯，其尺寸为 80 mm×80 mm×50 mm，故无须再加工。毛坯材料为铝合金材料，切削性能良好
零件结构	从零件结构来看，该零件为棘轮槽形结构，内凹侧边均有 $R10$ 的圆角，符合数控铣床加工工艺特点，故选用数控铣床进行加工 本零件轮廓由圆弧与直线构成，侧面与装夹基准底平面垂直，采用两轴半方式进行加工 同时，夹具选用精密平口钳装夹零件；以零件底部为定位基准
零件尺寸	该零件无尺寸公差标注、形位公差和表面粗糙度标注，故可采用 IT10 级标准进行加工与测量。根据数控机床的制造与生产使用要求，该零件可直接粗加工完成
零件技术要求	虽然该零件无技术要求，但零件加工完成后仍然需要倒棱、去毛刺处理，否则会影响零件的使用和检测

3.2 铣刀和夹具的选用

3.2.1 铣刀的选用

1)确定加工类型

通过对零件图的分析，该零件为平面轮廓零件，所有侧面与装夹基准底平面垂直。因此，选用立铣刀为本零件的加工刀具类型，如图 3.2 所示。

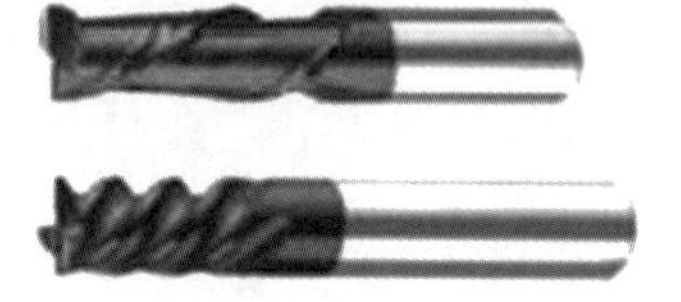

图 3.2 立铣刀

2)确定被加工材料

该零件为铝合金材料，属于容易加工的材料，对刀具的磨损较小，具有优良的耐腐蚀性、塑性和加工性能；与钢材和黄铜相比，铝合金强度和硬度相对较低，铝合金在切削加工时速度较高，但熔点较低，高速切削加工下的变形和摩擦作用会使材料切削表面温度升高，进而引起材料的塑性增大，工件表面的金属层变软，牢牢地粘在了刀具的尖端上，这就是俗称的“黏刀”现象。这种现象会降低工件的表面加工质量，并可能出现刮痕和弹刀的痕迹，切削过程中累积的积屑瘤也会严重影响切削加工效果，难以获得良好的表面粗糙度。因此，选用 YW 类硬质合金或高速钢刀具。

因零件外形尺寸不大，台阶深度不深，无须高速切削，故从节约成本的角度考虑，选用高速钢刀具作为本次零件加工的刀具材料。

3)选择铣刀结构类型

高速钢刀具又称白钢刀或锋钢刀，一般为整体式刀具。根据铝合金材料的切削性能，可选用齿少的大螺旋槽刀具，以提高切削时的排屑能力。

由于零件外形尺寸不大，侧向内凹槽结构尺寸为 $R10$ mm。因此，刀具直径必须小于 $\phi20$ mm；通过查询相关刀具制造标准，可选用的通用标准铣刀尺寸规格有 $\phi16$，$\phi12$，$\phi10$，$\phi8$，$\phi6$

等;综合考虑切削力、切削效率和经济性,最终选择 $\phi16$ 的 3 刃高速钢立铣刀刀具加工本零件。

4)确定切削参数

由前述加工切削参数选择查表可知:

(1)背吃刀量选用

背吃刀量选用:$a_p = 1.5$ mm。

(2)计算切削用量

查表选用:$v_c = 90$ m/min,即

$$v_c = \frac{\pi D n}{1\ 000} = \frac{16\pi n}{1\ 000} = 90\ \text{m/min}$$

则

$$n \approx 1\ 791.401\ \text{r/min}$$

取整为 $n = 1\ 800$ r/mim。

查表选用: $f_z = 0.06$ mm/z,即

$$\begin{aligned} v_f &= fn = f_z z n = 0.06 \times 3 \times 1\ 800\ \text{mm/min} \\ &= 324\ \text{mm/min} \end{aligned}$$

3.2.2　基准设定与夹具的选用

本零件毛坯为方形毛坯,外形为 80 mm × 80 mm × 50 mm 的正方形,可采用精密平口虎钳进行装夹。以零件底面定位,高于钳口上表面 10 mm,以保证有足够的加工高度。为保证零件轮廓与毛坯轮廓的对称度,应将工件坐标系建立在毛坯上表面的中心,如图 3.3 所示。

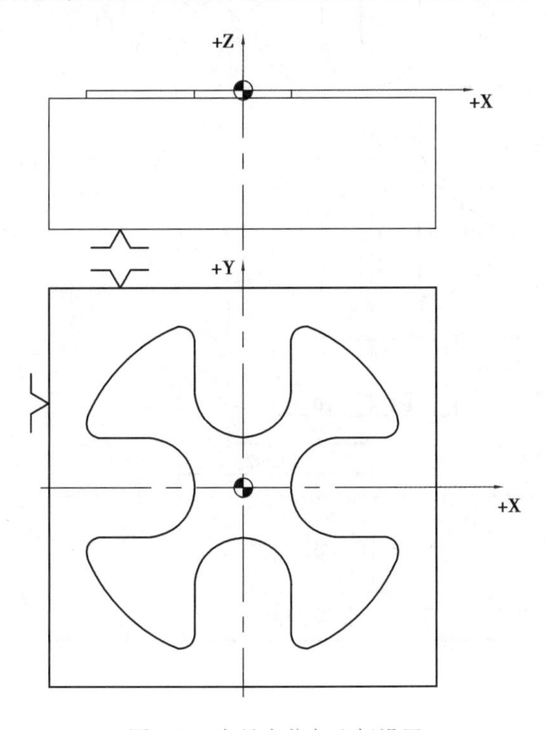

图 3.3　夹具定位与坐标设置

3.3 制订走刀路线

制订走刀路线,见表3.2。

表3.2 数控加工走刀路线图[外形轮廓加工(成)]

数控加工走刀路线图	零件图号	3.1	工序号	1	工步号	1	程序号	O0001
机床型号	VMCL850	刀具型号	$\phi16$	加工内容	外形轮廓加工(成)		共1页	第1页
57 30 +Z +X +Y $\phi86$ $\phi102$ R2 R11 +X 17.469 20 29.24 39.292							编程	
							校对	
							审批	

符号									
含义	编程原点	循环点	换刀点	快速走刀方向	给刀走刀方向				

3.4　数控系统的编程

3.4.1　G 功能的使用——顺时针圆弧插补 G02 指令和逆时针圆弧插补 G03 指令

(1)XY 平面圆弧

格式:

$$G17\left\{\begin{matrix} G02 \\ G03 \end{matrix}\right\} X\_\ Y\_ \left\{\begin{matrix} R\_ \\ I\_\ J\_ \end{matrix}\right\} F\_;$$

(2)ZX 平面圆弧

格式:

$$G18\left\{\begin{matrix} G02 \\ G03 \end{matrix}\right\} X\_\ Z\_ \left\{\begin{matrix} R\_ \\ I\_\ J\_ \end{matrix}\right\} F\_;$$

(3)YZ 平面圆弧

格式:

$$G19\left\{\begin{matrix} G02 \\ G03 \end{matrix}\right\} Y\_\ Z\_ \left\{\begin{matrix} R\_ \\ I\_\ J\_ \end{matrix}\right\} F\_;$$

圆弧插补 G02,G03 指令刀具相对于工件在指定的坐标平面(G17,G18,G19)内,以 F 指令的进给速度从当前点(始点)向终点进行圆弧插补(见图 3.4)。X,Y,Z 是圆弧终点坐标值。R 是圆弧半径。I,J,K 分别为圆心相对于圆弧始点在 X,Y,Z 轴方向的坐标增量。

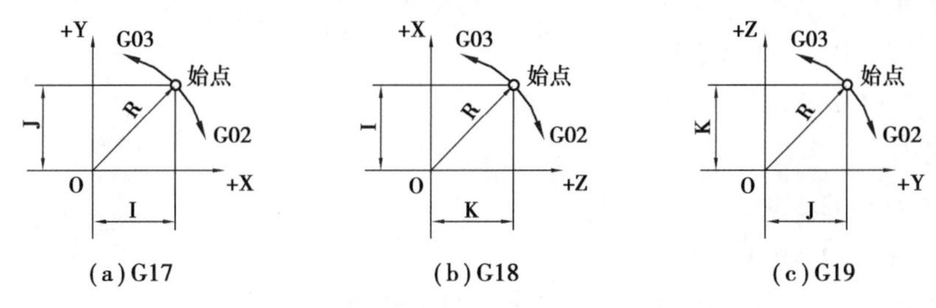

(a)G17　(b)G18　(c)G19

图 3.4　圆弧插补

注意,I,J,K 为零时可省略;当圆弧是封闭的整圆时,不能使用 R 编程,只能用 I,J,K 编程;在同一程序段中,如 I,J,K 与 R 同时出现时, R 有效,而其他字被忽略。

3.4.2　案例介绍

例 3.1　顺圆弧与逆圆弧编程(见图 3.5)。

(1)采用绝对值指令 G90 时

```
G54 G90 G00 X0 Y0 Z0;                        (程序零点为 O)
G90 G00 X200.0 Y40.0;                        (点行定位 O→A)
G03 X140.0 Y100.0 I-60.0(或 R60.0)F300;      (A→B)
```

G02 X120.0 Y60.0 I－50.0(或 R50.0)；　　　　　　　　(B→C)

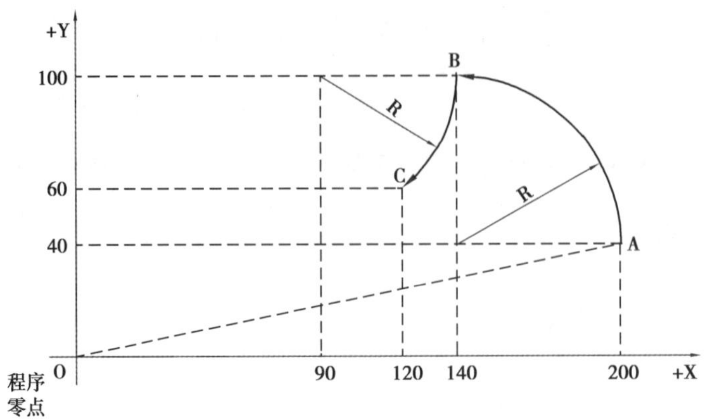

图 3.5　圆弧插补

(2)采用增量值指令 G91 时

G54 G90 G00 X0 Y0 Z0;

G91 G00 X200.0 Y40.0;

G03 X－60.0 Y60.0 I－60.0(或 R60.0) F300;

G02 X－20.0 Y－40.0 I－50.0(或 R50.0);

例 3.2　优弧与劣圆弧编程(见图 3.6)。

R 为圆弧半径,当圆弧圆心角小于或等于 180°为劣弧时,R 为正值;当圆弧圆心角大于 180°为优弧时,R 为负值。

(1)圆弧 a

方法 1:G91 G02 X30 Y30 R30;

方法 2:G90 G02 X0 Y30 R30;

(2)圆弧 b

方法 1:G91 G02 X30 Y30 R－30;

方法 2:G90 G02 X0 Y30 R－30;

例 3.3　使用 G02/G03 对如图 3.7 所示的整圆编程。

(1)从 A 点顺时针一周时

G90 G02 X30 Y0 I－30 J0 F300;

G91 G02 X0 Y0 I－30 J0 F300;

(2)从 B 点逆时针一周时

G90 G03 X0 Y－30 I0 J30 F300;

G91 G03 X0 Y0 I0 J30 F300;

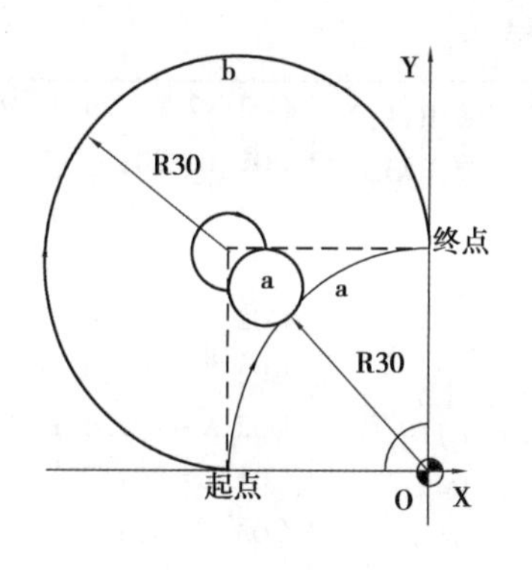

图3.6　优弧与劣圆弧

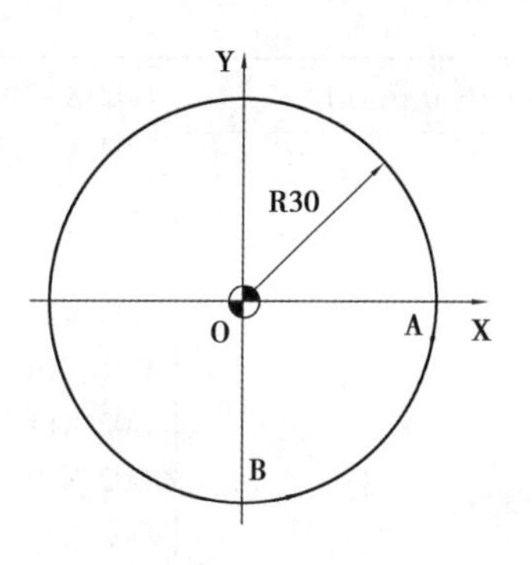

图3.7　整圆插补

3.5　程序编制与工艺文件填写

3.5.1　零件图

零件图如图3.8所示。

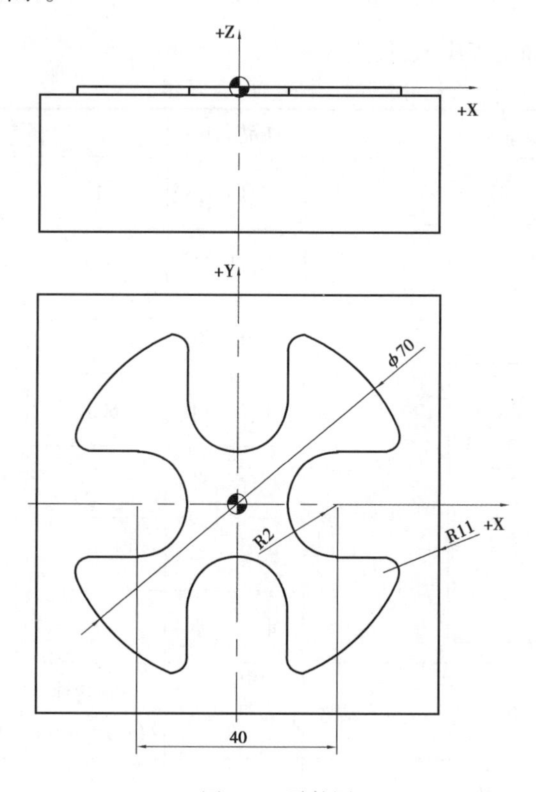

图3.8　零件图

3.5.2　数控加工程序

根据所学编程内容,按照设定的走刀路线,编写加工程序,见表3.3。

表 3.3 加工程序

<table>
<tr><th>程序(D16 立铣刀)</th><td rowspan="2">G02 X-39.292 Y17.469 R11;
G02 X-17.469 Y39.292 R43;
G02 X-2 Y29.24 R11;
G01 Y20;
G03 X2 R2;
G01 Y29.24;
G02 X17.469 Y39.292 R11;
G02 X39.292 Y17.469 R43;
G02 X29.24 Y2 R11;
G02 X29.24 Y2 R11;
G01 X20;
G03 Y-2 R2;
G01 X29.24;
G02 X39.292 Y-17.469 R11;
G02 X17.469 Y-39.292 R43;</td><td rowspan="2">G02 X2 Y-29.24 R11;
G01 Y-20;
G03 X-2 R2;
G01 Y-29.24;
G02 X-17.469 Y-39.292 R11;
G02 X-39.292 Y-17.469 R43;
G02 X-29.24 Y-2 R11;
G01 X-20;
G03 Y2 R2;
G01 X-29.24;
X-57 Y0;
G00 Z30;
M30;</td></tr>
<tr><td>O0001;
G54 G90;
G00 Z30;
M03 S1 800;
X-57 Y0;
Z2;
G01 Z-1.5 F324;
X-51;
G02 I51;　　　(整圆加工)
G01 X-57;
X-29.24 Y-2;(外形轮廓加工)
X-20;
G03 Y2 R2;
G01 X-29.24;</td></tr>
</table>

3.5.3 数控加工工艺文件

①编写零件的数控加工工序卡,见表 3.4。

表 3.4 数控加工工序卡

<table>
<tr><td colspan="3">数控加工工序卡</td><td>产品名称</td><td></td><td>共 1 页</td><td>第 1 页</td></tr>
<tr><td colspan="3" rowspan="7">+Z
+X
+Y
+X</td><td>工 序 号</td><td>1</td><td>工序名称</td><td>数铣加工</td></tr>
<tr><td>零件图号</td><td>3.1</td><td>夹具名称</td><td>精密平口钳</td></tr>
<tr><td>零件名称</td><td></td><td>夹具编号</td><td></td></tr>
<tr><td>材　　料</td><td>6061</td><td>设备名称</td><td>VMCL850</td></tr>
<tr><td>程序编号</td><td></td><td>车　　间</td><td></td></tr>
<tr><td>编　　制</td><td></td><td>批　　准</td><td></td></tr>
<tr><td>审　　核</td><td></td><td>日　　期</td><td></td></tr>
<tr><td>序号</td><td>工步工作内容</td><td>刀具号</td><td>刀具规格</td><td>主轴转速 /(r · min^{-1})</td><td>进给速度 /(mm · min^{-1})</td><td>切削深度 /mm</td></tr>
<tr><td>1</td><td>检查毛坯尺寸及工量具</td><td></td><td></td><td></td><td></td><td></td></tr>
<tr><td>2</td><td>去除毛坯表面毛刺</td><td></td><td></td><td></td><td></td><td></td></tr>
</table>

续表

序号	工步工作内容	刀具号	刀具规格	主轴转速 /(r·min^{-1})	进给速度 /(mm·min^{-1})	切削深度 /mm
3	以毛坯底面为定位基准,采用精密平口钳装夹,保证加工高度 12 mm 以上					
4	以 ϕ102 的圆为刀路轨迹加工外形残料	T01	ϕ16	1 800	324	1.5
5	加工外形轮廓至图纸尺寸(成)	T01	ϕ16	1 800	324	1.5
6	去除零件表面毛刺					
7	检测					
8	入库					

②编写零件的数控加工刀具卡,见表 3.5。

表 3.5　数控加工刀具卡

<table>
<tr><td colspan="3" rowspan="2">数控加工刀具卡</td><td colspan="2">产品名称</td><td colspan="2"></td><td colspan="2">零件图号</td><td>3.1</td></tr>
<tr><td colspan="2">零件名称</td><td colspan="2"></td><td colspan="2">程序编号</td><td>O0001</td></tr>
<tr><td>编制</td><td></td><td>审核</td><td>批准</td><td></td><td colspan="3">年　月　日</td><td>共　页</td><td>第　页</td></tr>
<tr><td rowspan="2">工步序号</td><td rowspan="2">刀具号</td><td rowspan="2">刀具名称</td><td colspan="2">刀具</td><td colspan="2">补偿值</td><td colspan="2">刀补地址</td><td rowspan="2">备注</td></tr>
<tr><td>直径</td><td>长度</td><td>直径</td><td>长度</td><td>直径</td><td>长度</td></tr>
<tr><td>1</td><td>T01</td><td>D16R0</td><td>ϕ16</td><td>25</td><td>0</td><td>0</td><td>0</td><td>0</td><td></td></tr>
</table>

3.6　西门子 828D 数控铣床操作

3.6.1　机床面板

机床面板主要用于控制机床的运动和选择机床运行状态(见图 3.9)。它由模式选择旋钮、数控程序运行控制开关等组成,每一部分的详细说明如图 3.9 所示。由于不同的机床厂家其面板布置形式不同,这里以西门子 828D 的操作面板为例进行说明。

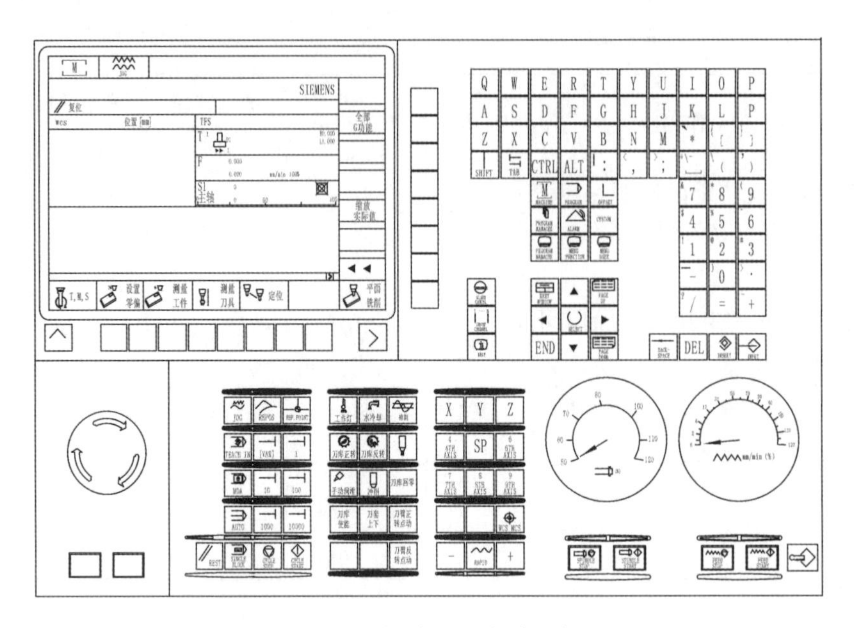

图 3.9　西门子 828D 机床面板

3.6.2　MDI 键盘说明

地址和数字键 Q — ` * 按下这些键可输入字母、数字或其他字符；切换键：SHIFT 上挡键；输入键：INPUT；替换键：ALT；删除键：DEL；翻页键：PAGE UP PAGE DOWN；光标移动键：◄ ▲ ▼ ► 用于将光标向右或向前移动。

3.6.3　菜单命令条说明

数控系统屏幕的下方和右侧就是菜单命令条，如图 3.10 所示。

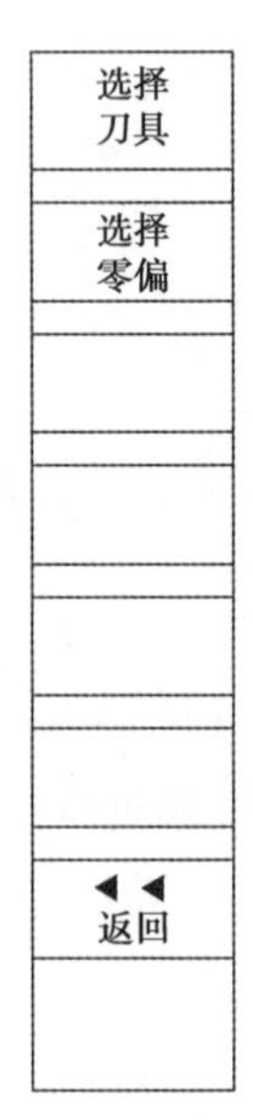

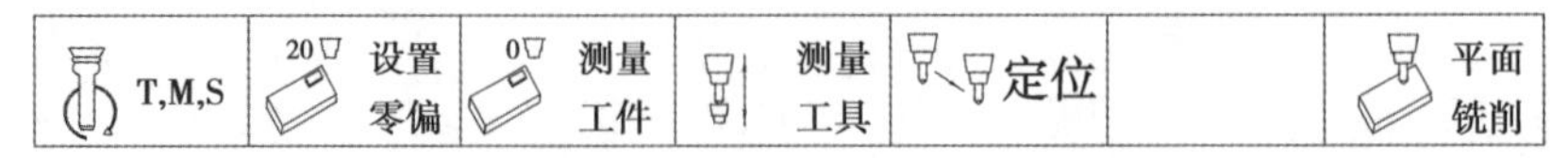

图 3.10　菜单命令条

每个功能包括不同的操作,在菜单命令条上选择一个功能项后,菜单命令条会在右侧显示该功能下的子菜单。例如,按下菜单条中的“T,M,S”后,就进入自动加工下面的子菜单条;每个子菜单条的最后一项都是“返回”项,按该键就能返回上一级菜单。

3.6.4　机床操作键说明

机床操作面板上各按键及功能见表3.6。

表3.6　西门子828D机床操作面板各按键及功能说明

名称	按键图形	功能说明
急停键		用于锁住机床。按下急停键时,机床立即停止运动
循环启动、循环停止	CYCLE STOP　CYCLE START	在自动和MDI运行方式下,用来启动和暂停程序
方式选择键	AUTO　SINGLE BLOCK　JOG MDA　REF.POINT	用来选择系统的运行方式 AUTO:按下该键,进入自动运行方式 SINGLE BLOCK:按下该键,进入单段运行方式 JOG:按下该键,进入手动连续进给运行方式 MDA:按下该键,进入MDA运行方式 REF.POINT:按下该键,进入返回机床参考点运行方式(本系统该按键为空) 方式选择键互锁,当按下其中一个时(该键左上方的指示灯亮),其余各键失效(指示灯灭)
进给轴选择开关	X　Y　Z 4 4TH AXIS　SP　6 6TH AXIS 7 7TH AXIS　8 8TH AXIS　9 9TH AXIS	在手动连续进给、增量进给和返回机床参考点运行方式下,用来选择机床欲移动的轴

续表

名称	按键图形	功能说明
进给方向选择开关	− RAPID +	手动方式下，可用 + 、 − 键，选择进给轴的移动方向，并使轴以连续的方式匀速地移动到指定位置 注：单按 + 、 − 键时，以慢速进给修调旋钮所示速度移动；按下 RAPID + + 、 − 键时，以快速进给修调旋钮所示速度移动
主轴修调	80 70 100 60 110 50 120 (%)	在自动或手动方式下，当S代码的主轴速度偏高或偏低时，可用主轴修调旋钮，修调当前实际的主轴速度
进给修调	30 50 70 80 90 10 6 2 0 100 110 120 mm/min(%)	在自动或手动方式下，当进给速度偏高或偏低时，可用进给修调旋钮，修调当前实际的进给速度 注：无论是自动方式下的G00或G01，还是手动方式下的快速或慢速，其调整使用的是同一旋钮开关。因此，调整进给修调旋钮开关，会使所有进给运动的速度都一起调整
增量选择键	10 100 1000 10000	在手动方式下，打开手轮上的开关按钮，将进入手轮方式，此时可用增量选择键来选择增量进给的增量值 10 为0.001 mm 100 为0.01 mm 1000 为0.1 mm 10000 为1 mm 各键互锁，当按下其中一个时（该键左上方的指示灯亮），其余各键失效（指示灯灭）

续表

名称	按键图形	功能说明
主轴锁定键	SPINDLE STOP　SPINDLE STARY	用来开启和锁定主轴 SPINDLE STOP:按下该键,主轴锁定,主轴停止运转 SPINDLE STARY:按下该键,主轴解锁
进给轴锁定键	FEED STOP　FEED STARY	用来开启和锁定进给轴 FEED STOP:按下该键,进给轴锁定,进给运动停止 FEED STARY:按下该键,进给轴解锁
复位按钮	REST	当机床因误操作而产生一些系统计算上的报警,或程序中途的停止而非暂停,又或需要重置一些简单的参数调整,就可按下复位按钮REST

3.6.5　机床操作

1)手动操作

①手动进给。按下JOG按键(指示灯亮),系统处于手动运行方式。

选择进给速度;首先按下"X"或"Y"或"Z"按键(指示灯亮),然后按下 - 或 + ,则X,Y,Z轴产生正向或负向连续移动。

松开 - 或 + 按键(指示灯灭),X,Y,Z轴立即停止。

②手动快速移动。在手动进给时,先长按"快进"RAPID按键,再按坐标轴按键,则该轴将产生快速运动。

③手轮进给。按下"手动"JOG按键(指示灯亮),系统处于手动进给运行方式;打开手轮上的选择轴开关,并选择移对应动轴,转动手轮进行移动。手轮移动值的大小由选择的倍率旋钮来决定。倍率旋钮有3个挡位:×1,×10,×100。倍率旋钮和移动值的对应关系见表3.7。

表3.7　增量倍率按键和增量值的对应关系表

增量倍率按键	×1	×10	×100
增量值/mm	0.001	0.01	0.1

当系统在手轮进给运行方式下且倍率旋钮选择的是"×1"按键时,则每转动一下手轮刻度,该轴移动0.001 mm。

2)手动控制主轴

①主轴正反转及停止。确保系统处于手动方式下;按下"T,M,S" T,M,S按键(见图3.11);

设定主轴转速、主轴正反转,按 ▼ 将光标移动到主轴 M 功能,然后按下"主轴正转" 按键;再按一次"主轴反转";再按一次"主轴停止";再按一次"主轴定向"。

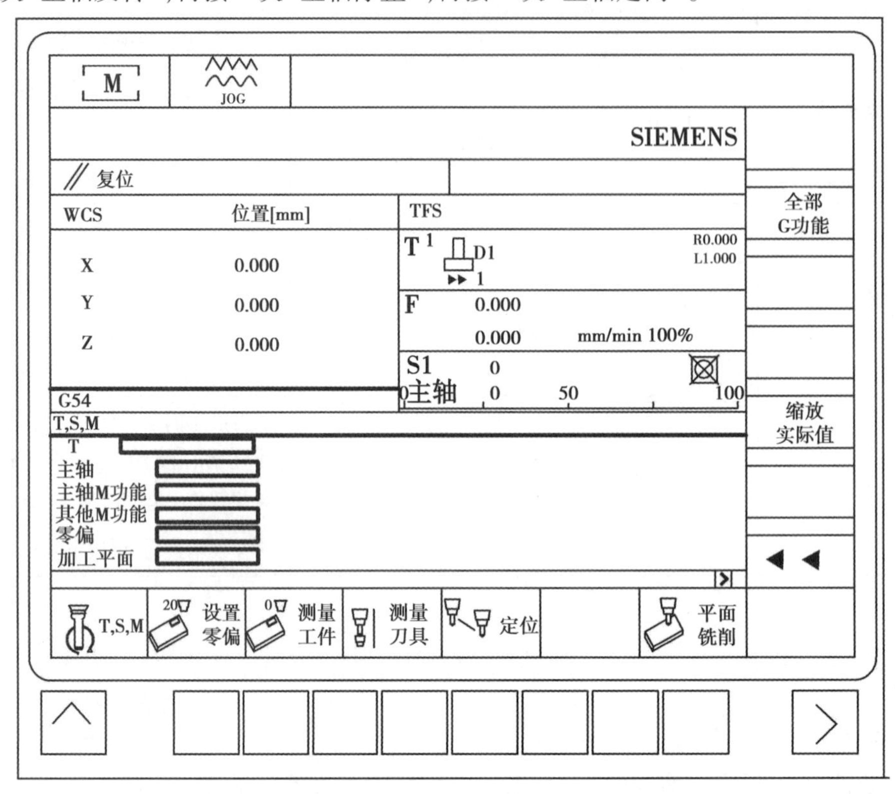

图 3.11　TMS 系统界面

②参数设置完成后,按下"循环启动"按键,系统执行主轴旋转。

③主轴速度修调。主轴正转及反转的速度可通过"主轴修调"旋钮来进行调节。

3)自动运行操作

(1)插入 U 盘调取程序

在插入 U 盘的前提下,在系统控制面板下,按下 按键,进入调取程序运行菜单(见图 3.12)。在程序复制进数控系统后,才可调取 U 盘。

(2)程序校验

①打开要加工的程序(见图 3.13)。

②按下机床控制面板上的"模拟"键,进入程序运行方式,进行校验程序段。

③如果程序正确,校验完成后,则可按下机床控制面板上的"执行"按键,执行该程序。

(3)启动自动运行

选好要执行的程序,先将进给率调到"零"位,再将选中的程序按下 执行 按键,系统就会进入自动模式准备执行该程序,然后按下"循环启动" 按键,最后缓慢将进给倍率调至程序给定的参数倍率,机床则会执行该程序。

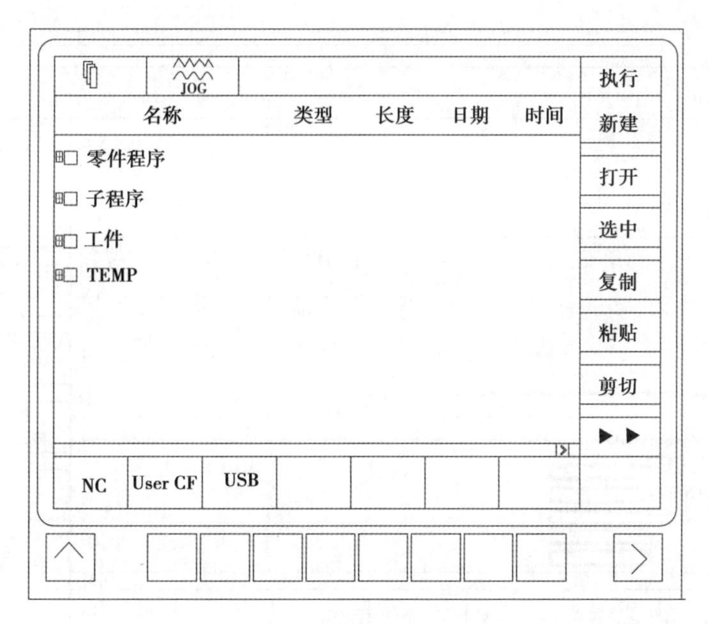

图3.12　U盘程序调取界面

图3.13　程序编辑界面

(4)单段运行

按下机床控制面板上的“单段”按键(指示灯亮),进入单段自动运行方式。按下“循环启动”按键,运行一个程序段,机床就会减速停止,刀具、主轴均停止运行。再按下“循环启动”按键,系统执行下一个程序段,执行完成后再次停止。

4)设置坐标系

按下“T,M,S”按键,进入手动输入方式,在显示窗口“零偏”栏选择G54坐标系,点击“循环启动”按钮激活G54坐标,选择键,设置G54坐标值为当前坐标值(见图3.14)。

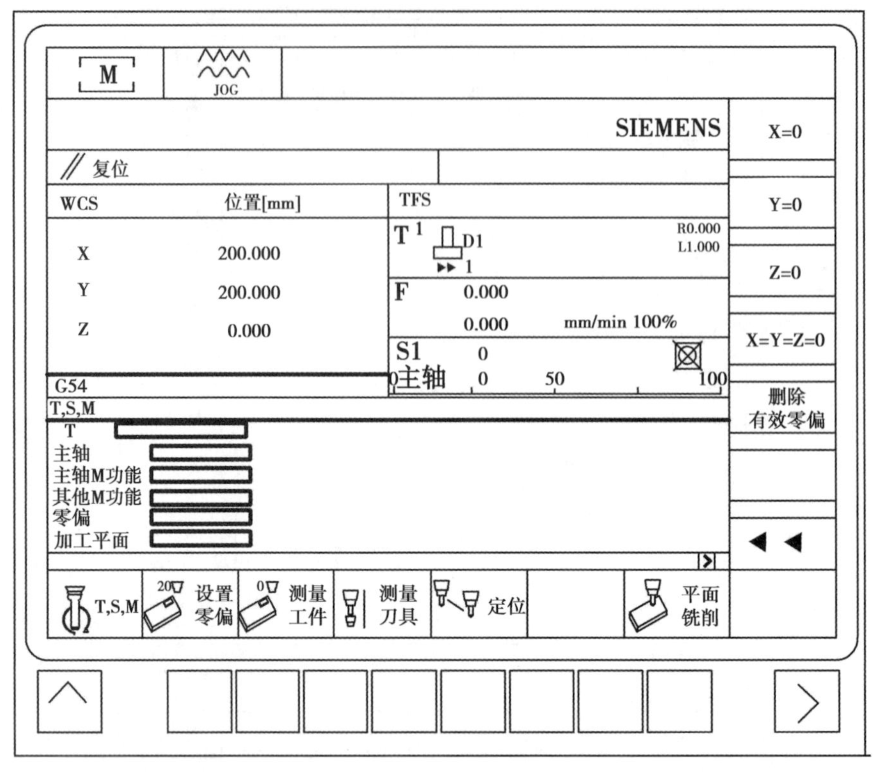

图 3.14　零偏设置

除了设置 G54 外,还可设置 G55,G56, G57,G58,G59 等以及当前工件坐标系。按 SELECT 按键,则可在上述数据类型中进行选择。

5)设置刀具数据

按下 OFFSET 按键,进入刀具设置窗口,进行刀具设置(见图 3.15)。

JOG

刀具表　主轴

位置	类型	刀具名称	D	H	长度	半径	N
1							
2							
3							
4							
5							
6							
7							

刀具测量　卸载　选择刀库　▶▶

刀具清单　刀具磨损　刀库　零偏　用户变量　SD 设定数据

图 3.15　刀具参数设置

第 4 章 外轮廓零件编程加工

如图 4.1 所示的零件,毛坯材料为 6065,尺寸为 80 mm×80 mm×25 mm。选用合理的刀具并经预调对刀完毕,对零件进行加工。

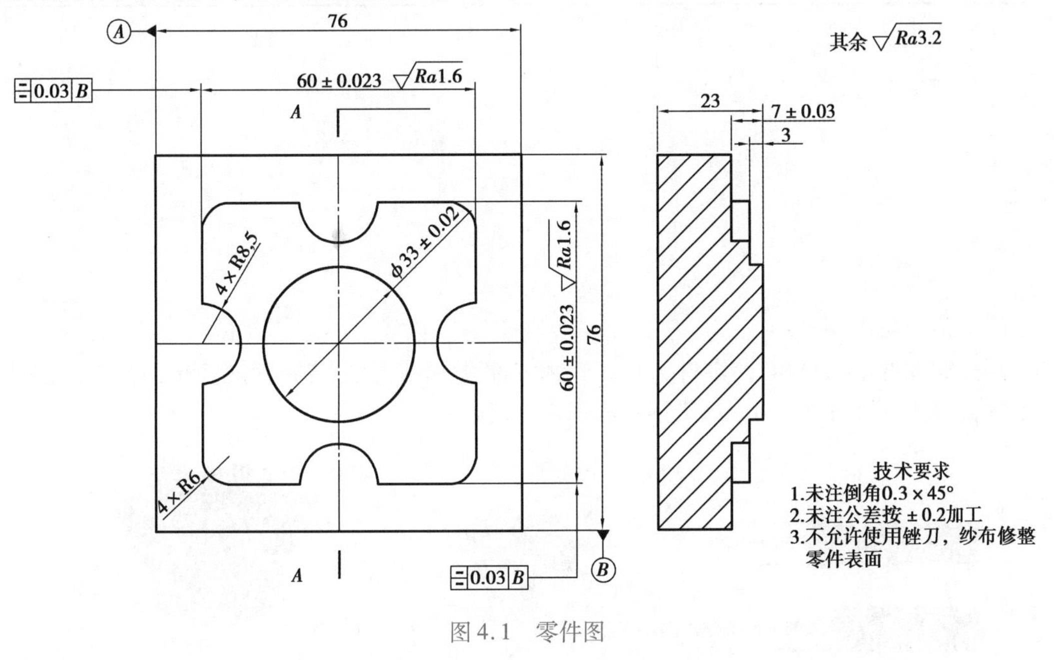

图 4.1 零件图

4.1 加工的工艺分析

加工的工艺分析见表 4.1。

表 4.1　加工的工艺分析

零件基本信息	本零件毛坯尺寸为 80 mm × 80 mm × 25 mm，而该零件最大外形为 76 mm × 76 mm × 23 mm，故毛坯需再加工至零件尺寸。毛坯材料为铝合金材料，切削性能良好
零件结构	从零件结构来看，该零件均为外形凸台。同时也有侧面内凹槽结构，内凹槽有 R 8.5 的侧面圆角，符合数控铣床加工工艺特点，故选用数控铣床进行加工 本零件轮廓由圆弧与直线构成，侧面与装夹基准底平面垂直，采用两轴半方式进行加工
零件尺寸	该零件有尺寸公差为正负公差，可选用基本尺寸为轮廓尺寸进行编程 形位公差对称度为最大外形与台阶对称中心轴线的对称度，是两道工序加工完成的。因此，该对称度需要在二次装夹时进行打表找正实现 表面粗糙度 Ra1.6，可采用粗精加工完成
零件技术要求	该零件所有锐边均需做倒棱处理，未注倒角 0.3 × 45° 该零件尺寸都有公差要求，未注公差按 ±0.2 进行加工 该零件表面粗糙度要求高，不允许使用锉刀纱布修整零件表面

4.2　铣刀和夹具的选用

4.2.1　铣刀的选用

1）确定加工类型

通过对零件图的分析，该零件为平面轮廓零件，所有侧面与装夹基准底平面垂直。因此，选用立铣刀为本零件的加工刀具类型，如图 4.2 所示。

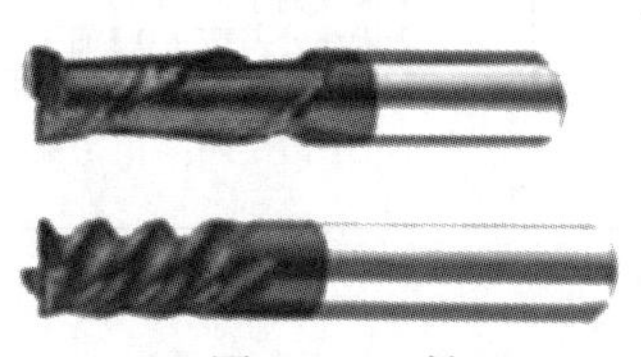

图 4.2　立铣刀

图 4.3　面铣刀头

由于零件毛坯尺寸大于零件尺寸，因此需要再加工，而毛坯加工属于平面加工，应选用面铣刀进行加工，如图 4.3 所示。

2）确定被加工材料

该零件为铝合金材料，属于容易加工的材料，对刀具的磨损较小，具有优良的耐腐蚀性、塑性和加工性能；与钢材和黄铜相比，铝合金强度和硬度相对较低，铝合金在切削加工时速度较高，但熔点较低，高速切削加工下的变形和摩擦作用会使得材料切削表面温度升高，进而引起材料的塑性增大，工件表面的金属层变软，牢牢地粘在了刀具的尖端上，这就是俗称的“黏刀”现象。这种现象会降低工件的表面加工质量，并可能出现刮痕和弹刀的痕迹，切削过程中累积的积屑瘤也会严重影响切削加工效果，难以获得良好的表面粗糙度。因此，选用 YW 类硬质合金或高速钢刀具。

因零件外形尺寸不大,台阶深度不深,无须高速切削,故从节约成本的角度考虑,外形铣削选用高速钢刀具作为本次零件加工的刀具材料,大平面加工选用 YW 类硬质合金刀片进行加工。

3)选择铣刀结构类型

高速钢刀具又称风钢刀或锋钢刀,或称白钢刀,一般为整体式刀具。根据铝合金材料的切削性能,可选用齿少的大螺旋槽刀具,以提高切削时的排屑能力。

由于零件外形尺寸不大,侧向内凹槽结构尺寸为 $R\,8.5$ mm。因此,刀具直径必须 $<\phi20$ mm;通过查询相关刀具制造标准,可选用的通用标准铣刀尺寸规格有 $\phi16$,$\phi12$,$\phi10$,$\phi8$,$\phi6$ 等;综合考虑切削力、切削效率和经济性,最终选择 $\phi16$ mm 的 3 刃高速钢立铣刀刀具加工本零件。

毛坯表面加工采用 $\phi63$R5 的面铣刀进行加工,由于刀片一般为硬质合金材料,而且加工铝合金有专用的铝用刀片。因此,选用 R5 的铝用圆角刀片来进行加工。

4)确定切削参数

由前述加工切削参数选择查表可知:

(1)背吃刀量

$\phi16$ mm 高速钢立铣刀粗加工阶段选用:$a_p=4$ mm。

根据粗加工余量所得,$\phi16$ mm 高速钢立铣刀精加工阶段:$a_p=0.5$ mm。

$\phi63$R5 面铣刀在平面加工阶段选用:$a_p=1$ mm。

(2)计算 $\phi16$ mm 高速钢立铣刀粗加工阶段切削用量

查表选用:$v_c=60$ m/min,即

$$v_c=\frac{\pi Dn}{1\,000}=\frac{16\pi n}{1\,000}=60\ \text{m/min}$$

则

$$n\approx1\,194.268\ \text{r/min}$$

取整为 $n=1\,200$ r/mim。

查表选用:$f_z=0.06$ mm/z,即

$$vf\ =fn=f_z zn=0.06\times3\times1\,200\ \text{mm/min}=216\ \text{mm/min}$$

(3)计算 $\phi16$ mm 高速钢立铣刀精加工阶段切削用量

查表选用:$v_c=90$ m/min,即

$$v_c=\frac{\pi Dn}{1\,000}=\frac{16\pi n}{1\,000}=90\ \text{m/min}$$

则

$$n\approx1\,791.401\ \text{r/min}$$

取整为 $n=1\,800$ r/mim。

查表选用:$f_z=0.03$ mm/z,即

$$v_f=fn=f_z zn=0.03\times3\times1\,800\ \text{mm/min}=162\ \text{mm/min}$$

(4)计算 $\phi63$R5 mm 面铣刀在平面加工阶段切削用量

查表选用:$v_c=200$ m/min,即

$$v_c=\frac{\pi Dn}{1\,000}=\frac{63\pi n}{1\,000}=200\ \text{m/min}$$

则

$$n\approx1\,011.020\ \text{r/min}$$

取整为 $n=1\,000$ r/mim。

查表选用：$f_z=0.2$ mm/z，即

$$v_f=fn=f_z zn=0.2\times 6\times 1\ 000=1\ 200\ \text{mm/min}$$

4.2.2 基准设定与夹具的选用

本零件毛坯为方形毛坯，外形为 80 mm×80 mm 的正方形，可采用机用平口虎钳进行装夹。以零件底面定位；由于毛坯为不规则的方形毛坯，且毛坯 4 个面都有约 2 mm 的加工余量，为保证零件各凸台加工时有较好的定位精度，毛坯外形需要先加工出定位基准面（即精基准），然后通过对已加工出的定位基准面进行装夹定位后，才能对各凸台进行加工。因此，本零件需要两道加工工序才能完成零件的加工。

工序 1 主要是对 76 mm×76 mm 处进行加工，为保证此尺寸所表达的面上无两次加工所导致的接刀痕迹，故本工序将此尺寸所表达的所有面 1 次加工完成。同时，毛坯两个大平面也有 1 mm 的余量，本工序也将完成其中一个大平面的加工。通过分析工序 1 在装夹时，应高于钳口上表面 18 mm，以保证有足够的加工高度。为保证零件轮廓与毛坯轮廓的对称度，应将工件坐标系建立在毛坯上表面的中心（见图 4.4 的工序 1）。

工序 2 是完成两凸台的加工，此加工是以工序 1 所完成的 76 mm×76 mm 的外形轮廓和相对应的大平面为定位与夹紧基准，在装夹时，应高于钳口上表面 8 mm，以保证有足够的加工高度。为保证零件轮廓与毛坯轮廓的对称度，应将工件坐标系建立在工序 1 完成后的毛坯下表面的中心（见图 4.4 的工序 2）。

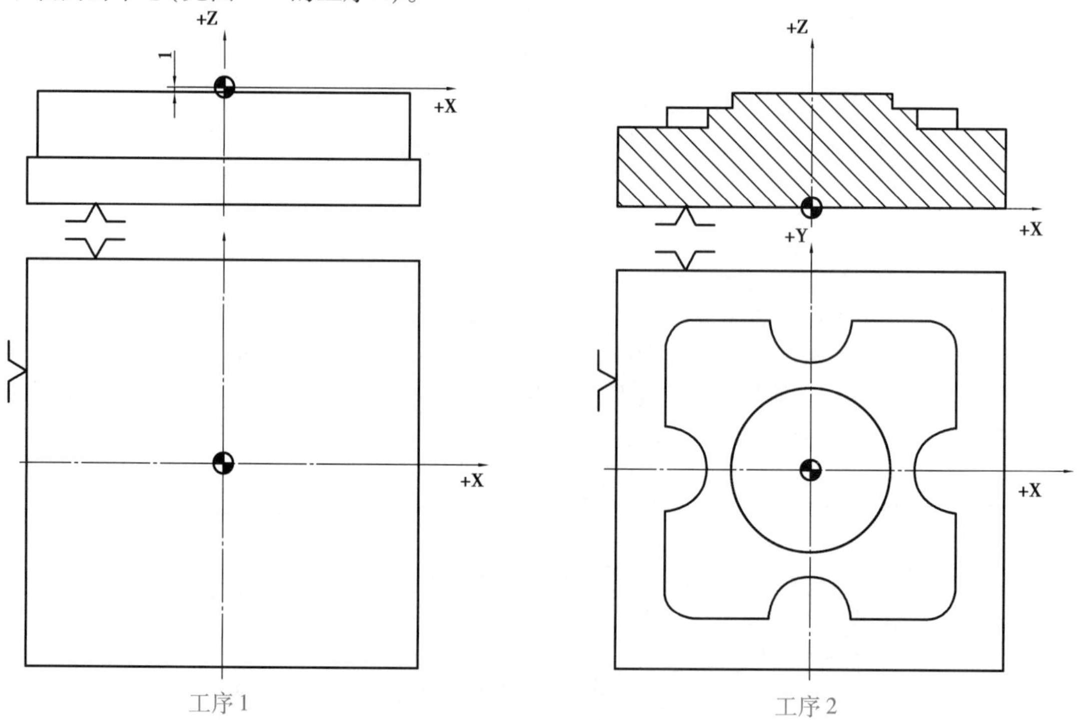

图 4.4 夹具定位与坐标设置

4.3　制订走刀路线

制订走刀路线,见表4.2—表4.6。

表4.2　数控加工走刀路线图(底平面加工)

数控加工走刀路线图		零件图号	4.1	工序号	1	工步号	1	程序号	O0001
机床型号	VMCL850	刀具型号	ϕ63R5	加工内容	底平面加工			共 5 页	第 1 页
+Z　30　1　+X　+Y　77　50　+X　25　40　80　80								编　程	
								校　对	
								审　批	
符　号									
含　义	编程原点	循环点	换刀点	快速走刀方向	给刀走刀方向				

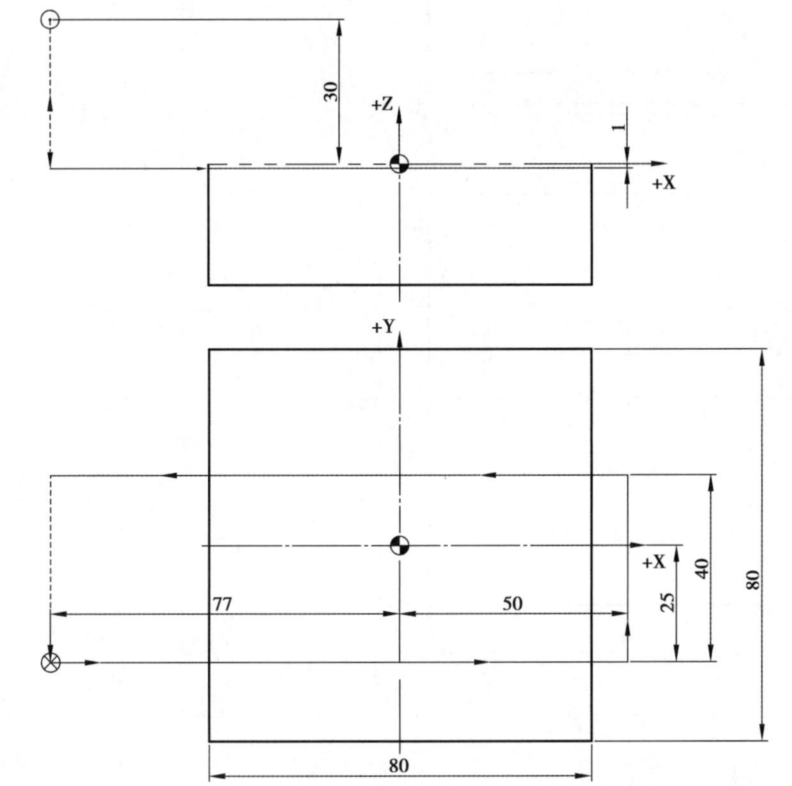

表 4.3　数控加工走刀路线图(76×76 侧面加工)

数控加工走刀路线图			零件图号	4.1	工序号	1	工步号	2	程序号	O0002
机床型号	VMCL850	刀具型号	$\phi 16$	加工内容	76×76 侧面加工				共 5 页	第 2 页
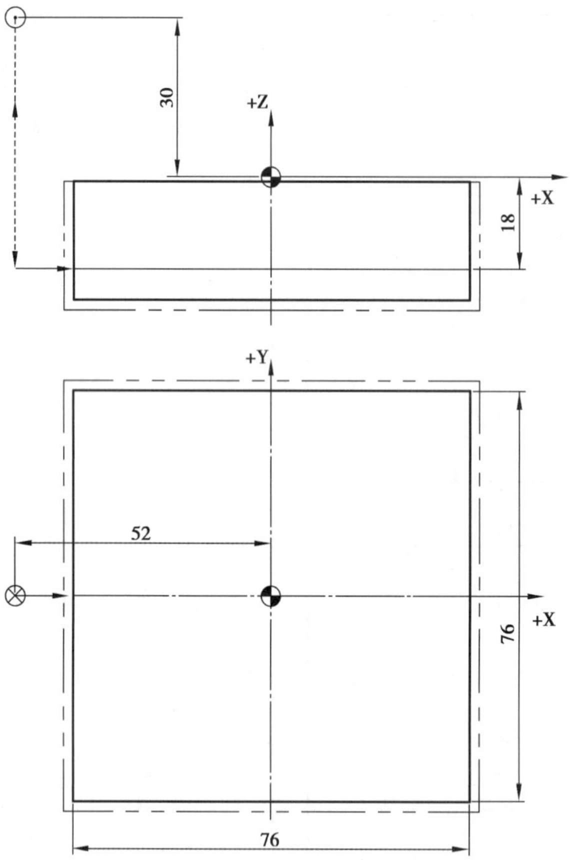 30　+Z　+X　18　+Y　52　+X　76　76									编　程	
									校　对	
									审　批	

符　号								
含　义	编程原点	循环点	换刀点	快速走刀方向	给刀走刀方向			

表 4.4　数控加工走刀路线图(顶平面加工)

数控加工走刀路线图		零件图号	4.1	工序号	2	工步号	1	程序号	O0003
机床型号	VMCL850	刀具型号	ϕ63R5	加工内容	顶平面加工			共 5 页	第 3 页
								编　程	
								校　对	
								审　批	
符　号									
含　义	编程原点	循环点	换刀点	快速走刀方向	给刀走刀方向				

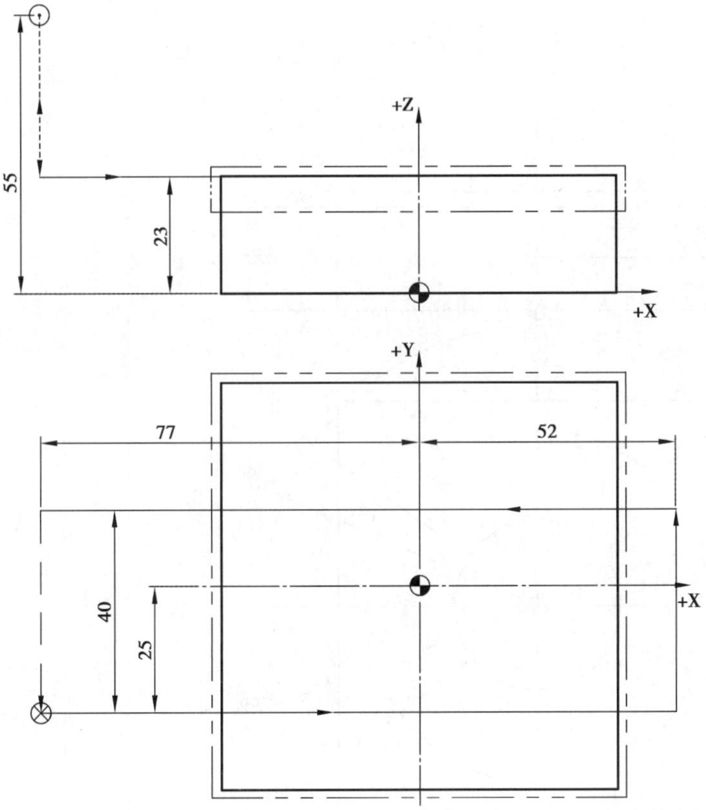

表 4.5　数控加工走刀路线图(圆台加工)

数控加工走刀路线图		零件图号	4.1	工序号	2	工步号	2	程序号	O0004
机床型号	VMCL850	刀具型号	$\phi16$	加工内容	圆台加工			共 5 页	第 4 页
+Z 55 62 20 +X +Y $\phi109$ $\phi89$ $\phi69$ $\phi33$ +X								编 程	
								校 对	
								审 批	
符 号									
含 义	编程原点	循环点	换刀点	快速走刀方向	给刀走刀方向				

表4.6　数控加工走刀路线图(外形轮廓加工)

数控加工走刀路线图		零件图号	4.1	工序号	2	工步号	3	程序号	O0005
机床型号	VMCL850	刀具型号	$\phi16$	加工内容	外形轮廓加工			共5页	第5页
+Z 55 62 16 +X +Y +X $\phi109$								编　程	
								校　对	
								审　批	
符　号									
含　义	编程原点	循环点	换刀点	快速走刀方向	给刀走刀方向				

4.4 数控系统的编程

4.4.1 刀具补偿功能指令

1)刀具半径左补偿 G41 指令和刀具半径右补偿 G42 指令

格式：

$$\begin{Bmatrix}G41\\G42\end{Bmatrix}\begin{Bmatrix}G00\\G01\end{Bmatrix}X\_\_\ Y\_\_\ D\_\_;$$

G41：左补偿，即在刀具前进方向左侧补偿(见图 4.5(a))；G42：右补偿，即在刀具前进方向右侧补偿(见图 4.5(b))。

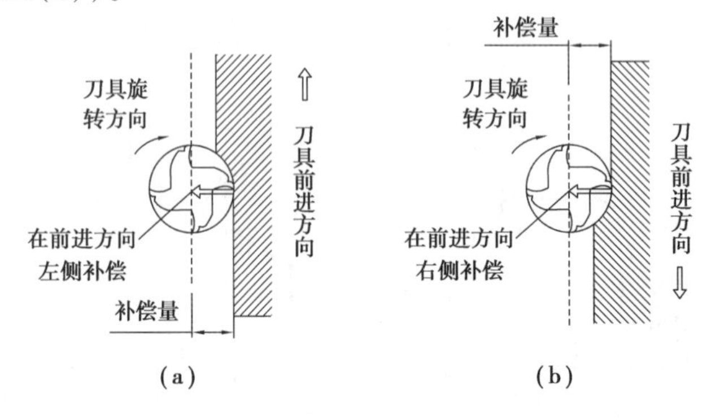

图 4.5　刀具补偿方向

X 和 Y 表示刀具移至终点时，轮廓曲线(编程轨迹)上点的坐标值；D 为刀具半径补偿寄存器地址字，在寄存器中存有刀具半径补偿值。

刀补　　O0000　N00000

序号	(长度)形状	(长度)磨损	(半径)形状	(半径)磨损
0001	0.000	0.000	0.000	0.000
0002	0.000	0.000	0.000	0.000
0003	0.000	0.000	0.000	0.000
0004	0.000	0.000	0.000	0.000
0005	0.000	0.000	0.000	0.000
0006	0.000	0.000	0.000	0.000
0007	0.000	0.000	0.000	0.000
0008	0.000	0.000	0.000	0.000
0009	0.000	0.000	0.000	0.000
0010	0.000	0.000	0.000	0.000
0011	0.000	0.000	0.000	0.000
0012	0.000	0.000	0.000	0.000
0013	0.000	0.000	0.000	0.000
0014	0.000	0.000	0.000	0.000
0015	0.000	0.000	0.000	0.000

[相对坐标]		[绝对坐标]		[机床坐标]		[余移动量]	
X	0.000	X	0.000	X	0.000	X	0.000
Y	0.000	Y	0.000	Y	0.000	Y	0.000
Z	0.000	Z	0.000	Z	0.000	Z	0.000

数据输入：>_　　录入方式

(+C 输入)(测量)(C 输入)(+输入)(输入)▶

图 4.6　刀补表

不论是刀具长度补偿值，还是刀具半径补偿值，都是由操作者在 MDI 面板上用“刀补变量”功能键置入刀具补偿寄停器的。如图 4.6 所示为刀具偏移量菜单，对应于刀具补偿寄存器 H01—H99（或 D01—D99），菜单中都有相应的偏置号与之对应，如偏代号 005 对应于 H05 或 D05 寄存器。设置刀具补偿量时，操作者只需用面板上的光标键，将光标移至所选的偏置号上，键入刀具补偿值，将其输入偏置号后面的形状位置上即可。

为了保证刀具从无半径补偿运动到所希望的刀具半径补偿始点，须用一直线程序段 G00 或 G01 指令来建立刀具半径补偿。

直线情况时（见图 4.7），刀具欲从始点 A 移至终点 B。当执行有刀具半径补偿指令的程序后，将在终点 B 处形成一个与直线 AB 相垂直的新矢量 BC，刀具中心由 A 移至 C 点。沿着刀具前进方向观察，在 G41 指令时，形成的新矢量在直线左边，刀具中心偏向编程轨迹左边；而 G42 指令时，刀具中心偏向右边。

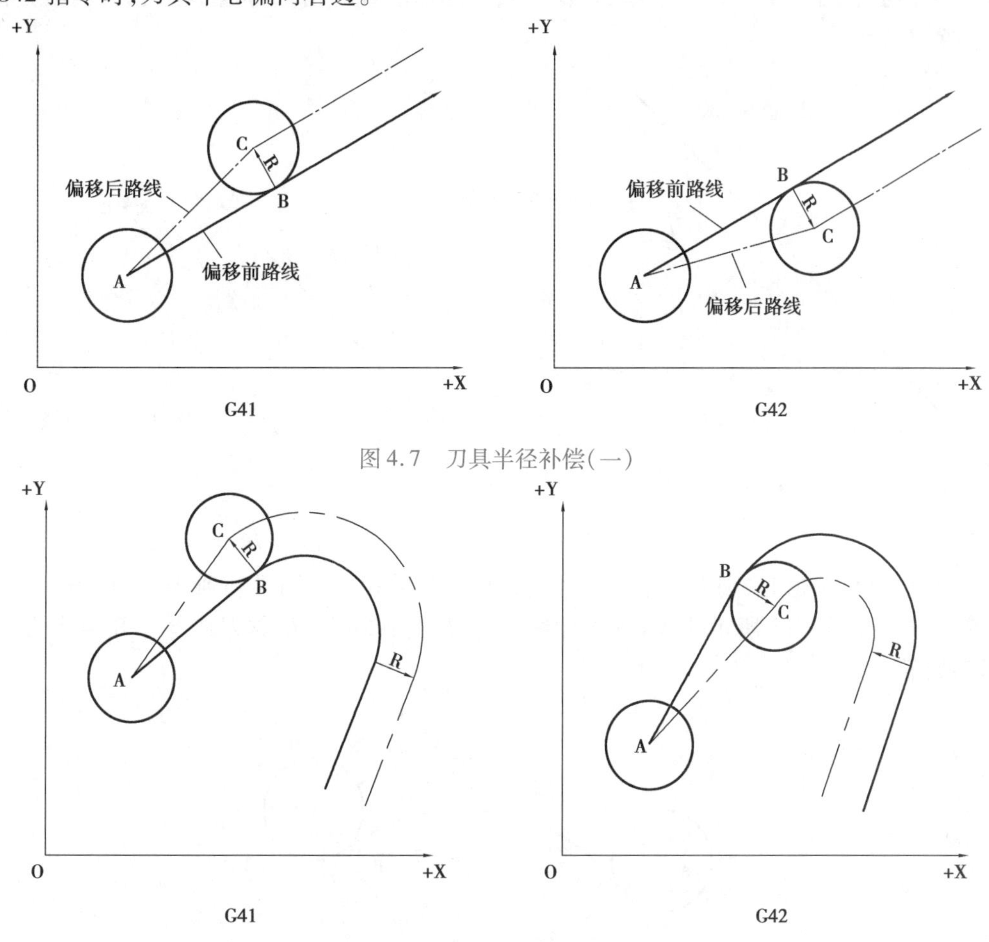

图 4.7　刀具半径补偿（一）

图 4.8　刀具半径补偿（二）

圆弧情况时（见图 4.8），B 点的偏移矢量垂直于直线 AB，圆弧上 C 点的偏移矢量与圆弧过 C 点的切线相垂直。圆弧上每一点的偏移矢量方向总是变化的。由于直线 AB 和圆弧相切，因此在 B 点直线和圆弧的偏移矢量重合，方向一致，刀具中心都在 C 点。若直线和圆弧不相切，则这两个矢量方向不一致，此时要进行拐角偏移圆弧插补。

如图 4.7、图 4.8 所示，刀具中心由 A 移动到 C 点后，G41 或 G42 指令在 G01，G02，G03 指令配合下，刀具中心运动轨迹始终偏离编程轨迹一个刀具半径的距离，直到取消刀具半径补偿为止。

2）取消刀具半径补偿 G40 指令

格式：

$$G40 \begin{Bmatrix} G00 \\ G01 \end{Bmatrix} X\_\ Y\_;$$

最后一段刀具半径补偿轨迹加工完成后，与建立刀具半径补偿类似，也应有一直线程序段 G00 或 G01 指令取消刀具半径补偿，以保证刀具从刀具半径补偿终点（刀补终点）运动到取消刀具半径补偿点（取消刀补点）。

指令中有 X，Y 时，X 和 Y 表示编程轨迹上取消刀补点的坐标值（见图 4.9），刀具欲从刀补终点 A 移至取消刀补点 B。当执行取消刀具半径补偿 G40 指令的程序段时，刀具中心将由 C 点移至 B 点。

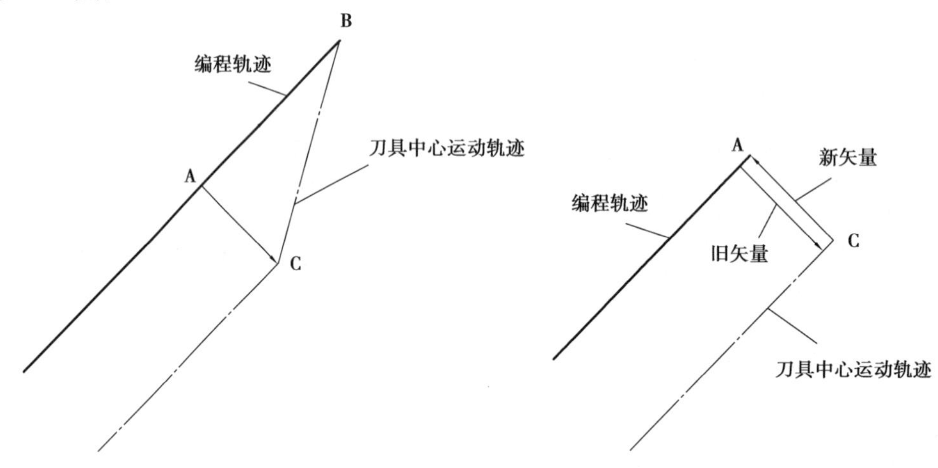

图 4.9　G40 指令有 X，Y 时　　图 4.10　G40 指令无 X，Y 时

指令中无 X，Y 值时，则刀具中心 C 点将沿旧矢量的相反方向运动到 A 点（见图 4.10）。

例 4.1　如图 4.11 所示的 AB 轮廓曲线，若直径为 ϕ20 mm 的铣刀从 O 点开始移动，其加工程序如下：

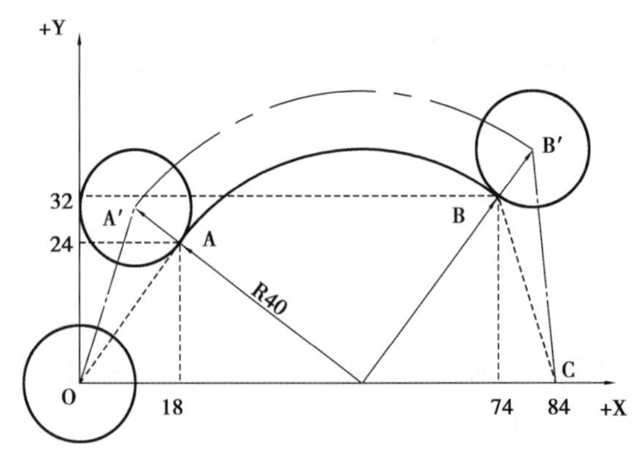

图 4.11　AB 轮廓曲线加工轨迹

N10 G90 G17 G41 G00 X18.0 Y24.0 M03 D06;　　(O→A)
N20 G02 X74.0 Y32.0 R40.0 F180;　　(A→B)
N30 G40 G00 X84.0 Y0;　　(B→C)
N40 G00 X0 M02;　　(C→O)

取消刀具半径补偿除用 G40 指令外,还可用:

$\left\{\begin{matrix} G00 \\ G01 \end{matrix}\right\}$ X__ Y__ D00;

如上例中 N30 程序段可变为:

G00 X84.0 Y0 D00;

3)偏移状态的转换

刀具偏移状态从 G41 转换为 G42 或从 G42 转换为 G41,通常都有需要经过偏移取消状态,即 G40 程序段。但是,在点定位 G00 或直线插补 G01 状态时,可直接转换,此时刀具中心轨迹(见图 4.12)。

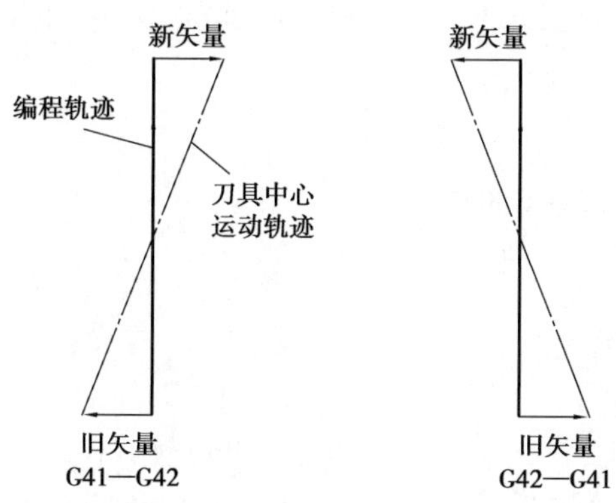

图 4.12　G41 与 G42 的转换

4)刀具偏移量的改变

改变刀具偏移量通常要在偏移取消状态下、在换刀时进行。但在点定位 G00 或直线插补 G01 状态下,也可直接进行(见图 4.13)。

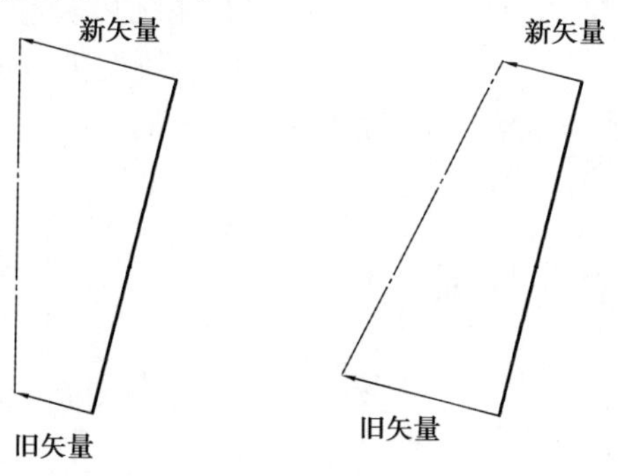

图 4.13　偏移量的改变

5)偏移量正负与刀具中心轨迹的位置关系

如图 4.14 所示,偏移量取负值时,与刀具长度补偿类似,G41 和 G42 可互相取代(见图 4.14(a))。偏移量为正值时,刀具中心沿工件外侧切削。当偏移量为负值时,则刀具中心变为在工件内侧切削(见图 4.14(b));反之,当图 4.14(b)中偏移量为正值时(见图 4.14(a)),

刀具的偏移量为负值。

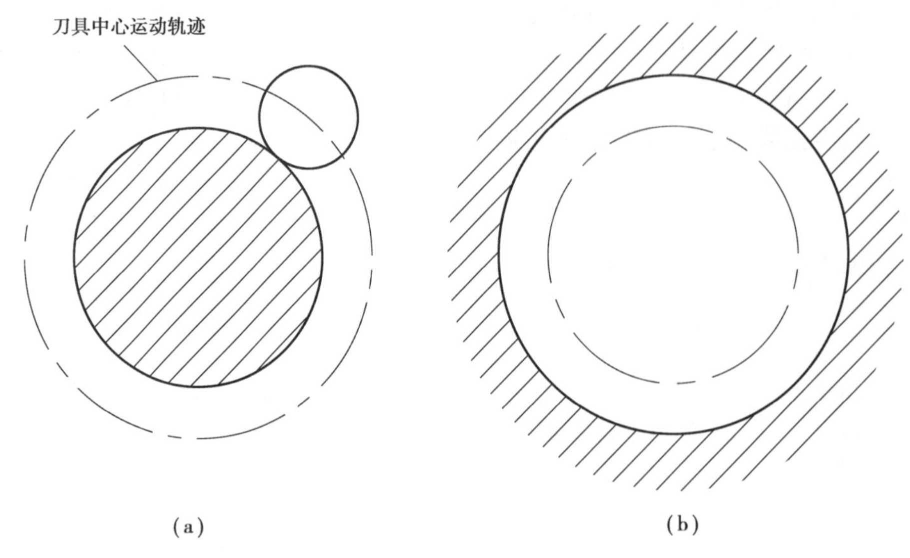

图4.14 偏移量正负与刀具轨迹的关系

4.4.2 拐角偏移圆弧插补 G39 指令

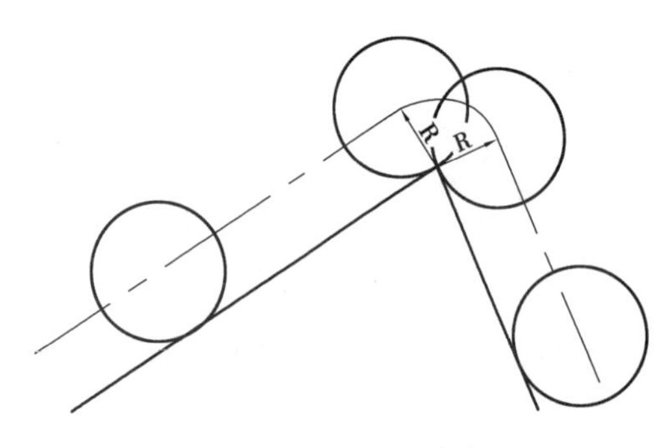

图4.15 拐角偏移

格式:

G39 X__ Y__;

在有刀具半径补偿时,若编程轨迹的相邻两直线(或圆弧)不相切,则必须进行拐角圆弧插补,即要在拐角处产生一个以偏移值为半径的附加圆弧,此圆弧与刀具中心运动轨迹的相邻两直线(或圆弧)相切(见图4.15)。

1)对刀具半径补偿 C 功能

CNC 系统可自动实现零件廓形各种拐角组合形式的折线型尖角过渡。

例4.2 如图4.16所示的凸模,若直径为 ϕ16 mm 的铣刀从起刀点 O 开始加工,其加工程序如下:

N1 G92 X0 Y0 Z0;

N2 G90 G42 G00 X50.0 Y60.0 H01;

N3 X150.0;

N4 G03 Y140.0 R40.0;

N5 G01 X50.0;

N6 Y60.0;

N7 G40 G00 X0 Y0;

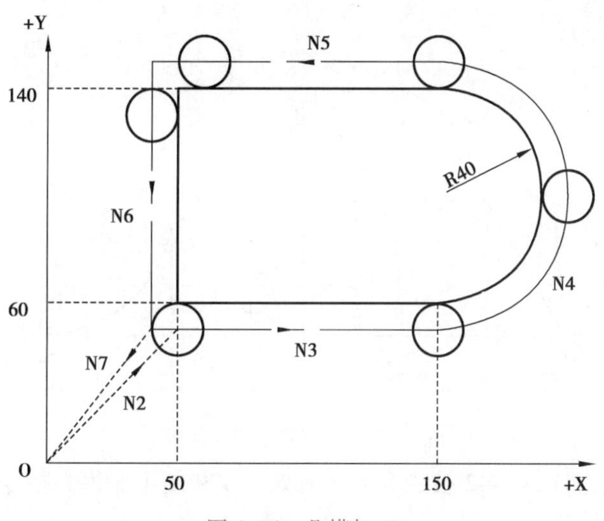

图4.16　凸模加工

2）对刀具半径补偿B功能

在零件的外拐角处必须人为编制出附加圆弧插补程序段G39指令，才能实现尖角过渡。G39指令中的X和Y为与新矢量垂直的直线上任一点的坐标值。

例4.3　如图4.17所示的零件，轮廓ABC的加工程序如下：

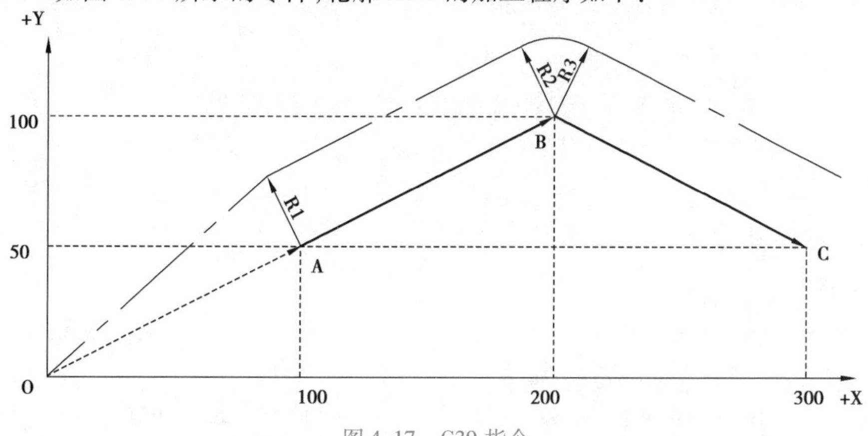

图4.17　G39指令

N1 G90 G17 G00 G41 X100.0 Y50.0 H08；　（O—A，偏移R1）
N2 G01 X200.0 Y100.0 F150；　（A—B，偏移R2）
N3 G39 X300 Y50；　（拐角偏移R3）
N4 G01 X300.0 Y50.0；　（B—C）

例4.4　如图4.18所示的ABCD轮廓曲线，若刀具从起刀点O开始移动，其加工程序如下：

N1 G91 G17 G01 G41 X15.0 Y25.0 F200；
N2 G39 X35 Y15；　（C功能不用）
N3 X35.0 Y15.0；
N4 G39 X25 Y－20；　（C功能不用）
N5 X25.0 Y－20.0；
N6 G39 X5 Y－25；　（C功能不用）
N7 G03 X25.0 Y－20.0 R25.0；

N8 G40 G01 Y25.0;

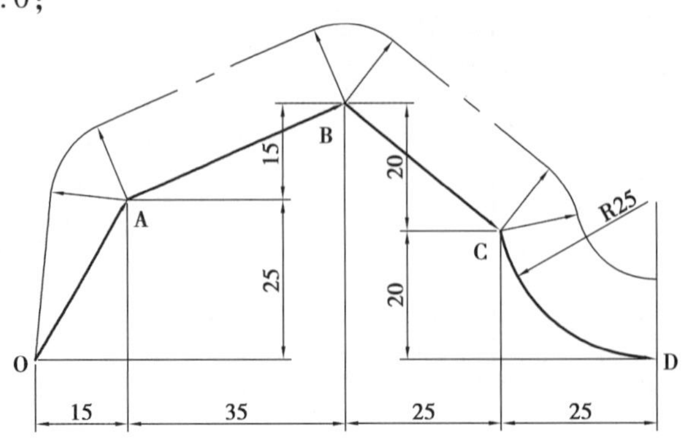

图 4.18　拐角偏移圆弧插补

G39 指令只有在 G41 或 G42 被指令后才有效。G39 属于非模态指令,仅在它所指令的程序段中起作用。

应用刀具半径补偿功能时必须注意:在 G41 或 G42 至 G40 指令程序段之间的程序段不能有任何一个刀具不移动的指令出现;在 XY 平面中执行刀具半径补偿时,也不能出现连续两个 Z 轴移动的指令,否则 G41 或 G42 指令无效。在使用 G41 或 G42 指令的程序段中,只能用 G00 或 G01 指令,不能用 G02 或 G03 指令。

4.5　程序编制与工艺文件填写

4.5.1　零件图

零件图如图 4.19 所示。

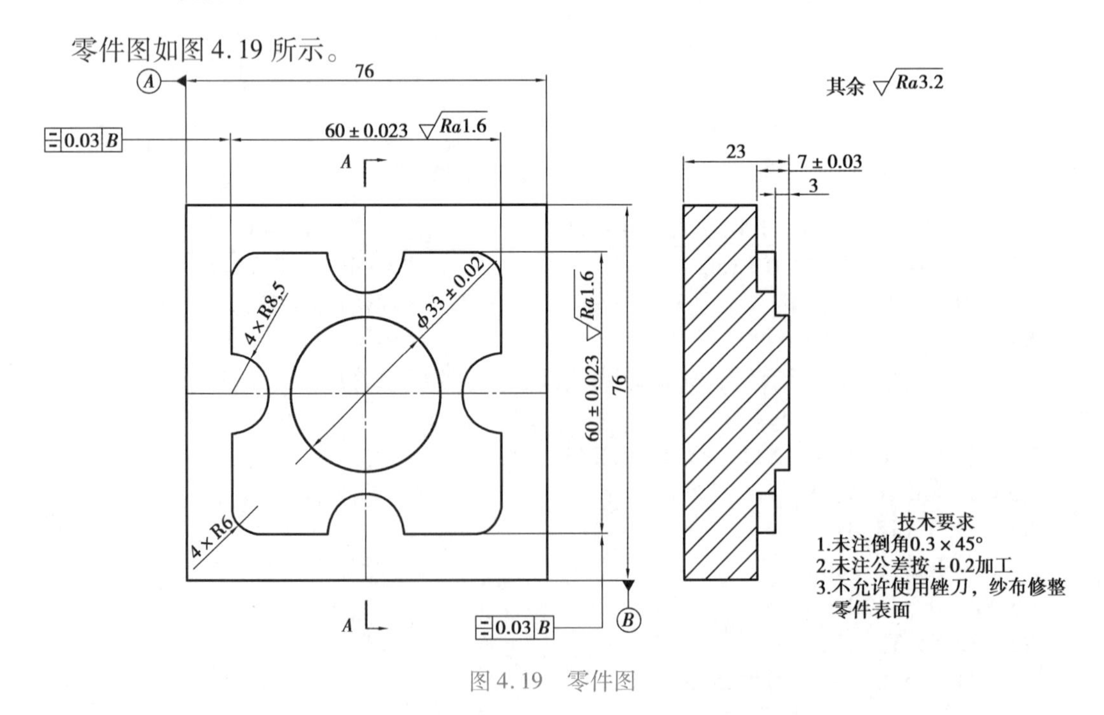

图 4.19　零件图

4.5.2　数控加工程序

数控加工程序见表 4.7。

表 4.7　数控加工程序

<table>
<tr><td>O0001;</td><td>O0003;</td><td>O0005;粗加工</td><td>O0006;精加工</td></tr>
<tr><td>M06 T01;　(刀具 ϕ63R5)
G54 G90;　(G54 坐标)
G00 Z30;
M03 S1000;
X - 77 Y - 25;
Z2;
G01 Z - 1 F1200;
X50;
Y15;
X - 77;
Y - 25;
G00 Z30;
M30;</td><td>M06 T01;
G55 G90;　(G55 坐标)
G00 Z55;
M03 S1000;
X - 77 Y - 25;
Z25;
G01 Z23 F1200;
X50;
Y15;
X - 77;
Y - 25;
G00 Z55;
M30;</td><td rowspan="3">M06 T02;
G55 G90;
G00 Z55;
M03 S1200;
X - 62 Y0;
Z25;
G01 Z16.5 F216;
G01 X - 54.5;
G02 I54.5;
G41 G01 X - 30 Y - 8.5 D02;
G03 Y8.5 R8.5;
G01 Y24;
G02 X - 24 Y30 R6;
G01 X - 8.5;
G03 X8.5 R8.5;
G01 X24;
G02 X30 Y24 R6;
G01 Y8.5;
G03 Y - 8.5 R8.5;
G01 Y - 24;
G02 X24 Y - 30 R6;
G01 X8.5;
G03 X - 8.5 R8.5;
G01 X - 24;
G02 X - 30 Y - 24 R6;
G01 Y - 8.5;
G03 Y8.5 R8.5;
G40 G01 X - 62 Y0;
G00 Z55;
M30;</td><td rowspan="3">M06 T02;
G55 G90;
G00 Z55;
M03 S1800;
X - 62 Y0;
Z25;
G01 Z200 F162;
G41 G01 X - 16.5 D01;
G02 I16.5;
G40 G01 X - 62;
G01 Z16.5 F162;
G41 X - 30 Y - 8.5 D01;
G03 Y8.5 R8.5;
G01 Y24;
G02 X - 24 Y30 R6;
G01 X - 8.5;
G03 X8.5 R8.5;
G01 X24;
G02 X30 Y24 R6;
G01 Y8.5;
G03 Y - 8.5 R8.5;
G01 Y - 24;
G02 X24 Y - 30 R6;
G01 X8.5;
G03 X - 8.5 R8.5;
G01 X - 24;
G02 X - 30 Y - 24 R6;
G01 Y - 8.5;
G03 Y8.5 R8.5;
G40 G01 X - 62 Y0;
G00 Z55;
M30;</td></tr>
<tr><td>O0002;</td><td>O0004;粗加工</td></tr>
<tr><td>M06 T02;　(刀具 ϕ16)
G54 G90;
G00 Z30;
M03 S1200;
X - 52 Y0;
Z2;
G01 Z - 18 F216;
G41 X - 38 D01;
(建立左补偿,补偿值 8 mm)
Y38;
X38;
Y - 38;
X - 38;
Y0;
G40 X - 52;　(取消刀具补偿)
G00 Z30;
M30;</td><td>M06 T02;
G55 G90;
G00 Z55;
M03 S1200;
X - 62 Y0;
Z25;
G01 Z20.5 F216;
G01 X - 54.5;
G02 I54.5;
G01 X - 44.5;
G02 I44.5;
G01 X34.5;
G02 I34.5;
G41 G01 X - 16.5 D02;
(补偿值:8.5 mm)
G02 I16.5;
G40 G01 X - 62;
G00 Z55;
M30;</td></tr>
</table>

4.5.3 数控加工工艺文件

①编写零件的数控加工工序卡,见表4.8、表4.9。

表4.8 数控加工工序卡(一)

<table>
<tr><td colspan="3" rowspan="2">数控加工工序卡</td><td>产品名称</td><td></td><td>共2页</td><td>第1页</td></tr>
<tr><td>工序号</td><td>1</td><td>工序名称</td><td>数铣加工</td></tr>
<tr><td colspan="3" rowspan="7"> 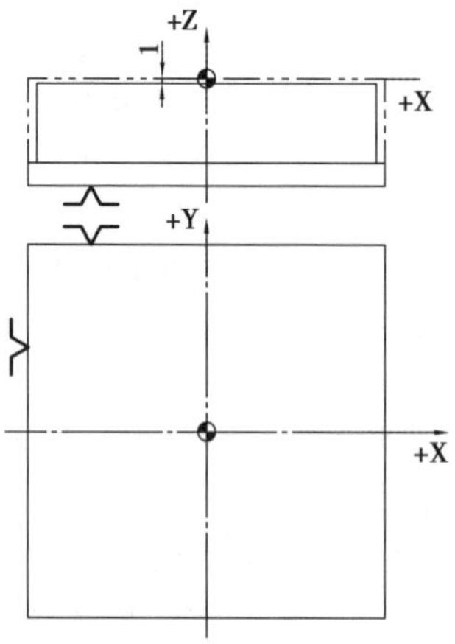</td><td>零件图号</td><td>4.1</td><td>夹具名称</td><td>精密平口钳</td></tr>
<tr><td>零件名称</td><td></td><td>夹具编号</td><td></td></tr>
<tr><td>材　料</td><td>6061</td><td>设备名称</td><td>VMCL850</td></tr>
<tr><td>程序编号</td><td>O0001,O0002</td><td>车　间</td><td></td></tr>
<tr><td>编　制</td><td></td><td>批　准</td><td></td></tr>
<tr><td>审　核</td><td></td><td>日　期</td><td></td></tr>
<tr><td>序号</td><td>工步工作内容</td><td>刀具号</td><td>刀具规格</td><td>主轴转速/(r·min⁻¹)</td><td>进给速度/(mm·min⁻¹)</td><td>切削深度/mm</td></tr>
<tr><td>1</td><td>检查毛坯尺寸及工量具</td><td></td><td></td><td></td><td></td><td></td></tr>
<tr><td>2</td><td>去除毛坯表面毛刺</td><td></td><td></td><td></td><td></td><td></td></tr>
<tr><td>3</td><td>以毛坯底面为定位基准,采用精密平口钳装夹,保证加工高度18 mm以上</td><td></td><td></td><td></td><td></td><td></td></tr>
<tr><td>4</td><td>用ϕ63盘刀加工毛坯上平面(零件底平面),保证平面的平面度和粗糙度</td><td>T01</td><td>ϕ63R5</td><td>1 000</td><td>1 200</td><td>1</td></tr>
<tr><td>5</td><td>加工零件76×76侧面至图纸尺寸(成)</td><td>T02</td><td>ϕ16</td><td>1 200</td><td>216</td><td>2</td></tr>
<tr><td>6</td><td>去除零件表面毛刺</td><td></td><td></td><td></td><td></td><td></td></tr>
<tr><td>7</td><td>检测</td><td></td><td></td><td></td><td></td><td></td></tr>
<tr><td>8</td><td>入库</td><td></td><td></td><td></td><td></td><td></td></tr>
</table>

表 4.9　数控加工工序卡(二)

数控加工工序卡			产品名称		共 2 页	第 2 页
			工 序 号	2	工序名称	数铣加工
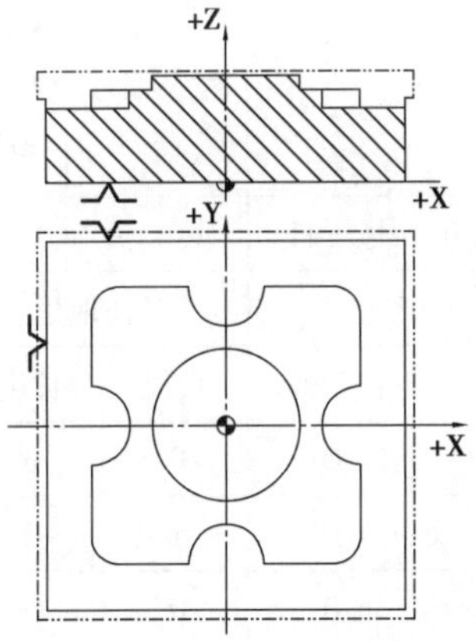 +Z +X +Y +X			零件图号	4.1	夹具名称	精密平口钳
			零件名称		夹具编号	
			材　　料	6061	设备名称	VMCL850
			程序编号	O0003,O0004,O0005,O0006	车　　间	
			编　　制		批　　准	
			审　　核		日　　期	
序号	工步工作内容	刀具号	刀具规格	主轴转速 /(r·min^{-1})	进给速度 /(mm·min^{-1})	切削深度 /mm
1	检查毛坯尺寸及工量具					
2	去除毛坯表面毛刺					
3	以零件底面为定位基准和程序基准,采用精密平口钳装夹,保证加工高度 8 mm 以上					
4	用 ϕ63 盘刀加工零件上平面,保证平面的零件总高度 23 mm	T01	ϕ63	1 000	1 200	1
5	粗加工圆台 ϕ33 ± 0.02,侧面与底面留精加工余量 0.5 mm	T02	ϕ16	1 200	216	2.5
6	粗精加工下一台阶外形轮廓,侧面与底面留精加工余量 0.5 mm	T02	ϕ16	1 200	216	4
7	粗精加工两台阶面至图纸尺寸(成)	T02	ϕ16	1 800	162	0.5
8	去除零件表面毛刺					
9	检测					
10	入库					

②编写零件的数控加工刀具卡,见表4.10。

表4.10 数控加工刀具卡

<table>
<tr><td colspan="4" rowspan="2">数控加工刀具卡</td><td>产品名称</td><td colspan="2"></td><td colspan="2">零件图号</td><td colspan="2">4.1</td></tr>
<tr><td>零件名称</td><td colspan="2"></td><td colspan="2">程序编号</td><td colspan="2">O0001,O0002,O0003,O0004,O0005,O0006</td></tr>
<tr><td>编制</td><td></td><td>审核</td><td></td><td>批准</td><td></td><td>年　月　日</td><td colspan="2">共1页</td><td colspan="2">第1页</td></tr>
<tr><td rowspan="2">工步序号</td><td rowspan="2">刀具号</td><td rowspan="2" colspan="2">刀具名称</td><td colspan="2">刀具</td><td colspan="2">补偿值</td><td colspan="2">刀补地址</td><td rowspan="2">备注</td></tr>
<tr><td>直径</td><td>长度</td><td>直径</td><td>长度</td><td>直径</td><td>长度</td></tr>
<tr><td>1</td><td>T01</td><td colspan="2">D63R5</td><td>ϕ63</td><td>100</td><td>0</td><td>0</td><td>0</td><td>0</td><td></td></tr>
<tr><td>2</td><td>T02</td><td colspan="2">D16R0</td><td>ϕ16</td><td>25</td><td>8</td><td>0</td><td>1</td><td>0</td><td></td></tr>
<tr><td>3</td><td>T01</td><td colspan="2">D63R5</td><td>ϕ63</td><td>100</td><td>0</td><td>0</td><td>0</td><td></td><td></td></tr>
<tr><td>4</td><td>T02</td><td colspan="2">D16R0</td><td>ϕ16</td><td>25</td><td>8.5</td><td>0</td><td>2</td><td>0</td><td></td></tr>
<tr><td>5</td><td>T02</td><td colspan="2">D16R0</td><td>ϕ16</td><td>25</td><td>8.5</td><td>0</td><td>2</td><td></td><td></td></tr>
<tr><td>6</td><td>T02</td><td colspan="2">D16R0</td><td>ϕ16</td><td>25</td><td>8</td><td>0</td><td>1</td><td></td><td></td></tr>
</table>

4.6 辰榜数控K2000数控铣床操作

4.6.1 机床面板

机床面板主要用于控制机床的运动和选择机床运行状态。它主要由液晶显示装置、MDI键盘、MCP、状态灯、手持单元等组成。每一部分的详细说明如图4.20所示。由于不同的机床厂家其面板布置形式不同,这里以凯恩帝K2000TFi的操作面板为例进行说明。

4.6.2 MDI键盘说明

地址和数字键:SB,8),/:按下这些键可输入字母、数字或字符。

切换:切换字母大小写或字符;输入:写入数字,字母或符号;翻页键;位置:切换到位置画面;程序:切换到程序界面,可查看程序或输入程序。

刀补变量:切换显示刀补画面,可添加刀具补偿;参数:切换到参数画面。

诊断:切换到诊断画面;报警:切换到报警画面,查看报警原因。

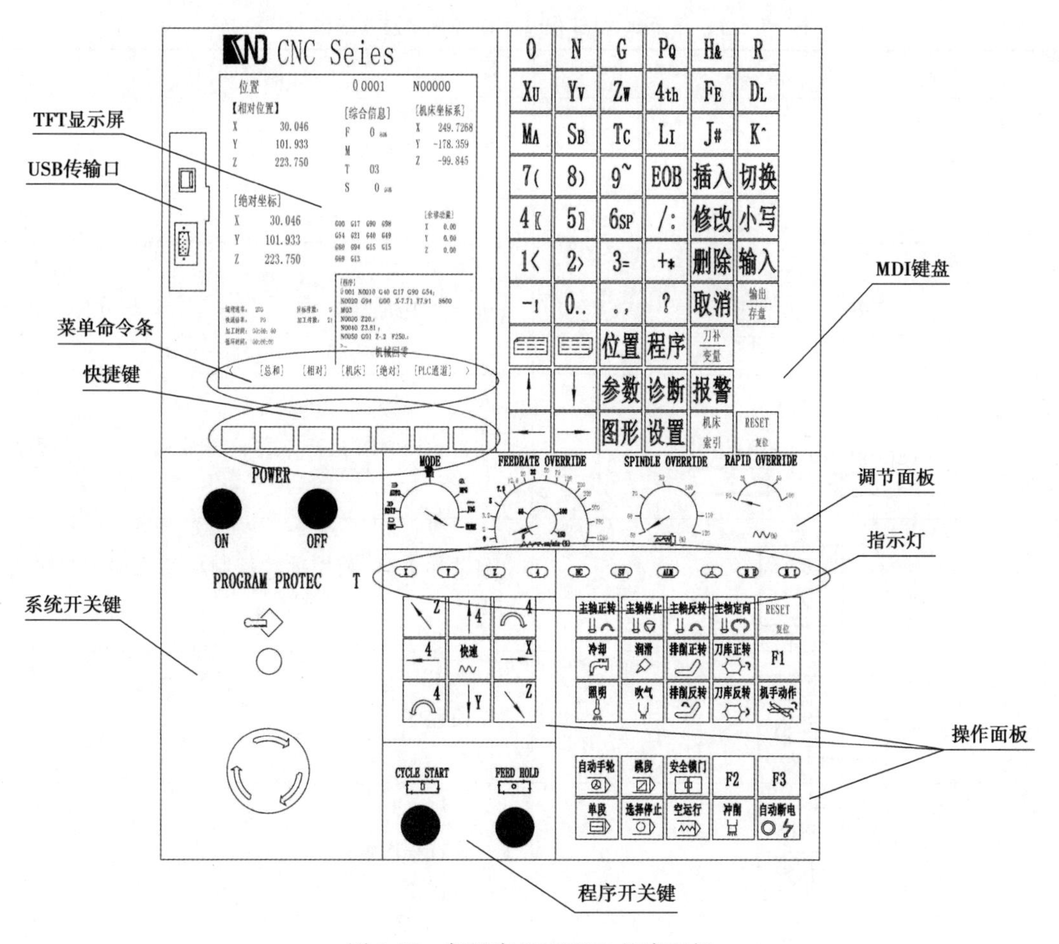

图 4.20　凯恩帝 K2000TFi 机床面板

4.6.3　菜单命令条说明

数控系统屏幕的下方就是菜单命令条,如图 4.21 所示。

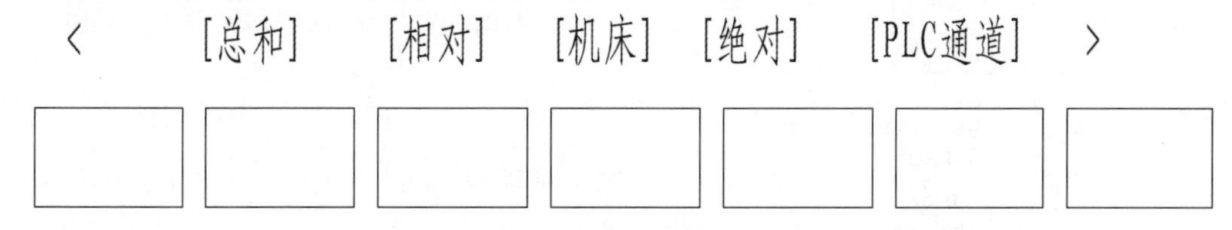

图 4.21　数控系统下方菜单条

由于每个功能包括不同的操作,在主菜单条对应的功能上选择一个功能项后,菜单条会显示该功能下的子菜单。

4.6.4　机床操作键说明

K2000 机床操作面板各按键及功能说明见表 4.11。

表 4.11　K2000 机床操作面板各按键及功能说明

名　称	功能说明
急停键：	用于锁住机床。按下急停键时，机床立即停止运动
POWER ON　OFF	机床开关机按键
循环启动/保持： CYCLE START　CI FEED HOLD	在自动和 MDI 运行方式下，用来启动和暂停程序
自动手轮	自动加工时，利用手轮控制加工程序的前进也后退
单段	单段程序运行
跳段	可任选程序跳过
空运行	空跑程序，机床不作运动
自动断电	自动断电开关，程序自动运行结束后，自动断电
选择停止	选择程序段停止
安全锁门	机床关门
冲削	冲洗机床里的切削残料

续表

名　称	功能说明
进给轴和方向选择开关： 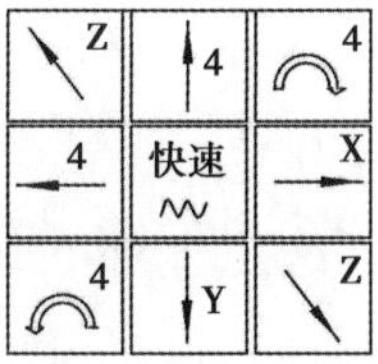 Z　4　4 4　快速　X 4　Y　Z	在手动连续进给、增量进给和返回机床参考点运行方式下，用来选择机床欲移动的轴和方向 其中，快速 为快进开关。当按下该键后，快进功能开启。松开该键，指示灯灭，表明快进功能关闭 
主轴修调： 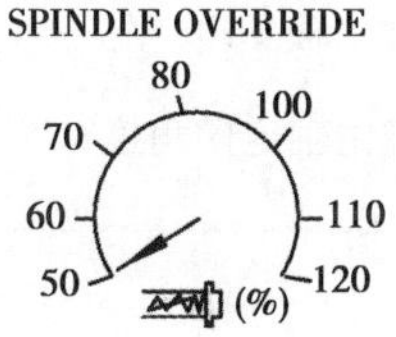 SPINDLE OVERRIDE 50　60　70　80　100　110　120 (%)	在自动或 MDI 方式下，当 S 代码的主轴速度偏高或偏低时，可用主轴的转速倍率开关，修调程序中编制的主轴速度 当指针指着 100，主轴修调倍率被置为 100%，每上升一格，主轴修调倍率递增 10%；每下降一格，主轴修调倍率递减 10%
快速修调： 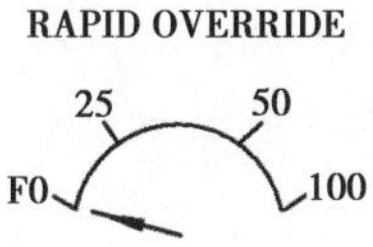 RAPID OVERRIDE F0　25　50　100	自动或 MDI 方式下，可用快速修调旋钮开关修调 G00 快速移动时系统参数“最高快速度”设置的速度
进给修调： 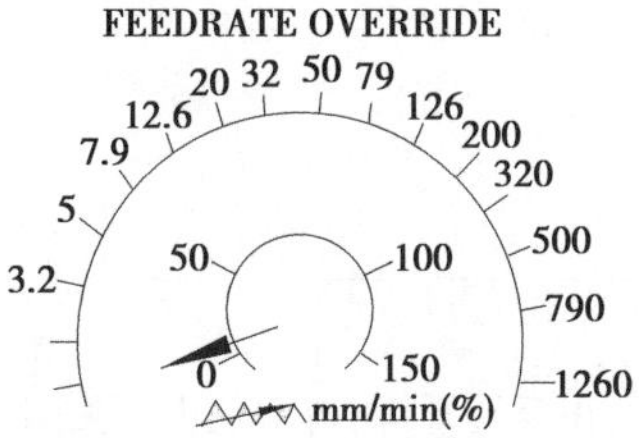 FEEDRATE OVERRIDE 3.2　5　7.9　12.6　20　32　50　79　126　200　320　500　790　1260 0　50　100　150 mm/min(%)	自动或 MDI 方式下，当 F 代码的进给速度偏高或偏低时，可用进给修旋钮开关修调程序中编制的进给速度
模式的选择： 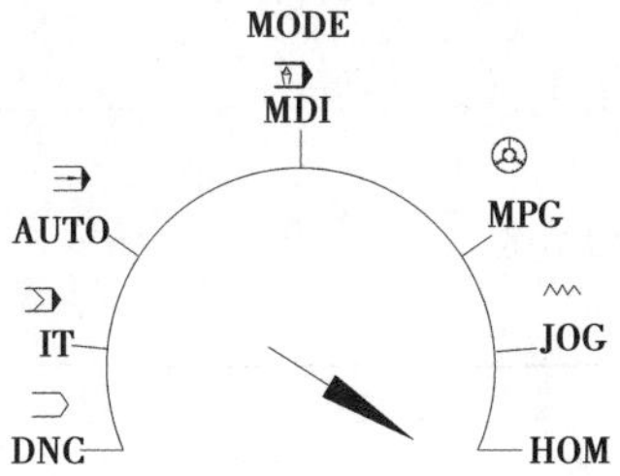 MODE DNC　IT　AUTO　MDI　MPG　JOG　HOM	EDIT：编辑方式 DNC：自动方式 AUTO：自动方式 MDI：录入方式 MPG：手轮方式 JOG：手轮方式

续表

名　称	功能说明
X　Y　Z　4	轴移动的指示灯
NC　SV　ALM　　H　L	模式选择的指示灯
主轴开关： 主轴正转　主轴停止　主轴反转　主轴定向	主轴正转：按下该键主轴正转 主轴停止：按下该键主轴停止 主轴反转：按下该键主轴反转 主轴定向：按下该键主轴定向角度
冷却	冷却液开关
润滑	润滑液开关
照明	灯光照明
吹气	气冷开关
排削正转　排削反转	机床排屑正反转开键,再次点击可关闭
刀库正转　刀库反转	刀库正反转开关,正反转都是点击一次转动一次
机手动作	刀臂转动调试

4.6.5　手动操作

1）点动进给

转动 MODE 旋钮指针，指到JOG按键（系统处于点动运行方式）；选择进给速度；按住“+X”或“-X”按键（指示灯亮），X 轴产生正向或负向连续移动；松开“+X”或“-X”按键（指示灯灭），X 轴减速停止。

依同样方法，按下“+Y”“-Y”“+Z”“-Z”按键，使 Y 轴、Z 轴产生正向或负向连续移动。

2）点动快速移动

在点动进给时，把“快速”按钮，再按坐标轴按键，则该轴将产生快速运动。

3）点动进给速度选择

进给速率为系统参数“最高快移速度”的 1/3 乘以进给修调选择的进给倍率。快速移动的进给速率为系统参数“最高快移速度”乘以快速修调选择的快移倍率。

4.6.6　分中对刀设置

1）建立 X，Y 坐标

先在机床面板上点击设置按钮，再点击（坐标系）进入如图 4.22 所示的对话框；菜单命令选择“操作”，再选择翻页按钮▷；找到“矩形中心”，设置“X1”“X2”“Y1”“Y2”4 个坐标点，完成坐标系 X，Y 的建立。

设置

XET坐标系兼容		G54坐标系		【相对坐标】	
X	0.000	X	0.000	X	0.000
Y	0.000	Y	0.000	Y	0.000
Z	0.000	Z	0.000	Z	0.000
A	0.000	A	0.000	A	0.000
G55坐标系		**G56坐标系**		**【绝对坐标】**	
X	0.000	X	0.000	X	0.000
Y	0.000	Y	0.000	Y	0.000
Z	0.000	Z	0.000	Z	0.000
A	0.000	A	0.000	A	0.000
G57坐标系		**G58坐标系**		**【机床坐标】**	
X	0.000	X	0.000	X	0.000
Y	0.000	Y	0.000	Y	0.000
Z	0.000	Z	0.000	Z	0.000
A	0.000	A	0.000	A	0.000

当前工件坐标系

数据输入　　　　手轮方式

（设置）（参开关）（坐标系）（高精参数）（操作）

图 4.22　坐标系设置

2)建立 Z 坐标

如图 4.23 所示,用对刀杆对刀法,如用直径为 10 mm 的对刀杆对刀,在面板上输入 Z10 后点击“测量”然后点击“执行”,完成 Z 轴坐标的建立。

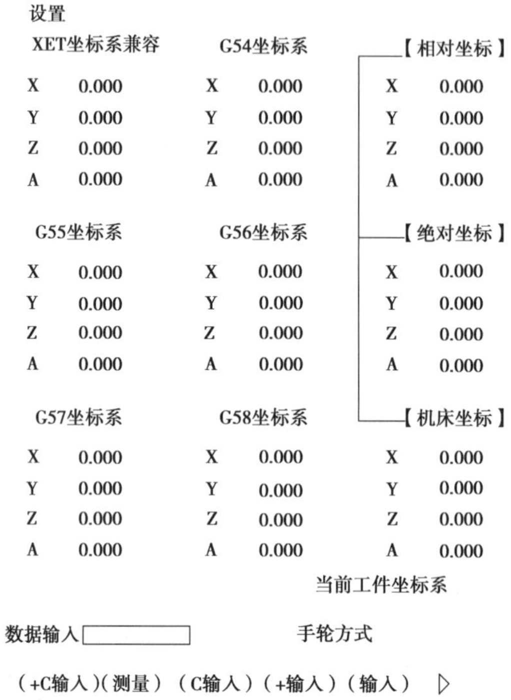

设置

XET坐标系兼容		G54坐标系		【相对坐标】	
X	0.000	X	0.000	X	0.000
Y	0.000	Y	0.000	Y	0.000
Z	0.000	Z	0.000	Z	0.000
A	0.000	A	0.000	A	0.000
G55坐标系		G56坐标系		【绝对坐标】	
X	0.000	X	0.000	X	0.000
Y	0.000	Y	0.000	Y	0.000
Z	0.000	Z	0.000	Z	0.000
A	0.000	A	0.000	A	0.000
G57坐标系		G58坐标系		【机床坐标】	
X	0.000	X	0.000	X	0.000
Y	0.000	Y	0.000	Y	0.000
Z	0.000	Z	0.000	Z	0.000
A	0.000	A	0.000	A	0.000

当前工件坐标系

数据输入　　　手轮方式

(+C输入)(测量)(C输入)(+输入)(输入) ▷

图 4.23　Z 坐标测量

第5章 腔体类零件编程加工

如图5.1所示的零件,毛坯尺寸为80 mm×80 mm×25 mm。选用合理的刀具并经预调对刀完毕,对零件进行加工。

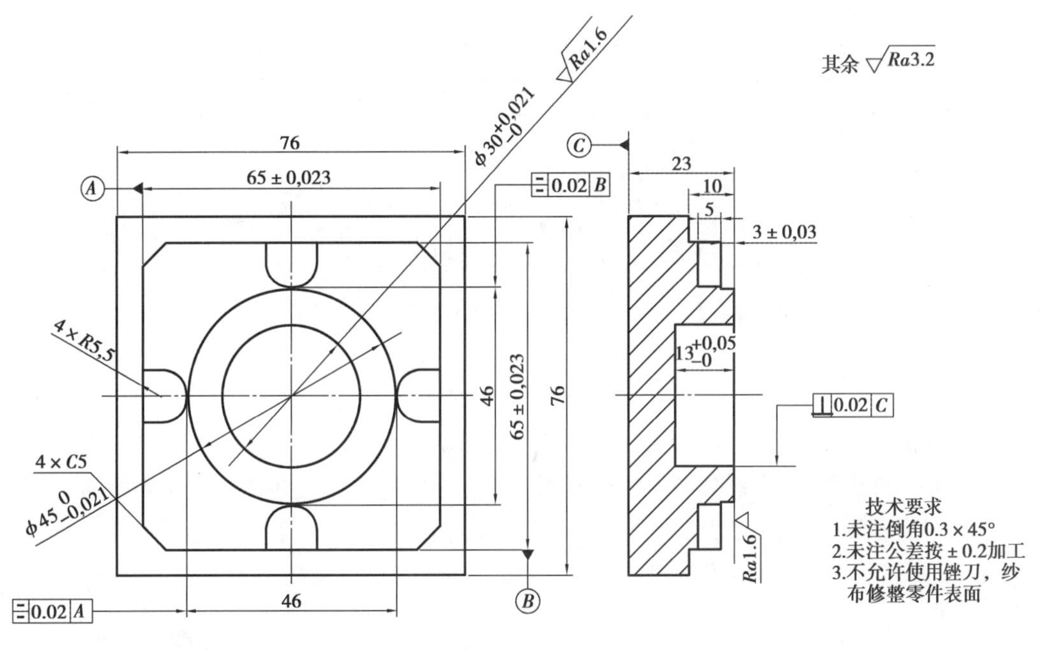

图5.1 零件图

5.1 加工的工艺分析

加工的工艺分析见表5.1。

表 5.1 加工的工艺分析

零件基本信息	本零件毛坯尺寸为 80 mm×80 mm×25 mm，而该零件最大外形为 76 mm×76 mm×23 mm，故毛坯需再加工至零件尺寸。毛坯材料为铝合金材料，切削性能良好
零件结构	从零件结构来看，该零件由外形轮廓和内腔组成。同时，也有侧面内凹槽结构，内凹槽有 *R*5.5 的侧面圆角，符合数控铣床加工工艺特点，故选用数控铣床进行加工 本零件轮廓由圆弧与直线构成，侧面与装夹基准底平面垂直，采用两轴半方式进行加工
零件尺寸	该零件方形凸台公差为正负公差，可选用基本尺寸为轮廓尺寸进行编程；圆台与圆孔标注有上下极限偏差。因此，编程所使用的轮廓尺寸需要通过计算后，选用中间尺寸进行编程 形位公差对称度为同一基准同一程序加工完成，故该对称度由机床自身运动精度保证；垂直度公差为最大外形底平面与内腔侧壁的垂直度，是两道工序加工完成的，故该垂直度跟二次装夹时的机床工作台、夹具和安装辅助垫铁等设备的几何精度有关，需要在装夹时检测定位与夹紧时的安装精度 表面粗糙度 *Ra*1.6，可采用粗精加工完成
零件技术要求	该零件所有锐边均需做倒棱处理，未注倒角 0.3×45°；该零件尺寸都有公差要求，未注公差按 ±0.2 进行加工；该零件表面粗糙度要求高，不允许使用锉刀纱布修整零件表面

5.2 铣刀和夹具的选用

5.2.1 铣刀的选用

1）确定加工类型

通过对零件图的分析，该零件为平面轮廓零件，所有侧面与装夹基准底平面垂直。因此，选用立铣刀为本零件的加工刀具类型（见图 5.2(a)）。因零件毛坯尺寸大于零件尺寸，故需要再加工，而毛坯加工属于平面加工，应选用面铣刀进行加工（见图 5.2(b)）。

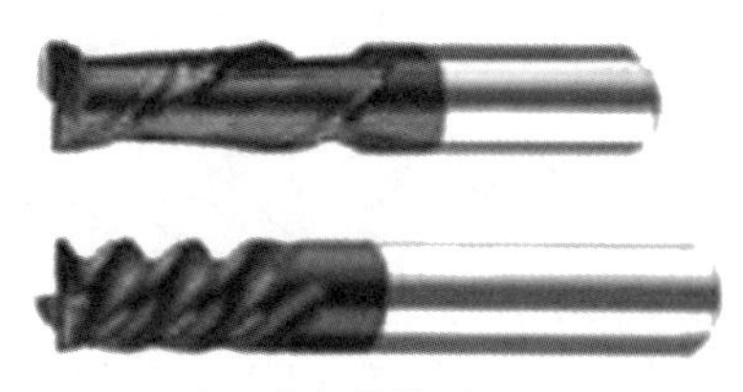

(a)立铣刀

(b)面铣刀头

图 5.2 铣刀的选用

2）确定刀具材料

该零件为铝合金材料，属于容易加工的材料，对刀具的磨损较小，具有优良的耐腐蚀性、塑性和加工性能；与钢材和黄铜相比，铝合金强度和硬度相对较低，铝合金在切削加工时速度较高,但熔点较低,高速切削加工下的变形和摩擦作用会使材料切削表面温度升高,进而引起材料的塑性增大,工件表面的金属层变软,牢牢地粘在了刀具的尖端上,这就是俗称的“黏刀”现象。这种现象会降低工件的表面加工质量,并可能出现刮痕和弹刀的痕迹,切削过程中累积的积屑瘤也会严重影响切削加工效果,难以获得良好的表面粗糙度。因此,选用 YW 类硬质合金或高速钢刀具。

因零件外形尺寸不大,台阶深度不深,无须高速切削,故从节约成本的角度考虑,外形铣削选用高速钢刀具作为本次零件加工的刀具材料,大平面加工选用 YW 类硬质合金刀片进行加工。

3)选择铣刀结构类型

高速钢刀具又称风钢刀或锋钢刀,或称白钢刀,一般为整体式刀具。根据铝合金材料的切削性能,可选用齿少的大螺旋槽刀具,以提高切削时的排屑能力。

由于零件外形尺寸不大,侧向内凹槽结构尺寸为 $R5.5$ mm。因此,刀具直径必须 $<\phi10$ mm;通过查询相关刀具制造标准,可选用的通用标准铣刀尺寸规格有 $\phi10$,$\phi8$,$\phi6$ 等;但内凹槽结构需要加工的量并不大,而其他外形与内腔的切削加工量大,需要一把大一点的刀具进行加工,综合考虑切削力、切削效率和经济性,最终粗加工选择 $\phi16$ mm 的 3 刃高速钢立铣刀和 $\phi10$ mm 的 3 刃 YW 类硬质合金铝用立铣刀刀具进行加工,精加工选用 $\phi10$ mm 的 3 刃 YW 类硬质合金铝用立铣刀。

毛坯表面加工采用 $\phi63$R5 的面铣刀进行加工,由于刀片一般为硬质合金材料,而且加工铝合金有专用的铝用刀片。因此,选用 R5 铝用圆角刀片来进行加工。

4)确定切削参数

由前述加工切削参数选择查表可知:

(1)背吃刀量

$\phi16$ mm 高速钢立铣刀粗加工阶段选用:$a_p=4$ mm。

$\phi10$ mm 硬质合金立铣刀粗加工阶段选用:$a_p=1$ mm。

根据粗加工余量所得,$\phi10$ mm 硬质合金立铣刀精加工阶段:$a_p=0.2$ mm。

$\phi63$R5 面铣刀在平面加工阶段选用:$a_p=1$ mm。

(2)计算 $\phi16$ mm 高速钢立铣刀粗加工阶段切削用量

查表选用:$v_c=60$ m/min,即

$$v_c=\frac{\pi Dn}{1\ 000}=\frac{16\pi n}{1\ 000}=60\ \text{m/min}$$

则

$$n\approx1\ 194.268\ \text{r/min}$$

取整为 $n=1\ 200$ r/mim。

查表选用:$f_z=0.06$ mm/z,即

$$v_f=fn=f_z zn=0.06\times3\times1\ 200\ \text{mm/min}=216\ \text{mm/min}$$

(3)计算 $\phi10$ mm 硬质合金立铣刀粗加工阶段切削用量

查表选用:$v_c=100$ m/min,即

$$v_c=\frac{\pi Dn}{1\ 000}=\frac{10\pi n}{1\ 000}=100\ \text{m/min}$$

则

$$n \approx 3\ 184.713\ \text{r/min}$$

取整为 $n = 3\ 200$ r/mim。

查表选用：$f_z = 0.2$ mm/z，即

$$v_f = fn = f_z zn = 0.2 \times 3 \times 3\ 200\ \text{mm/min} = 1\ 920\ \text{mm/min}$$

(4)计算 $\phi10$ mm 硬质合金立铣刀精加工阶段切削用量

查表选用：$v_c = 120$ m/min，即

$$v_c = \frac{\pi Dn}{1\ 000} = \frac{10\pi n}{1\ 000} = 120\ \text{m/min}$$

则

$$n \approx 3\ 821.656\ \text{r/min}$$

取整为 $n = 3\ 900$ r/mim。

查表选用：$f_z = 0.08$ mm/z，即

$$v_f = fn = f_z zn = 0.08 \times 3 \times 3\ 900\ \text{mm/min} = 936\ \text{mm/min}$$

(5)计算 $\phi63R5$ mm 面铣刀在平面加工阶段切削用量

查表选用：$v_c = 200$ m/min，即

$$v_c = \frac{\pi Dn}{1\ 000} = \frac{63\pi n}{1\ 000} = 200\ \text{m/min}$$

则

$$n \approx 1\ 011.020\ \text{r/min}$$

取整为 $n = 1\ 000$ r/mim。

查表选用：$f_z = 0.2$ mm/z，即

$$v_f = fn = f_z zn = 0.2 \times 6 \times 1\ 000\ \text{mm/min} = 1\ 200\ \text{mm/min}$$

5.2.2 基准设定与夹具的选用

本零件毛坯为方形毛坯，外形为 80 mm × 80 mm 的正方形，可采用机用平口虎钳进行装夹。以零件底面定位；由于毛坯为不规则的方形毛坯，且毛坯 4 个面都有约 2 mm 的加工余量，为保证零件凸台与内腔加工时有较好的定位精度，毛坯外形需要先加工出定位基准面（即为精基准），然后通过对已加工出的定位基准面进行装夹定位后，才能对凸台与内腔进行加工。因此，本零件需要两道加工工序才能完成零件的加工。

工序 1 主要是对 76 mm × 76 mm 处进行加工，为保证此尺寸所表达的面上无两次加工所导致的接刀痕迹。因此，本工序将此尺寸所表达的所有面 1 次加工完成。同时，毛坯两个大平面也有 1 mm 的余量，本工序也将完成其中一个大平面的加工。通过分析工序 1 在装夹时，应高于钳口上表面 14 mm，以保证有足够的加工高度。为保证零件轮廓与毛坯轮廓的对称度，应将工件坐标系建立在毛坯上表面的中心（见图 5.3 的工序 1）。

工序 2 是完成凸台与内腔的加工，此加工是以工序 1 所完成的 76 mm × 76 mm 的外形轮廓和相对应的大平面为定位与夹紧基准，在装夹时应高于钳口上表面 11 mm，以保证有足够的加工高度。为保证零件轮廓与毛坯轮廓的对称度，应将工件坐标系建立在工序 1 完成后的毛坯下表面的中心（见图 5.3 的工序 2）。

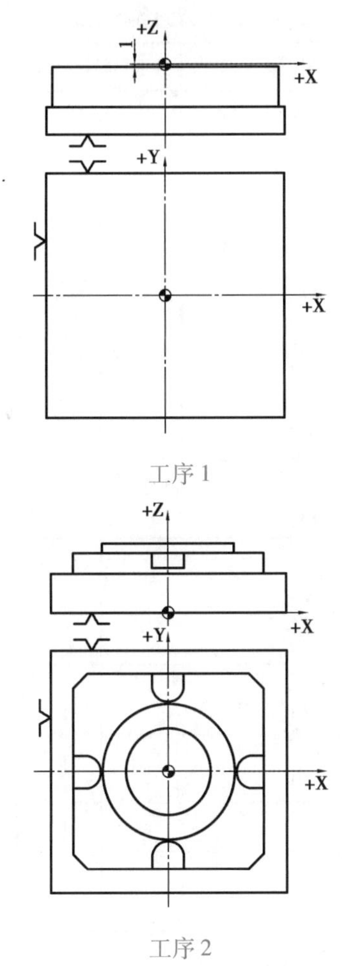

图5.3　夹具定位与坐标设置

5.3　制订走刀路线

制订走刀路线,见表5.2—表5.8。

表 5.2　数控加工走刀路线图(底平面加工)

数控加工走刀路线图			零件图号	5.1	工序号	1	工步号	1	程序号	O0001
机床型号	VMCL850	刀具型号	ϕ63R5	加工内容	底平面加工				共 7 页	第 1 页
									编　程	
									校　对	
									审　批	
符　号	（编程原点符号）	（循环点符号）	（换刀点符号）	（快速走刀方向符号）	（给刀走刀方向符号）					
含　义	编程原点	循环点	换刀点	快速走刀方向	给刀走刀方向					

表 5.3　数控加工走刀路线图(76 × 76 侧面加工)

<table>
<tr><td colspan="3">数控加工走刀路线图</td><td>零件图号</td><td>5.1</td><td>工序号</td><td>1</td><td>工步号</td><td>2</td><td>程序号</td><td>O0002</td></tr>
<tr><td>机床型号</td><td>VMCL850</td><td>刀具型号</td><td>ϕ16</td><td>加工内容</td><td colspan="4">76 × 76 侧面加工</td><td>共 7 页</td><td>第 2 页</td></tr>
<tr><td colspan="9" rowspan="4"> 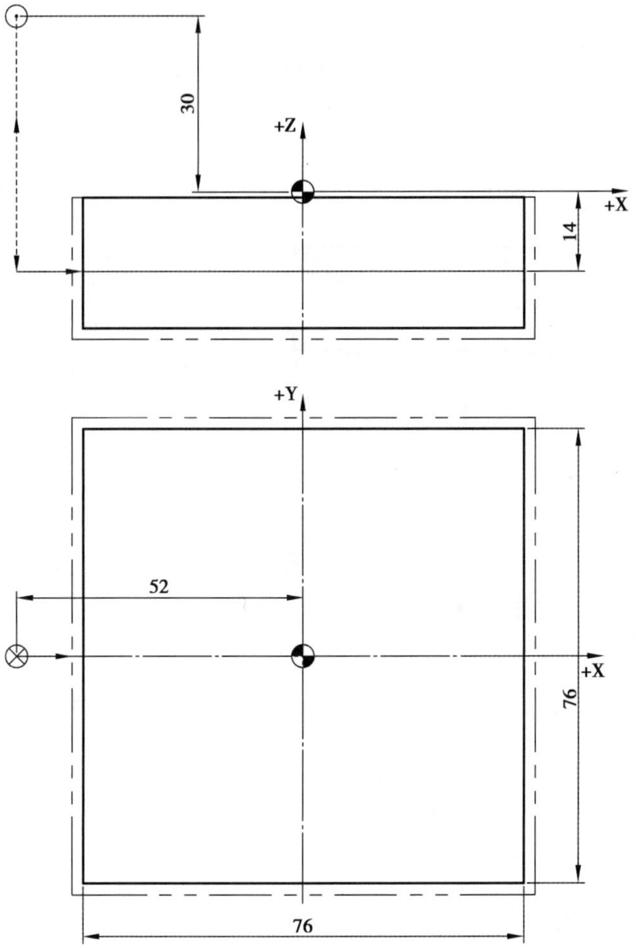</td><td colspan="2"></td></tr>
<tr><td>编　程</td><td></td></tr>
<tr><td>校　对</td><td></td></tr>
<tr><td>审　批</td><td></td></tr>
<tr><td>符　号</td><td>(编程原点符号)</td><td>⊗</td><td>⊙</td><td>- - - -→</td><td>——→</td><td></td><td></td><td></td></tr>
<tr><td>含　义</td><td>编程原点</td><td>循环点</td><td>换刀点</td><td>快速走刀方向</td><td>给刀走刀方向</td><td></td><td></td><td></td></tr>
</table>

表 5.4 数控加工走刀路线图(顶平面加工)

数控加工走刀路线图	零件图号	5.1	工序号	2	工步号	1	程序号	O0003
机床型号 VMCL850	刀具型号	ϕ63R5	加工内容	顶平面加工			共 7 页	第 3 页
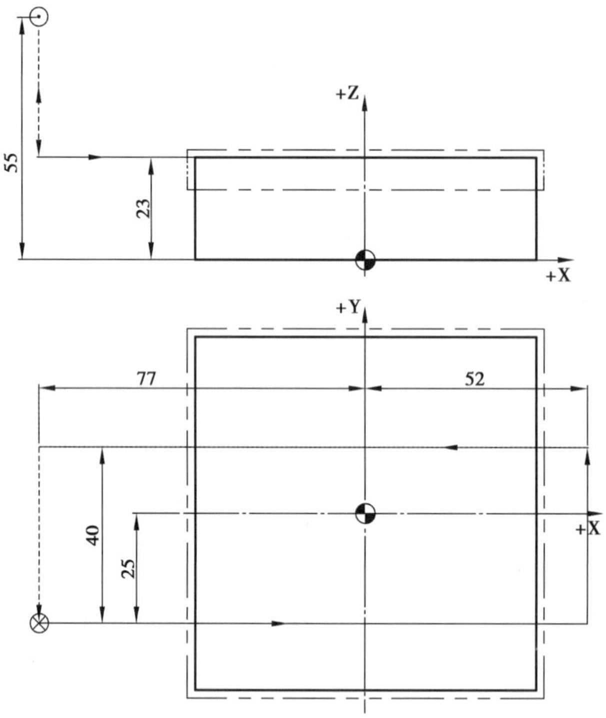							编程	
							校对	
							审批	
符号								
含义	编程原点	循环点	换刀点	快速走刀方向	给刀走刀方向			

表 5.5　数控加工走刀路线图(圆台加工)

数控加工走刀路线图			零件图号	5.1	工序号	2	工步号	2	程序号	O0004
机床型号	VMCL850	刀具型号	$\phi16$	加工内容	圆台加工				共 7 页	第 4 页
+Z 55 62 20 +X +Y 104.99 82.99 +X 60.99 61.39 44.99									编　程 校　对 审　批	
符　号	(编程原点符号)	⊗	⊙	---→	——→					
含　义	编程原点	循环点	换刀点	快速走刀方向	给刀走刀方向					

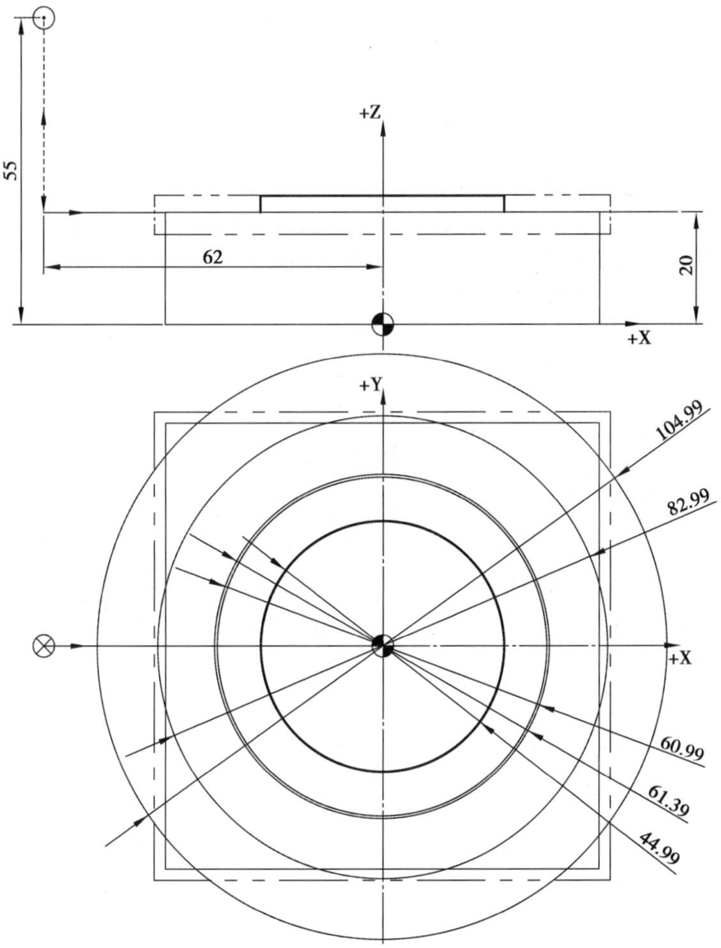

表 5.6　数控加工走刀路线图(外形轮廓加工)

数控加工走刀路线图		零件图号	5.1	工序号	2	工步号	3	程序号	O0005
机床型号	VMCL850	刀具型号	$\phi16$	加工内容	外形轮廓加工			共 7 页	第 5 页
+Z 55 3.5 62 13 +X +Y ϕ109 4×C5 +X 65 65								编　程	
								校　对	
								审　批	
符　号									
含　义	编程原点	循环点	换刀点	快速走刀方向	给刀走刀方向				

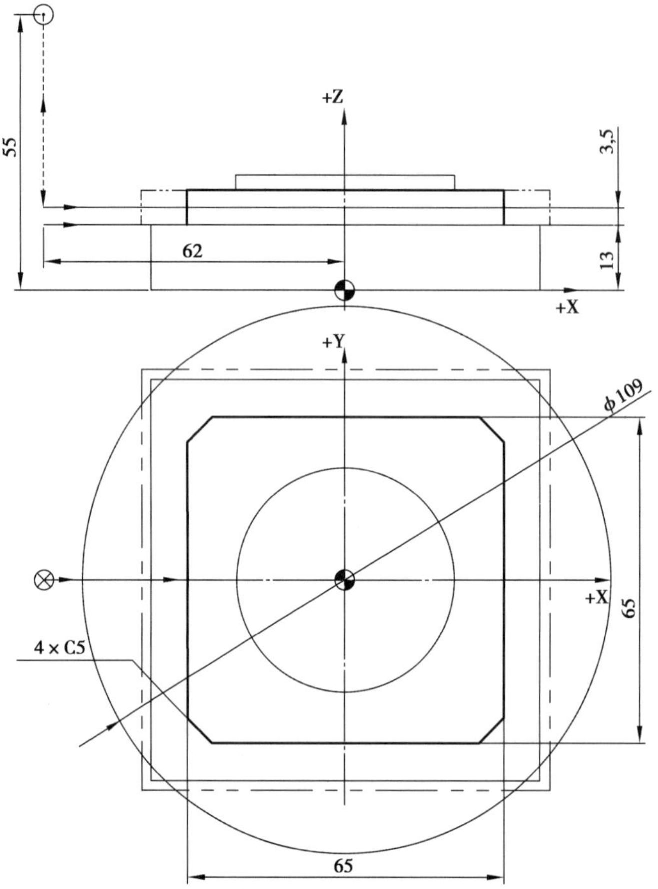

表 5.7　数控加工走刀路线图（ϕ30 孔加工）

数控加工走刀路线图		零件图号	5.1	工序号	2	工步号	4	程序号	O0006
机床型号	VMCL850	刀具型号	ϕ16	加工内容	ϕ30 孔加工			共 7 页	第 6 页
								编　程	
								校　对	
								审　批	
符　号									
含　义	编程原点	循环点	换刀点	快速走刀方向	给刀走刀方向				

表 5.8　数控加工走刀路线图(外形轮廓加工)

数控加工走刀路线图			零件图号	5.1	工序号	2	工步号	5	程序号	O0007
机床型号	VMCL850	刀具型号	ϕ10	加工内容	外形轮廓加工				共 7 页	第 7 页

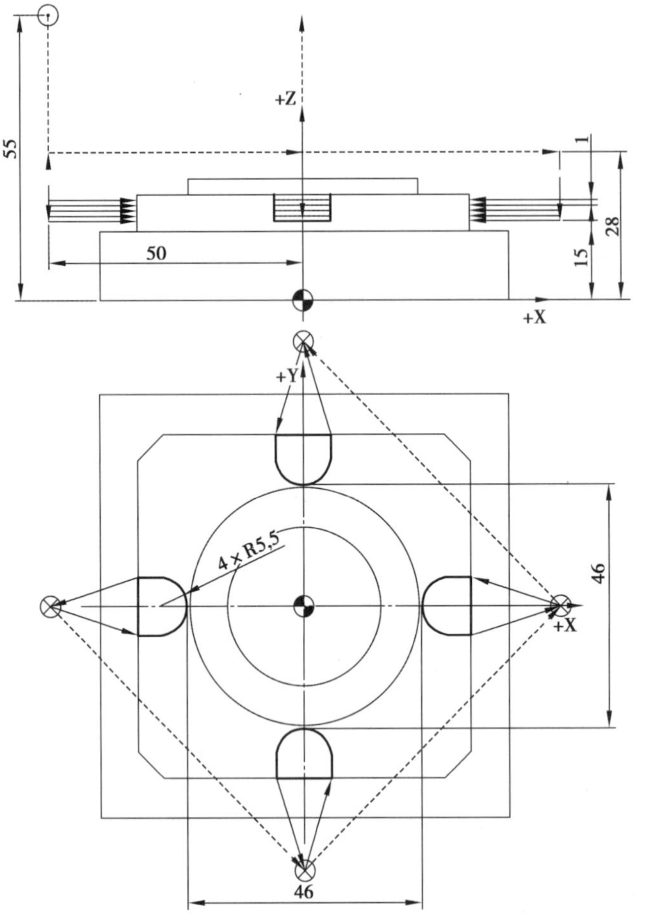

编　程	
校　对	
审　批	

符　号								
含　义	编程原点	循环点	换刀点	快速走刀方向	给刀走刀方向			

5.4　数控系统的编程

5.4.1　螺旋线进给 G02/G03

格式：

$$\begin{Bmatrix} G17 \\ G18 \\ G19 \end{Bmatrix} \begin{Bmatrix} G00 \\ G01 \end{Bmatrix} X\_\ Y\_ \begin{Bmatrix} R\_ \\ I\_\ J\_ \end{Bmatrix} Z\_\ F\_;$$

说明：

X，Y，Z 中由 G17/G18/G19 平面选定的两个坐标为螺旋线投影圆弧的终点，意义同圆弧进给，第 3 坐标是与选定平面相垂直的轴终点。

其余参数的意义同圆弧进给。

该指令对另一个不在圆弧平面上的坐标轴施加运动指令，对任何小于 360 的圆弧，可附加任一数值的单轴指令。

例 5.1　使用 G03 对如图 5.4 所示的螺旋线编程。

G91 编程如下：

G91 G17 F300；

G03 X－30 Y30 R30 Z10；

G90 编程如下：

G90 G17 F300；

G03 X0 Y30 R30 Z10；

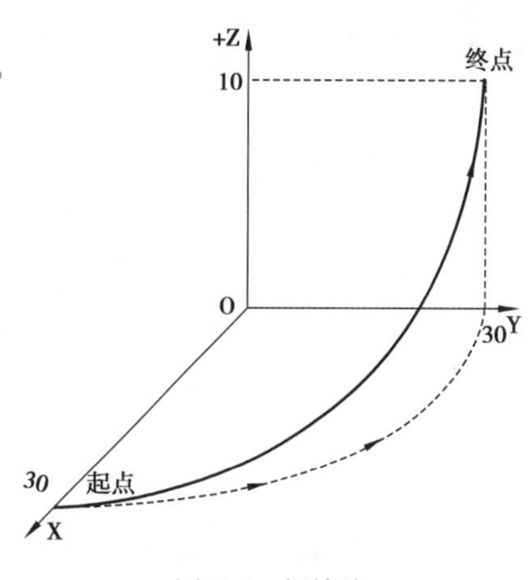

图 5.4　螺旋线

5.4.2　子程序调用 M98 及从子程序返回 M99

M98 用来调用子程序。

M99 表示子程序结束，执行 M99 使控制返回到主程序。

1）调用子程序 M98 指令

格式：

M98 P__ L__；

说明：

L：重复调用子程序的次数。

P：要调用的子程序号。

如图 5.5 所示，主程序可调用多重子程序，即主程序调用一子程序，而子程序又可调用另一个子程序等。

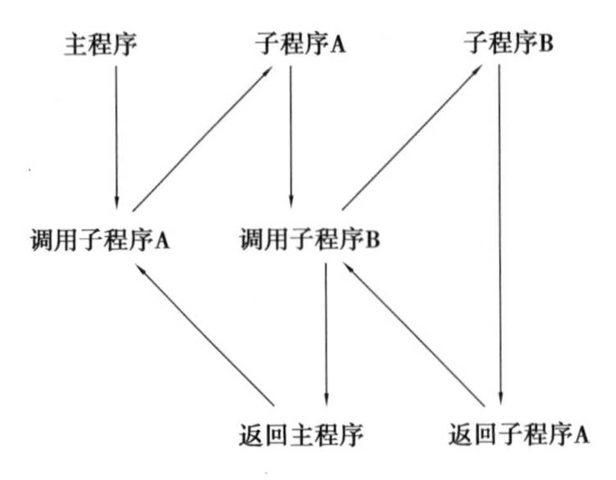

图 5.5　调用子程序

2)子程序的格式

格式:

O(或%)****;

…

M99;

其中,O 或%为子程序号,表示子程序开始。M99 指令为子程序结束,并返回主程序 M98 P 的下一程序段,继续执行主程序(见图 5.6)。

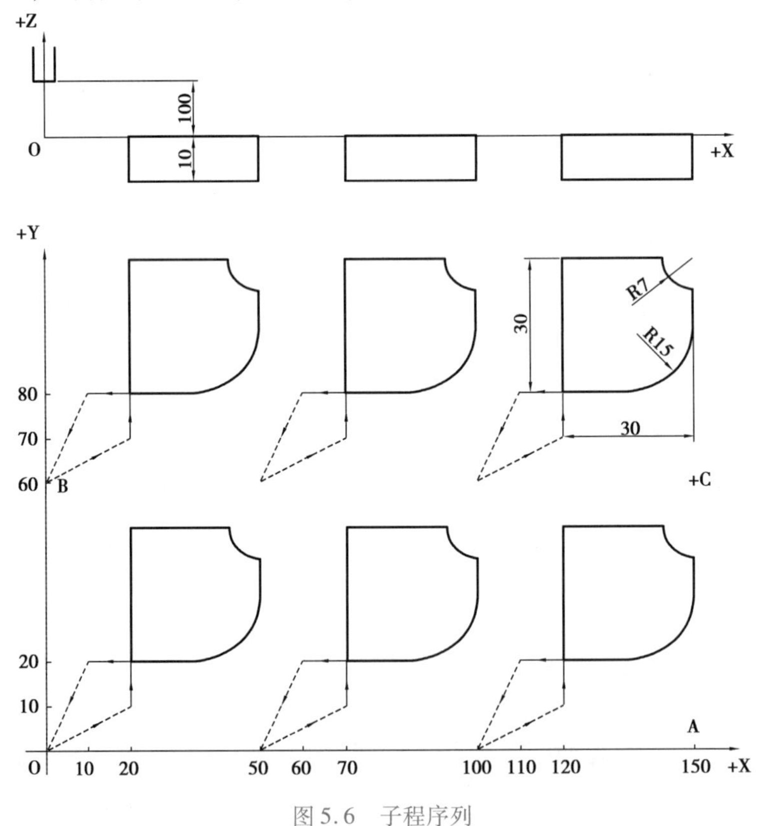

图 5.6　子程序列

例 5.2　编制如图 5.6 所示的程序,见表 5.9。

表5.9　程序示例

O0001;主程序	O0100;子程序
N001 G91 G17 G00; S300 M03;　　（调用3次子程序O0100,加工后到达A点） N002 M98 P0100 L3;　（向B点移动） N003 X-150.0 Y60.0;（调用3次子程序O0100,加工后到达C点） N004 M98 P0100 L3;　（返回程序零点） N005 X-150 Y-60.0;（程序结束） M05; N006 M30;	N100 G41 G00 X20.0 Y10.0 H01;　（刀具半径补偿） N110 Y10.0; N120 Z-98.0; N130 G01 Z-12.0 F100; N140 Y30.0; N150 X23.0; N160 G03 X7.0 Y-7.0 R7.0; N170 G01 Y-8.0; N180 G02 X-15.0 Y-15.0 R15.0; N190 G01 X-25.0; N200 G00 Z110.0; N210 G40 X-10.0 Y-20.0; N220 X50.0;　（移向下一个加工始点） N230 M99;　（返回主程序）

3)M99的其他用法

①若子程序结束用指令"M99 P"时,表示执行完子程序后,返回的程序中由P指定的程序段,见表5.10。

表5.10　"子程序M99 P"程序格式

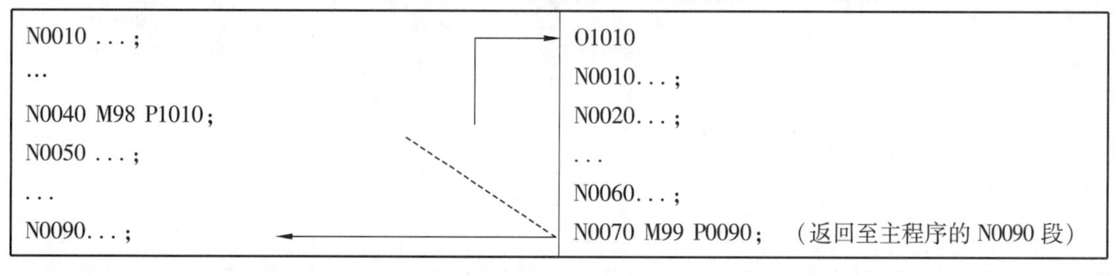

N0010 ...;	O1010
...	N0010...;
N0040 M98 P1010;	N0020...;
N0050 ...;	...
...	N0060...;
N0090...;	N0070 M99 P0090;　（返回至主程序的N0090段）

②若在主程序中插入"M99"程序段,则执行完该指令后,将返回主程序起点。

③若在主程序中插入"/ M99 P "程序段,则执行完该程序段后.将返回程序中由地址P指定的程序段。例如:

表5.11　"主程序M99 P"程序格式

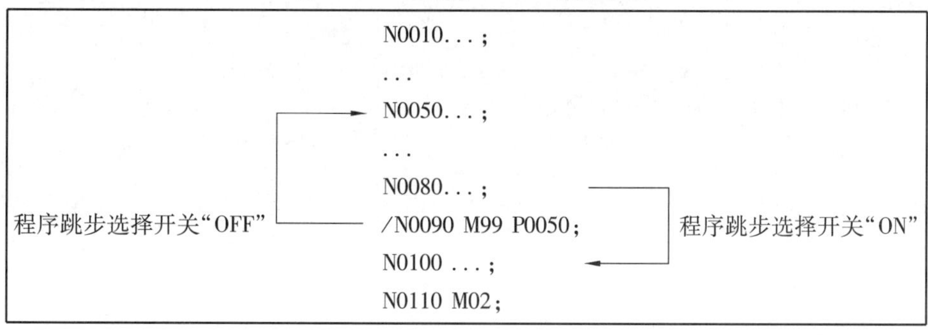

	N0010...;	
	...	
	N0050...;	
	...	
	N0080...;	
程序跳步选择开关"OFF"	/N0090 M99 P0050;	程序跳步选择开关"ON"
	N0100 ...;	
	N0110 M02;	

5.5 程序编制与工艺文件填写

5.5.1 零件图

零件图如图5.7所示。

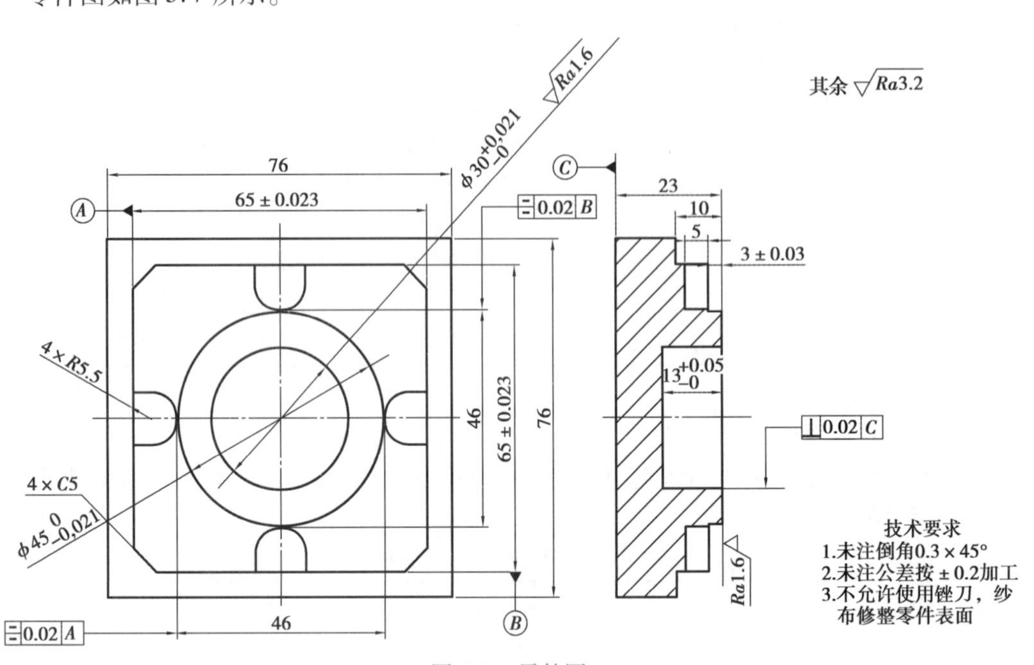

图5.7 零件图

5.5.2 数控加工程序

数控加工程序见表5.12。

表5.12 程序示例

O0001;	O0002;	O0003;	O0004;主程序
M06 T01;(刀具 φ63 R5)	M06 T02; （刀具 φ16）	M06 T01;	M06 T02;
G54 G90;	G54 G90;	G55 G90;	G55 G90;
G00 Z30;	G00 Z30;	G00 Z55;	G00 Z55;
M03 S1000;	M03 S1200;	M03 S1000;	M03 S1200;
X-77 Y-25;	X-52 Y0;	X-77 Y-25;	X-62 Y0;
Z2;	Z2;	Z25;	Z25;
G01 Z-1 F1200;	G01 Z-18 F216;	G01 Z23 F1200;	G01 Z20 F216;
X50;	G41 X-38 D01;(补偿值 8 mm)	X50;	G41G01 X-22.495 D01; （补偿值:30 mm）
Y15;	Y38;	Y15;	M98 P0041 L1; （调用1次子程序O0041）
X-77;	X38;	X-77;	G41G01 X-22.495 D02; （补偿值:19 mm）
Y-25;	Y-38;	Y-25;	M98 P0041 L1; （调用1次子程序O0041）
G00 Z30;	X-38;	G00 Z55;	
M30;	Y0;	M30;	

续表

O0001;	O0002;	O0003;	O0004;主程序
	G40 X－52 ; G00 Z30; M30;		G41 G01 X－22.495 D03;(补偿值:8.2 mm) M98 P0041 L1;　　(调用 1 次子程序 O0041) G41G01 X－22.495 D04;(补偿值:8 mm) M98 P0041 L1;　　(调用 1 次子程序 O0041) G00 Z55; M30;

O0041; O0004 的子程序	O0005;主程序	O0051;O0005 的子程序	O0052;O0005 的子程序
G02 I22.495; G40 G01 X－62; M99;	M06 T02; G55 G90; G00 Z55; M03 S1200; X－62 Y0; Z25; G01 Z20 F216; M98 P0051 L2;(调用 2 次子程序 O0051) M98 P0052 L2;(调用 1 次子程序 O0052) G00 Z55; M30;	G91G01 Z－3.5 F216; G90G01 X－54.5; G02 I54.5; G41 G01 X－32.5 D03; Y32.5 C5; X32.5 C5; Y－32.5 C5; X－32.5 C5; Y0; G40 X－62 Y0; M99;	G90 G41 G01 X－32.5 D04; Y32.5 C5; X32.5 C5; Y－32.5 C5; X－32.5 C5; Y0; G40 X－62 Y0; M99;

<table>
<tr><td>O0006;主程序</td><td>O0007;主程序</td><td>O0071;O0007 的子程序</td><td>O0072;O0007 的子程序</td></tr>
<tr><td rowspan="2">M06 T02;
G55 G90;
G00 Z55;
M03 S1200;
X－6.8 Y0;
Z23.975;
M98 P0061 L14;
G90 G03 I6.8;
G01 X－7.005 Y0;
G03 I7.005;
G00 Z55;
M30;</td><td rowspan="4">M06 T03;(刀具 ϕ16)
G55 G90;
G00 Z55;
M03 S3200;
X－50 Y0;
Z25;
G01 Z20 F1920;
M98 P0071 L5;
G00 X0 Y－50;
G01 Z20 F1920;
M98 P0072 L5;
G00 X50 Y0;
G01 Z20 F1920;
M98 P0073 L5;
G00 X0 Y50;
G01 Z20 F1920;
M98 P0074 L5;
G00 Z55;
M30;</td><td>G91 Z－1 F1920;
G90 G41 G01 X－35 Y－5.5 D05;　(补偿值:5 mm)
X－28.5;
G03 Y5.5 R5.5;
G01 X－35;
G40 G00 X－50 Y0;
Z28;
M99;</td><td>G91 Z－1 F1920;
G90 G41 G01 X5.5 Y－35 D05;
Y－28.5;
G03 X－5.5 R5.5;
G01 Y－35;
G40 G00 X0 Y－50;
Z28;
M99;</td></tr>
<tr><td>O0071;O0007 的子程序</td><td>O0073;O0007 的子程序</td></tr>
<tr><td>O0061;O0006 的子程序</td><td rowspan="2">G91 Z－1 F1920;
G90 G41 G01 X－5.5 Y35 D05;
Y28.5;
G03 X5.5 R5.5;
G01 Y35;
G40 G00 X0 Y50;
Z28;
M99;</td><td rowspan="2">G91 Z－1 F1920;
G90 G41 G01 X35 Y5.5 D05;
X28.5;
G03 Y－5.5 R5.5;
G01 X35;
G40 G00 X50 Y0;
Z28;
M99;</td></tr>
<tr><td>G91 G03 I6.8 Z－1 F216;
M99;</td></tr>
</table>

5.5.3 数控加工工艺文件

①编写零件的数控加工工序卡,见表5.13和表5.14。

表5.13 数控加工工序卡(一)

<table>
<tr><td colspan="3" rowspan="2">数控加工工序卡</td><td>产品名称</td><td></td><td>共2页</td><td>第1页</td></tr>
<tr><td>工序号</td><td>1</td><td>工序名称</td><td>数铣加工</td></tr>
<tr><td colspan="3" rowspan="7"> 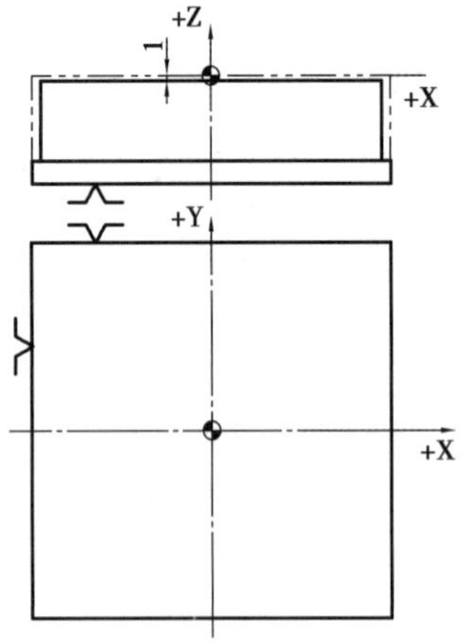</td><td>零件图号</td><td>5.1</td><td>夹具名称</td><td>精密平口钳</td></tr>
<tr><td>零件名称</td><td></td><td>夹具编号</td><td></td></tr>
<tr><td>材　　料</td><td>6061</td><td>设备名称</td><td>VMCL850</td></tr>
<tr><td>程序编号</td><td>O0001,O0002</td><td>车　　间</td><td></td></tr>
<tr><td>编　　制</td><td></td><td>批　　准</td><td></td></tr>
<tr><td>审　　核</td><td></td><td>日　　期</td><td></td></tr>
<tr><td></td><td></td><td></td><td></td></tr>
<tr><td>序号</td><td>工步工作内容</td><td>刀具号</td><td>刀具规格</td><td>主轴转速/(r·min⁻¹)</td><td>进给速度/(mm·min⁻¹)</td><td>切削深度/mm</td></tr>
<tr><td>1</td><td>检查毛坯尺寸及工量具</td><td></td><td></td><td></td><td></td><td></td></tr>
<tr><td>2</td><td>去除毛坯表面毛刺</td><td></td><td></td><td></td><td></td><td></td></tr>
<tr><td>3</td><td>以毛坯底面为定位基准,采用精密平口钳装夹,保证加工高度18 mm以上</td><td></td><td></td><td></td><td></td><td></td></tr>
<tr><td>4</td><td>用φ63盘刀加工毛坯上平面(零件底平面),保证平面的平面度和粗糙度</td><td>T01</td><td>φ63R5</td><td>1 000</td><td>1 200</td><td>1</td></tr>
<tr><td>5</td><td>加工零件76×76侧面至图纸尺寸(成)</td><td>T02</td><td>φ16</td><td>1 200</td><td>216</td><td>2</td></tr>
<tr><td>6</td><td>去除零件表面毛刺</td><td></td><td></td><td></td><td></td><td></td></tr>
<tr><td>7</td><td>检测</td><td></td><td></td><td></td><td></td><td></td></tr>
<tr><td>8</td><td>入库</td><td></td><td></td><td></td><td></td><td></td></tr>
</table>

表 5.14　数控加工工序卡(二)

数控加工工序卡	产品名称		共 2 页	第 2 页
	工 序 号	2	工序名称	数铣加工
+Z +X +Y +X	零件图号	5.1	夹具名称	精密平口钳
	零件名称		夹具编号	
	材　料	6061	设备名称	VMCL850
	程序编号	O0003,O0004,O0005,O0006,O0007	车　间	
	编　制		批　准	
	审　核		日　期	

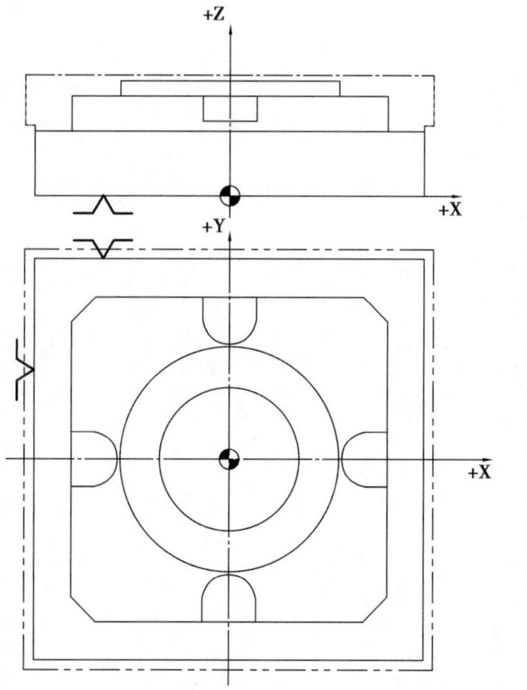

序号	工步工作内容	刀具号	刀具规格	主轴转速 /(r · min⁻¹)	进给速度 /(mm · min⁻¹)	切削深度 /mm
1	检查毛坯尺寸及工量具					
2	去除毛坯表面毛刺					
3	以零件底面为定位基准和程序基准,采用精密平口钳装夹,保证加工高度 9mm 以上					
4	用 ϕ63 盘刀加工零件上平面,保证平面的零件总高度 23mm	T01	ϕ63	1 000	1 200	1
5	粗精加工圆台 ϕ45 ± 0.02 至图纸尺寸(成)	T02	ϕ16	1 200	216	3
6	粗精加工下一台阶外形轮廓至图纸尺寸(成)	T02	ϕ16	1 200	216	3.5
7	粗精加工 ϕ30 孔至图纸尺寸	T02	ϕ16	1 200	216	1
8	粗精加工 4-开口槽至图纸尺寸	T03	ϕ10	3 200	1 920	1
9	去除零件表面毛刺					
10	检测					
11	入库					

②编写零件的数控加工刀具卡，见表5.15。

表5.15　数控加工刀具卡

<table>
<tr><td colspan="3" rowspan="2">数控加工刀具卡</td><td colspan="2">产品名称</td><td colspan="2"></td><td>零件图号</td><td colspan="2">5.1</td></tr>
<tr><td colspan="2">零件名称</td><td colspan="2"></td><td>程序编号</td><td colspan="2">O0001，O0002，O0003，O0004，O0005，O0006，O0007</td></tr>
<tr><td>编制</td><td></td><td>审核</td><td></td><td>批准</td><td></td><td>年　月　日</td><td>共1页</td><td colspan="2">第1页</td></tr>
<tr><td rowspan="2">工步序号</td><td rowspan="2">刀具号</td><td rowspan="2">刀具名称</td><td colspan="2">刀具</td><td colspan="2">补偿值</td><td colspan="2">刀补地址</td><td rowspan="2">备注</td></tr>
<tr><td>直径</td><td>长度</td><td>直径</td><td>长度</td><td>直径</td><td>长度</td></tr>
<tr><td>1</td><td>T01</td><td>D63R5</td><td>$\phi63$</td><td>100</td><td>0</td><td>0</td><td>0</td><td>0</td><td></td></tr>
<tr><td>2</td><td>T02</td><td>D16R0</td><td>$\phi16$</td><td>25</td><td>8</td><td>0</td><td>4</td><td>0</td><td></td></tr>
<tr><td>3</td><td>T01</td><td>D63R5</td><td>$\phi63$</td><td>100</td><td>0</td><td>0</td><td>0</td><td></td><td></td></tr>
<tr><td rowspan="4">4</td><td rowspan="4">T02</td><td rowspan="4">D16R0</td><td rowspan="4">$\phi16$</td><td rowspan="4">25</td><td>30</td><td>0</td><td>1</td><td>0</td><td rowspan="4">利用改变补偿的方式实现侧向分层加工</td></tr>
<tr><td>19</td><td></td><td>2</td><td></td></tr>
<tr><td>8.2</td><td></td><td>3</td><td></td></tr>
<tr><td>8</td><td></td><td>4</td><td></td></tr>
<tr><td rowspan="2">5</td><td rowspan="2">T02</td><td rowspan="2">D16R0</td><td rowspan="2">$\phi16$</td><td rowspan="2">25</td><td>8.2</td><td>0</td><td>3</td><td></td><td rowspan="2">利用改变补偿的方式实现粗、精加工</td></tr>
<tr><td>8</td><td></td><td>4</td><td></td></tr>
<tr><td>6</td><td>T02</td><td>D16R0</td><td>$\phi16$</td><td>25</td><td></td><td></td><td></td><td></td><td></td></tr>
<tr><td>7</td><td>T03</td><td>D16R0</td><td>$\phi16$</td><td>25</td><td>5</td><td>0</td><td>5</td><td></td><td></td></tr>
</table>

5.6　华中818D数控铣床操作

5.6.1　机床面板

机床面板如图5.8所示。它主要用于控制机床的运动和选择机床运行状态。它由模式选择旋钮、数控程序运行控制开关等组成。每一部分的详细说明如图5.8所示。由于不同的机床厂家其面板布置形式不同，这里以华中818D的操作面板为例进行说明。

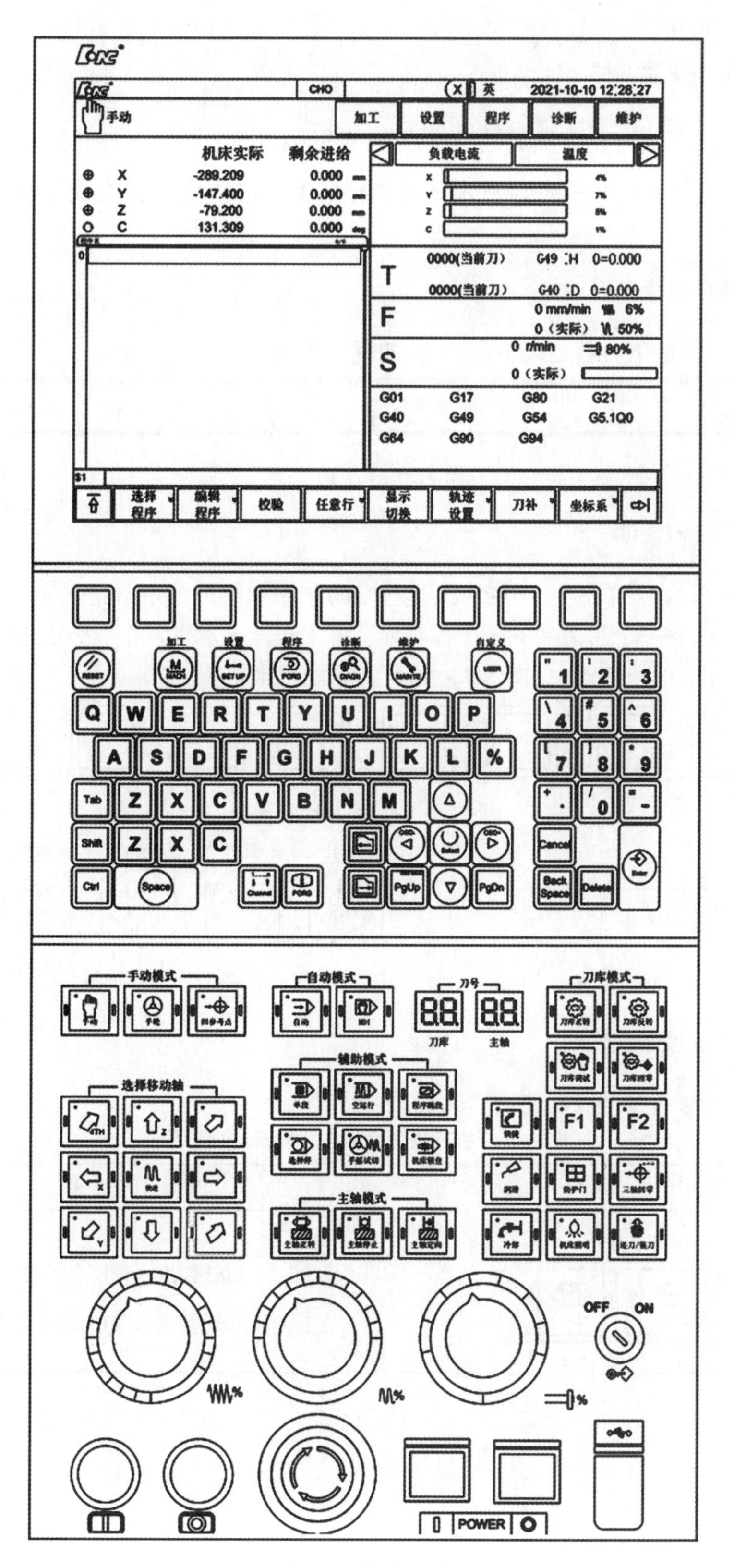
手动
加工
设置
程序
诊断
维护
机床实际
剩余进给
负载电流
温度
X -289.209 0.000
Y -147.400 0.000
Z -79.200 0.000
C 131.309 0.000
T
F
S
G01 G17 G80 G21
G40 G49 G54 G5.1Q0
G64 G90 G94
选择程序
编辑程序
校验
任意行
显示切换
轨迹设置
刀补
坐标系
自定义
手动模式
自动模式
刀号
刀库模式
辅助模式
选择移动轴
主轴模式
刀库
主轴
F1
F2
OFF
ON
POWER

图 5.8　机床面板

5.6.2 MDI 键盘说明

输入键:;删除键 :;翻页键 : ;光标移动键 :用于将光标向右或向前移动。用于将光标向左或往回移动。用于将光标向上或往回移动。用于将光标向下或向前移动。

5.6.3 菜单命令条说明

数控系统屏幕的下方就是菜单命令条,如图 5.9 所示。

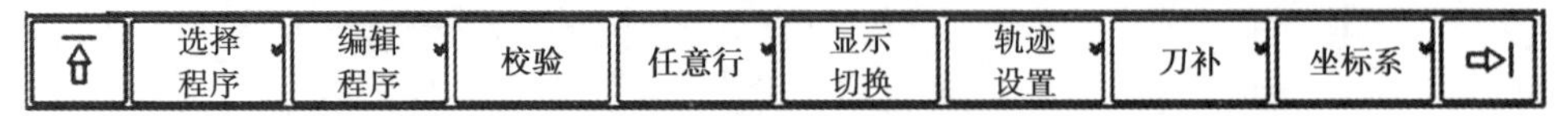

图 5.9 菜单命令条

5.6.4 快捷键说明

如图 5.10 所示,菜单命令条快捷键,这些键的作用和菜单命令条是一样的。在菜单命令条及弹出菜单中,每一个功能项的按键都对应屏幕上按键显示的功能,表明要执行该项操作,也可通过按下相应的快捷键(见图 5.11、图 5.12 所示)来执行。

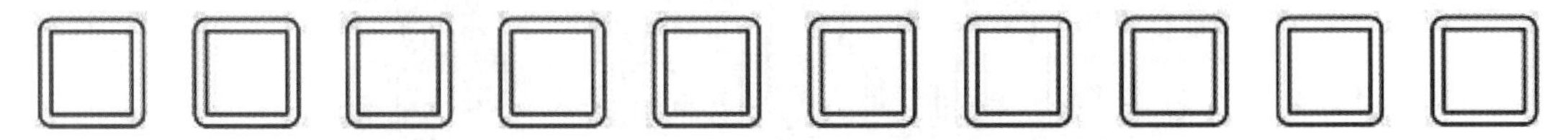

图 5.10 菜单命令条快捷键

图 5.11 屏幕内快捷键

图 5.12 系统面板快捷键

5.6.5 机床操作键说明

机床操作面板各按键及功能说明见表 5.16。

表 5.16 机床操作面板各按键及功能说明

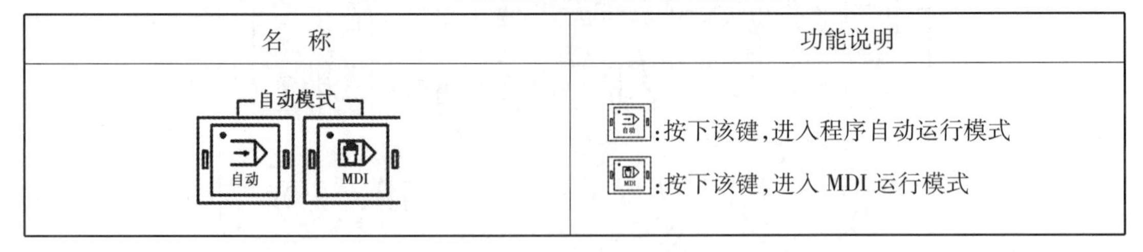

名 称	功能说明
自动模式	:按下该键,进入程序自动运行模式 :按下该键,进入 MDI 运行模式

续表

名　称	功能说明
选择移动轴 4TH　Z X　快进 Y	在手动连续进给,用来选择机床欲移动的轴和方向 其中,快进为快进开关。当按下该键后,快进功能开启。松开该键,指示灯灭,表明快进功能关闭
手动模式 手动　手轮　回参考点	用来选择系统的运行方式 手动:按下该键,进入手动连续进给运行方式 手轮:按下该键,进入手轮运行方式 回参考点:按下该键,进入返回机床参考点运行方式
辅助模式 单段　空运行　程序跳段 选择停　手摇试切　机床锁住	单段:按下该键,进入单段运行方式 空运行:在自动方式下,按下该键(指示灯亮),程序中编制的进给速率被忽略,坐标轴以最大快移速度移动 程序跳段:自动加工时,系统可跳过某些指定的程序段。如在某程序段首加上“/”,且面板上按下该开关,则在自动加工时,该程序段被跳过不执行;而当释放此开关时,“/”不起作用,该段程序被执行 选择停:加工时,按此键可停止程序运行 手摇试切:运行程序时,为确认程序安全,可在自动模式下用手轮试切进行程序运行 机床锁住:用来禁止机床坐标轴移动。显示屏上的坐标轴仍会发生变化,但机床停止不动
主轴模式 主轴正转　主轴停止　主轴定向	主轴正转:按下此键主轴正转 主轴停止:按下此键主轴停止 主轴定向:按下此键主轴定向

5.6.6 手动操作

1)返回机床参考点

按下"回参考点"按键(指示灯亮)。

按下"+X"按键,X轴立即回到参考点。

依同样方法,分别按下"+Y""+Z"按键,使Y轴、Z轴返回参考点。

2)手动控制主轴

(1)主轴正反转及停止

确保系统处于手动方式下;设定主轴转速;按下"主轴正转"按键(指示灯亮),主轴以机床参数设定的转速正转;按下"主轴定向"按键(指示灯亮),主轴以机床参数设定的位置定向;按下"主轴停止"按键(指示灯亮),主轴停止运转。

(2)主轴速度修调

主轴正转及反转的速度可通过"主轴修调"旋钮来进行调节。

3)手动操作

(1)点动进给

按下"手动"按键(指示灯亮),系统处于点动运行方式;选择进给速度;按住"+X"或"-X"按键(指示灯亮),X轴产生正向或负向连续移动;松开"+X"或"-X"按键(指示灯灭),X轴减速停止。依同样方法,按下"+Y""-Y""+Z""-Z"按键,使Y轴、Z轴产生正向或负向连续移动。

(2)点动快速移动

在点动进给时,长按"快进"按键,再按坐标轴按键,则该轴将产生快速运动。

5.6.7 MDI运行

1)进入MDI运行方式

按下MDI按键,进入MDI功能。用键盘输入指令,如"M03S500"按"Enter"键后,再按"程序启动"按键,完成MDI运行,如图5.13所示。

2)MDI模式下指令输入

例如,要输入"G00 X100 Y100",可直接在命令行输入"G00 X100 Y100",再按"Enter"键跳入下一行进行输入。在所需指令都输入完成后,需点击屏幕菜单栏的"输入"键完成MDI的编辑操作。

运行MDI指令段:完成一个MDI指令段后,按下操作面板上的"循环启动"按键,系统就开始运行所输入的指令。

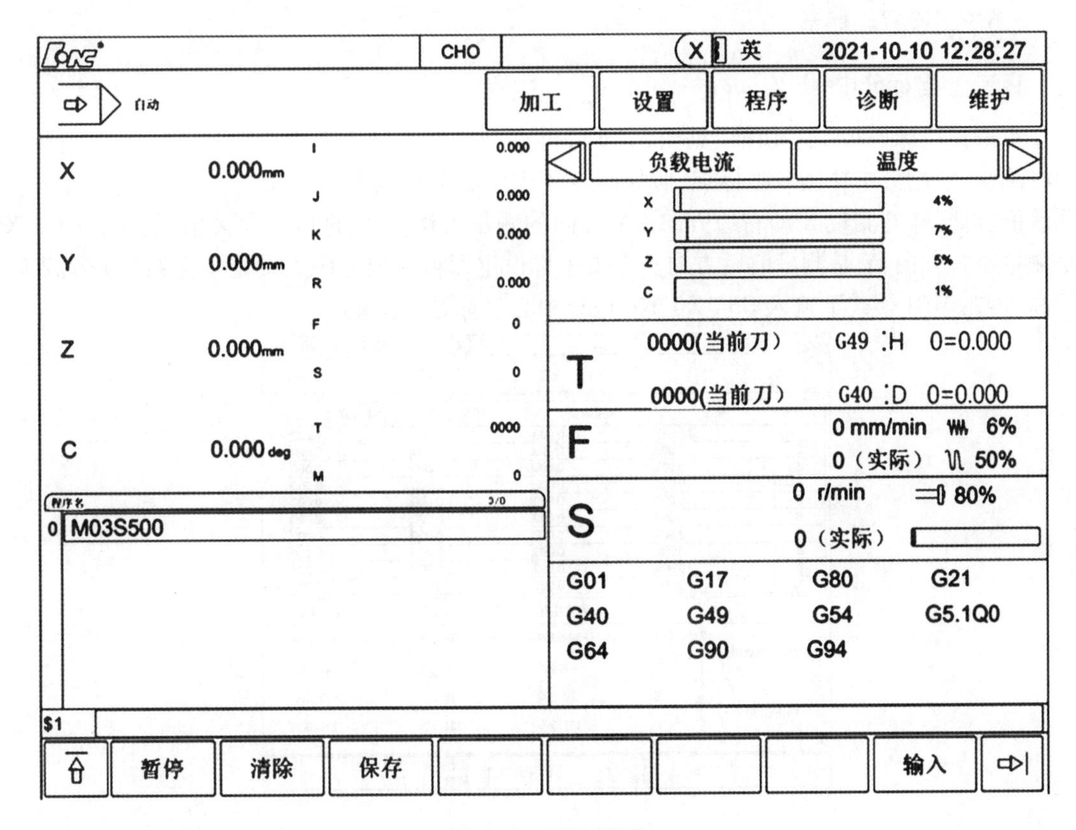

图5.13　MDI界面

5.6.8　自动运行操作

1)进入程序运行菜单

在系统控制面板下,按下自动模式,进入程序运行子菜单,如图5.14所示。选择运行程序,如使用U盘传输程序,点击进入U盘,选择使用的程序。

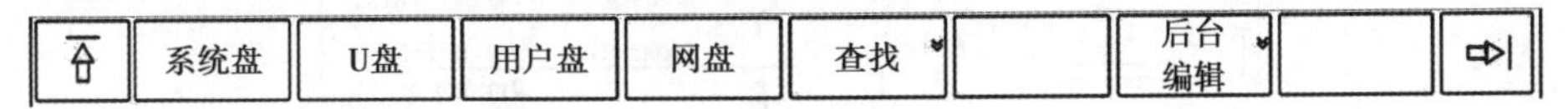

图5.14　程序运行子菜单

2)启动自动运行

①选择并打开零件加工程序。

②在点击“循环启动”前,先将“进给培率”和“快速培率”旋钮调整至0。

③点击循环启动按钮,指示灯亮机床开始自动运行当前程序。

3)单段运行

按下机床控制面板上的“单段”按键(指示灯亮),进入单段自动运行方式。

按下“循环启动”按键,运行一个程序段,机床就会减速停止,刀具停止运行。再按“循环启动”按键,系统执行下一个程序段,执行完成后再次停止。

5.6.9 设置坐标系

1)X,Y 坐标分中

点击在机床面板中切换(见图 5.15),再点击工件测量进入菜单(见图 5.16),先点击中心测量,使用分中棒读取坐标点,假如四方体用中心测量就要先测量 X 方向的左边点击读测量值,再同样的测量 X 的右边方向。Y 方向的测量方法与 X 的测量方法相同,注意的是 X 是测量左右方向,Y 是测量前后方向。点击坐标设定即可完成分中。设定坐标系后先把 Z 轴抬高,再在 MDI 模式下输入 G54 X0 Y0,检查中心坐标是否正确。

CHO　(X) 英　2021-10-10 12:28:27

手动　加工　设置　程序　诊断　维护

刀补号	长度	长度磨损	半径	半径磨损
1	-80.987	0.000	0.000	0.000
2	0.000	0.000	0.000	0.000
3	0.000	0.000	0.000	0.000
4	0.000	0.000	0.000	0.000
5	0.000	0.000	0.000	0.000
6	0.000	0.000	0.000	0.000
7	0.000	0.000	0.000	0.000
8	0.000	0.000	0.000	0.000
9	0.000	0.000	0.000	0.000
10	0.000	0.000	0.000	0.000

T		机床实际	相对实际	工件实际
0000(当前刀)	X	-289.209	-289.209	-289.209
	Y	-147.400	-147.400	-147.400
0000(预选刀)	Z	-79.200	-79.200	-79.200
	C	131.309	131.309	131.309

$1

刀补　刀库　刀具寿命　坐标系　工件测量　自动对刀

图 5.15　设置子菜单

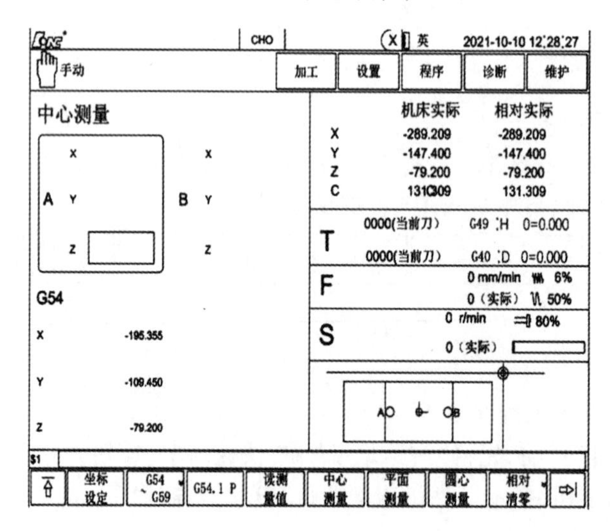

图 5.16　工件测量子菜单

2)Z 轴对刀

将毛坯和刀具安装好后,除了需要设定 XY 坐标,也需要 Z 轴对刀。

利用对刀杆对刀时,切换到手轮模式,将 Z 轴向下移动,用 10 mm 的对刀杆去贴平工件,使用手轮调整刀具与工件测量平面之间的距离。在对刀杆刚好通过刀具时,减去对刀杆直径,再设定 Z 轴坐标。

第6章 可简化类零件编程加工

如图6.1所示的零件,毛坯尺寸为ϕ110 mm×21 mm。选用合理的刀具,并经预调对刀完毕,对零件进行加工。

其余 $\sqrt{Ra3.2}$

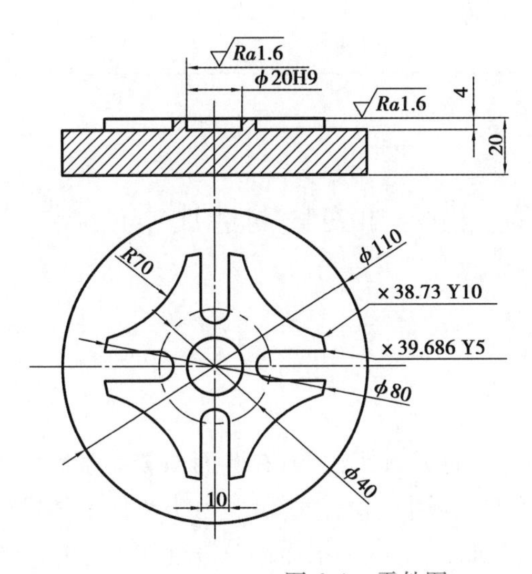

图6.1　零件图

6.1　加工的工艺分析

加工的工艺分析见表6.1。

表 6.1　加工的工艺分析

零件基本信息	
零件结构	
零件尺寸	
零件技术要求	

6.2　铣刀和夹具的选用

6.2.1　铣刀的选用

1)确定加工类型

通过对零件图的分析,该零件为平面轮廓零件,所有侧面与装夹基准底平面垂直。因此,选用立铣刀为本零件的加工刀具类型,如图 6.2(a)所示。由于零件毛坯尺寸大于零件尺寸,因此需要再加工,而毛坯加工属于平面加工,应选用面铣刀进行加工,如图 6.2(b)所示。

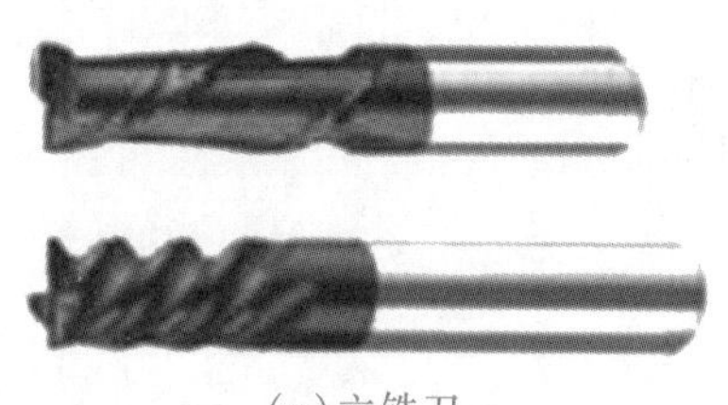

(a)立铣刀

(b)面铣刀头

图 6.2　加工刀具选用

2)确定刀具材料

该零件为铝合金材料,属于容易加工的材料,对刀具的磨损较小,具有优良的耐腐蚀性、塑性和加工性能;与钢材和黄铜相比,铝合金强度和硬度相对较低,铝合金在切削加工时速度较高,但熔点较低,高速切削加工下的变形和摩擦作用会使材料切削表面温度升高,进而引起材料的塑性增大,工件表面的金属层变软,牢牢地粘在了刀具的尖端上,这就是俗称的“黏刀”现象。这种现象会降低工件的表面加工质量,并可能出现刮痕和弹刀的痕迹,切削过程中累积的积屑瘤也会严重影响切削加工效果,难以获得良好的表面粗糙度。因此,而选用 YW 类硬质合金或高速钢刀具。

因零件外形尺寸不大,台阶深度不深,无须高速切削,故从节约成本的角度考虑,外形铣削选用高速钢刀具作为本次零件加工的刀具材料,大平面加工选用 YW 类硬质合金刀片进行加工。

3)选择铣刀结构类型

高速钢刀具又称风钢刀或锋钢刀,或称白钢刀,一般为整体式刀具。根据铝合金材料的切削性能,可选用齿少的大螺旋槽刀具,以提高切削时的排屑能力。

由于零件外形尺寸不大,侧向内凹槽结构尺寸为 $R5$ mm。因此,刀具直径必须≤$\phi 10$ mm;通过查询相关刀具制造标准,可选用的通用标准铣刀尺寸规格有 $\phi 10$,$\phi 8$,$\phi 6$ 等;由于内凹槽没有标注尺寸公差,可由刀具理想尺寸直接保证,故可直接选择 $\phi 10$ mm 的高速钢刀刀具加工零件外形轮廓。但内凹槽结构需要加工的量并不大,而其他外形与内腔的切削加工量大,需要一把大一点的刀具进行加工,综合考虑切削力、切削效率和经济性,最终粗加工选择 $\phi 16$ mm 的 3 刃高速钢立铣刀刀具进行加工。

毛坯表面加工采用 $\phi 63$R5 的面铣刀进行加工,由于刀片一般为硬质合金材料,而且加工铝合金有专用的铝用刀片。因此,选用 R5 的铝用圆角刀片来进行加工。

4)确定切削参数

由前述加工切削参数选择查表可知:

(1)背吃刀量

$\phi 16$ mm 高速钢立铣刀粗加工阶段选用:$a_p = 4$ mm。

$\phi 10$ mm 高速钢立铣刀粗加工阶段选用:$a_p = 4$ mm。

根据粗加工余量所得,$\phi 10$ mm 高速钢立铣刀精加工阶段:$a_p = 0.5$ mm。

$\phi 63$R5 面铣刀在平面加工阶段选用:$a_p = 1$ mm。

(2)计算 $\phi 16$ mm 高速钢立铣刀粗加工阶段切削用量

查表选用:$v_c = 60$ m/min,即

$$v_c = \frac{\pi D n}{1\ 000} = \frac{16\pi n}{1\ 000} = 60 \text{ m/min}$$

则

$$n \approx 1\ 194.268 \text{ r/min}$$

取整为 $n = 1\ 200$ r/mim。

查表选用:$f_z = 0.06$ mm/z,即

$$v_f = fn = f_z z n = 0.06 \times 3 \times 1\ 200 \text{ mm/min} = 216 \text{ mm/min}$$

(3)计算 $\phi 10$ mm 高速钢立铣刀粗加工阶段切削用量

查表选用:$v_c = 50$ m/min,即

$$v_c = \frac{\pi D n}{1\ 000} = \frac{10\pi n}{1\ 000} = 100 \text{ m/min}$$

则

$$n \approx 1\ 592.357\ \text{r/min}$$

取整为 $n = 1\ 600$ r/mim。

查表选用：$f_z = 0.04$ mm/z，即

$$v_f = fn = f_z zn = 0.04 \times 3 \times 1\ 600\ \text{mm/min} = 192\ \text{mm/min}$$

(4)计算 $\phi 10$ mm 高速钢立铣刀精加工阶段切削用量

查表选用：$v_c = 60$ m/min，即

$$v_c = \frac{\pi Dn}{1\ 000} = \frac{10\pi n}{1\ 000} = 60\ \text{m/min}$$

则

$$n \approx 1\ 910.828\ \text{r/min}$$

取整为 $n = 2\ 000$ r/mim。

查表选用：$f_z = 0.03$ mm/z，即

$$v_f = fn = f_z zn = 0.03 \times 3 \times 2\ 000\ \text{mm/min} = 180\ \text{mm/min}$$

(5)计算 $\phi 63$R5 mm 面铣刀在平面加工阶段切削用量

查表选用：$v_c = 200$ m/min，即

$$v_c = \frac{\pi Dn}{1\ 000} = \frac{63\pi n}{1\ 000} = 200\ \text{m/min}$$

则

$$n \approx 1\ 011.020\ \text{r/min}$$

取整为 $n = 1\ 000$ r/mim。

查表选用：$f_z = 0.2$ mm/z，即

$$v_f = fn = f_z zn = 0.2 \times 6 \times 1\ 000\ \text{mm/min} = 1\ 200\ \text{mm/min}$$

6.2.2 基准设定与夹具的选用

本零件毛坯为圆柱形毛坯，外形为 $\phi 110 \times 21$ mm 的圆柱形，可采用三爪自定心卡盘进行装夹。以零件底面定位；为保证零件轮廓与毛坯轮廓的同心要求，应将工件坐标系建立在毛坯下表面的中心，如图 6.3 所示。

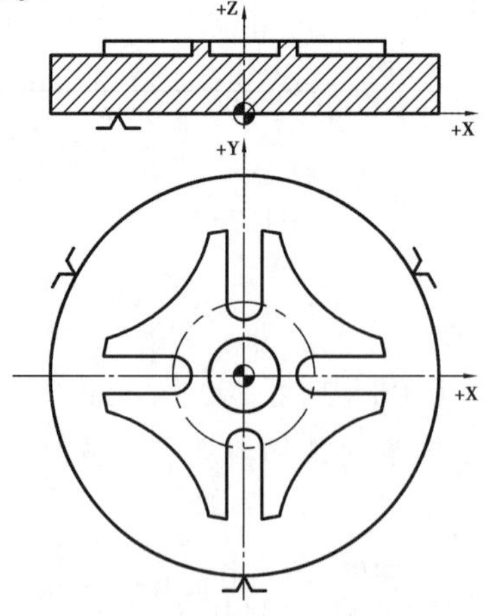

图 6.3 夹具定位与坐标设置

6.3　制订走刀路线

制订走刀路线,见表 6.2—表 6.5。

表 6.2　数控加工走刀路线图(顶平面加工)

数控加工走刀路线图		零件图号	6.1	工序号	1	工步号	1	程序号	0001
机床型号	VMCL850	刀具型号	ϕ63R5	加工内容	顶平面加工			共 4 页	第 1 页
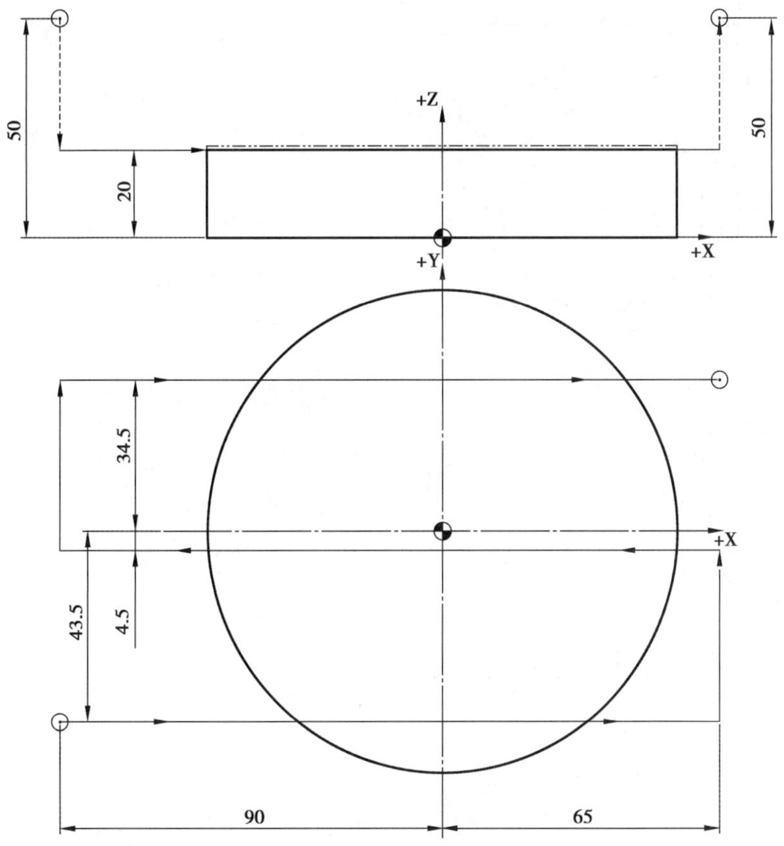 +Z　+X　+Y　+X　50　20　50　34.5　4.5　43.5　90　65								编　程	
								校　对	
								审　批	

符　号	◐	⊗	⊙	- - - -→	——→			
含　义	编程原点	循环点	换刀点	快速走刀方向	给刀走刀方向			

表 6.3　数控加工走刀路线图(圆台加工)

数控加工走刀路线图			零件图号	6.1	工序号	1	工步号	2	程序号	O0001
机床型号	VMCL850	刀具型号	ϕ16	加工内容	圆台加工				共 4 页	第 2 页
									编　程	
									校　对	
									审　批	
符　号										
含　义	编程原点	循环点	换刀点	快速走刀方向	给刀走刀方向					

表 6.4　数控加工走刀路线图(棘轮槽加工)

<table>
<tr><td colspan="3">数控加工走刀路线图</td><td>零件图号</td><td>6.1</td><td>工序号</td><td>1</td><td>工步号</td><td>3</td><td>程序号</td><td>O0001</td></tr>
<tr><td>机床型号</td><td>VMCL850</td><td>刀具型号</td><td>$\phi10$</td><td>加工内容</td><td colspan="4">棘轮槽加工</td><td>共 4 页</td><td>第 3 页</td></tr>
<tr><td colspan="9" rowspan="4">50
+Z
16
+X
+Y
$\phi80$
65
+X X39,686 Y-5
X38,73 Y-10
R70
10</td><td colspan="2"></td></tr>
<tr><td>编　程</td><td></td></tr>
<tr><td>校　对</td><td></td></tr>
<tr><td>审　批</td><td></td></tr>
<tr><td>符　号</td><td>(编程原点符号)</td><td>(循环点符号)</td><td>(换刀点符号)</td><td>- - - -→</td><td>——→</td><td></td><td></td><td></td><td></td><td></td></tr>
<tr><td>含　义</td><td>编程原点</td><td>循环点</td><td>换刀点</td><td>快速走刀方向</td><td>给刀走刀方向</td><td></td><td></td><td></td><td></td><td></td></tr>
</table>

表 6.5　数控加工走刀路线图(ϕ20 孔加工)

数控加工走刀路线图			零件图号	6.1	工序号	1	工步号	4	程序号	O0001
机床型号	VMCL850	刀具型号	ϕ10	加工内容	ϕ20 孔加工				共 4 页	第 4 页

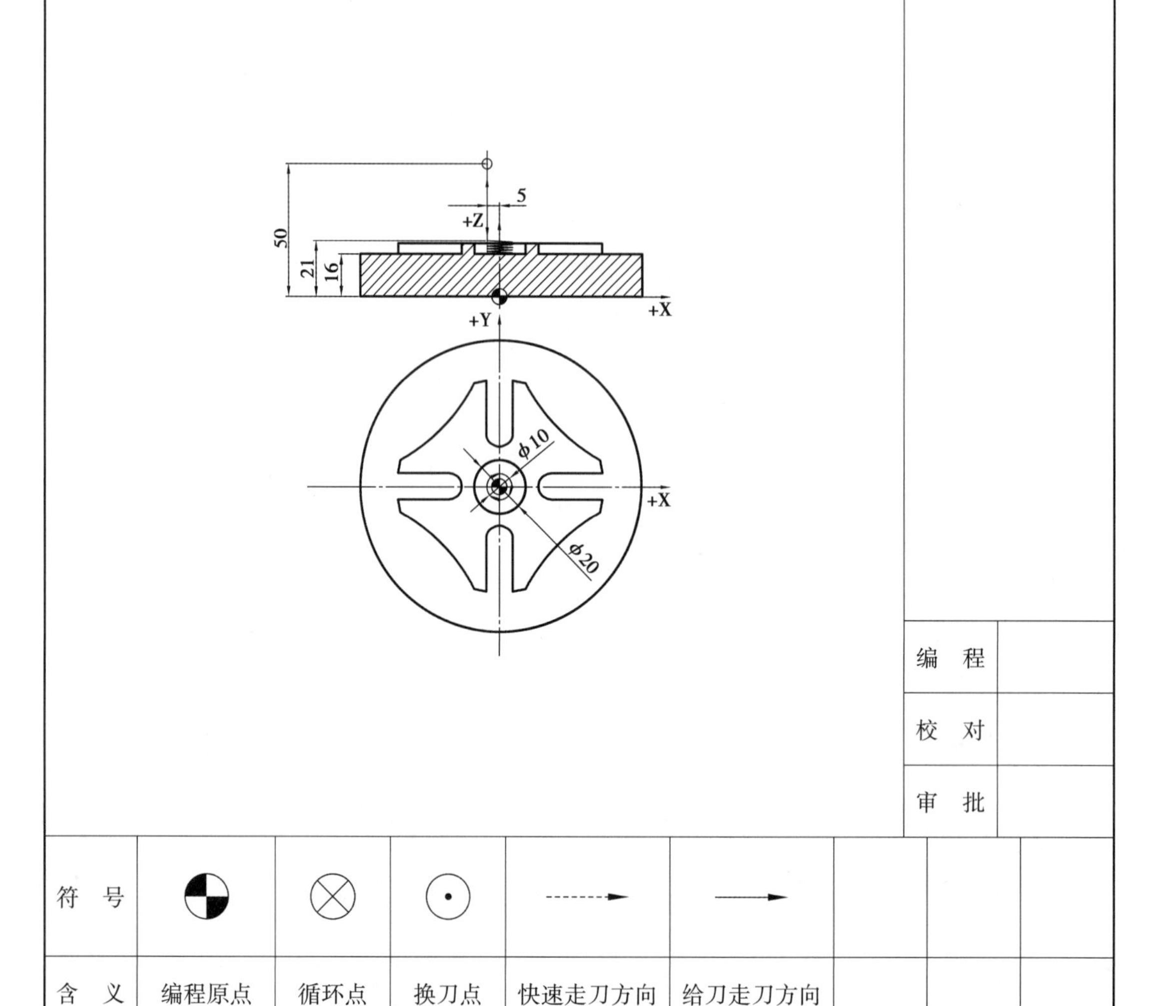

编　程	
校　对	
审　批	

符　号								
含　义	编程原点	循环点	换刀点	快速走刀方向	给刀走刀方向			

6.4　数控系统的编程

6.4.1　镜像功能 G51.1,G50.1

格式:

G51.1 X__ Y__ Z__;

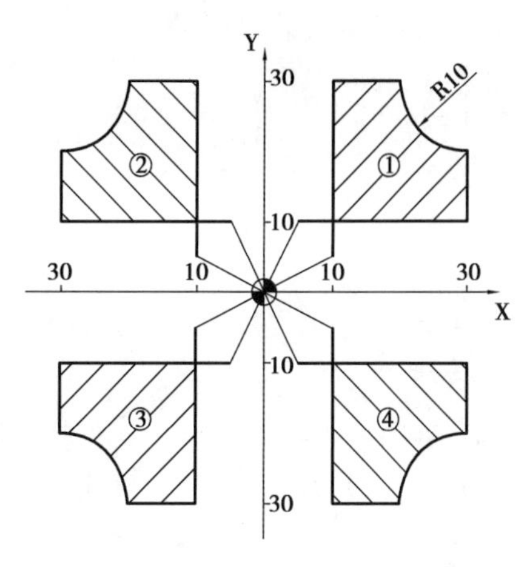

图6.4　镜像功能

M98 P__;

G50.1 X__ Y__ Z__;

说明:

G51.1:建立镜像。

G50.1:取消镜像。

X,Y,Z:镜像位置。

当工件相对于某一轴具有对称形状时,可利用镜像功能和子程序,只对工件的一部分进行编程,而能加工出工件的对称部分,这就是镜像功能。

当某一轴的镜像有效时,该轴执行与编程方向相反的运动。

G51.1,G50.1 为模态指令,可相互注销 G25 为缺省值。

例6.1　使用镜像功能编制如图6.4所示轮廓的加工程序。设刀具起点距工件上表面100 mm,切削深度5 mm。

编制加工程序见表6.6。

表6.6　加工程序(例6.1)

O0024;主程序		O100;子程序(①的加工程序)
G54 G91 G17 M03 S600;		N100 G41 G00 X10 Y4 D01;
M98 P100;	(加工①)	N120 G43 Z -98 H01;
G51.1 X0;	(Y轴镜像　镜像位置为X=0)	N130 G01 Z -7 F300;
M98 P100;	(加工②)	N140 Y26;
G51.1 Y0;	(X轴、Y轴镜像　镜像位置为(0,0))	N150 X10;
M98 P100;	(加工③)	N160 G03 X10 Y -10 I10 J0;
G50.1 X0;	(X轴镜像继续有效　取消Y轴镜像)	N170 G01 Y -10;
M98 P100;	(加工④)	N180 X -25;
G50.1 Y0;	(取消镜像)	N185 G49 G00 Z105;
M30;		N200 G40 X -5 Y -10;
		N210 M99;

6.4.2　缩放功能 G50,G51

格式:

G51 X__ Y__ Z__ P__;

M98 P__;

G50;

说明:

G51:建立缩放。

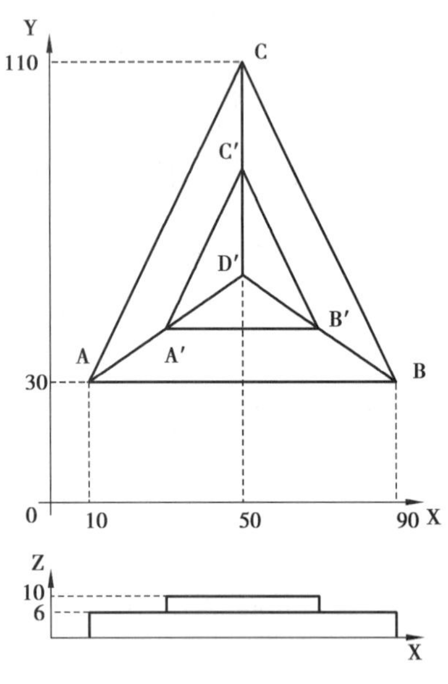

图 6.5　△ABC 缩放示意图

G50:取消缩放。

X,Y,Z:缩放中心的坐标值。

P:缩放倍数。

G51 既可指定平面缩放,也可指定空间缩放。在 G51 后,运动指令的坐标值以(X,Y,Z)为缩放中心,按 P 规定的缩放比例进行计算。

在有刀具补偿的情况下,首先进行缩放,然后才进行刀具半径补偿、刀具长度补偿。

G51,G50 为模态指令,可相互注销,G50 为缺省值。

例 6.2　使用缩放功能编制如图 6.5 所示轮廓的加工程序。已知 △ABC 的顶点为 A(10,30),B(90,30),C(50,110),△A′B′C′是缩放后的图形。其中,缩放中心为 D(50,50),缩放系数为 0.5 倍,设刀具起点距工件上表面 50 mm。

编制加工程序见表 6.7。

表 6.7　加工程序(例 6.2)

O0051;主程序		O100;子程序(△ABC 的加工程序)
G90 G17 G54 G00 Z60;		N100 G42 G00 X10 Y30 D01 ;
M03 S600 F300;		N150 G01 X90;
X0 Y0;		N160 X50 Y110;
G43 G00 Z0 H01;		N170 X10 Y30;
M98 P100 L1;	(加工△ABC)	N180 G40 G00 X0Y0;
G00 Z6;		N200 Z46;
G51 X50 Y50 P0.5;	(缩放中心(50,50)缩放系数 0.5)	N210 M99;
M98 P100 L1;	(加工△A′B′C′)	
G50;	(取消缩放)	
G49 Z60;		
M05 M30;		

6.4.3　旋转变换 G68,G69

格式:

G17 G68 X__ Y__ R__;

G18 G68 X__ Z__ R__;

G19 G68 Y__ Z__ R__;

M98 P__;

G69;

说明:

G68:建立旋转。

G69:取消旋转。

X,Y,Z:旋转中心的坐标值。

R:旋转角度,单位为(°),0≤R≤360°。

在有刀具补偿的情况下,先旋转后刀补(刀具半径补偿、长度补偿);在有缩放功能的情况下,先缩放后旋转。

G68,G69为模态指令,可相互注销G69为缺省值。

例6.3　使用旋转功能编制如图6.6所示轮廓的加工程序。设刀具起点距工件上表面50 mm,切削深度5 mm。

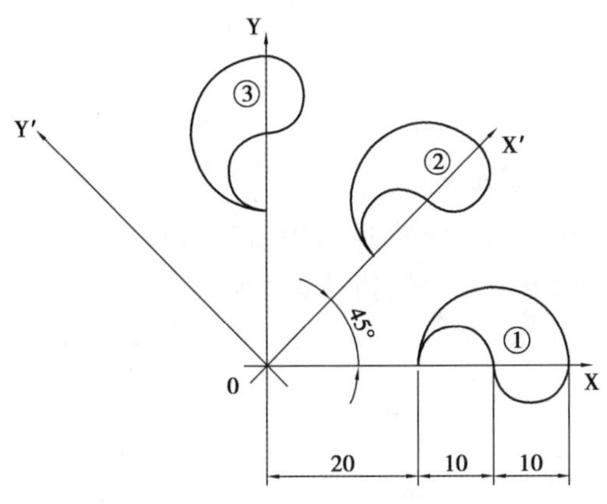

图6.6　旋转变换功能

编制加工程序见表6.8。

表6.8　加工程序(例6.3)

O0068;主程序		O200;子程序(①的加工程序)
N10 G92 X0 Y0 Z50;		N100 G41 G01 X20 Y-5 D02 F300;
N15 G90 G17 M03 S600;		N105 Y0;
N20 G43 Z-5 H02;		N110 G02 X40 I10;
N25 M98 P200;	(加工①)	N120 X30 I-5;
N30 G68 X0 Y0 R45;	(旋转45°)	N130 G03 X20 I-5;
N40 M98 P200;	(加工②)	N140 G00 Y-6;
N60 G68 X0 Y0 R90;	(旋转90°)	N145 G40 X0 Y0;
N70 M98 P200;	(加工③)	N150 M99;
N20 G49 Z50;		
N80 G69;	(取消旋转)	
N90 M05 M30;		

6.4.4　刀具长度补偿G43,G44,G49

格式:

$$\begin{Bmatrix}G17\\G18\\G19\end{Bmatrix}\begin{Bmatrix}G43\\G44\\G49\end{Bmatrix}\begin{Bmatrix}G00\\G01\end{Bmatrix}X\_\ Y\_\ Z\_\ H\_;$$

说明：

G17：刀具长度补偿轴为 Z 轴。

G18：刀具长度补偿轴为 Y 轴。

G19：刀具长度补偿轴为 X 轴。

G49：取消刀具长度补偿。

G43：正向偏置（补偿轴终点加上偏置值）。

G44：负向偏置（补偿轴终点减去偏置值）。

X,Y,Z：G00/G01 的参数，即刀补建立或取消的终点。

H：G43/G44 的参数，即刀具长度补偿偏置号（H00—H99），它代表了刀补表中对应的长度补偿值。

G43,G44,G49 都是模态代码，可相互注销。

注意：

①垂直于 G17/G18/G19 所选平面的轴受到长度补偿。

②偏置号改变时，新的偏置值并不加到旧偏置值上。

例 6.4 设 H01 的偏置值为 20 mm，H02 的偏置值为 30 mm，编制加工程序如下：

G90 G43 Z100 H01；　　　　（Z 将达到 120 mm）

G90 G43 Z100 H02；　　　　（Z 将达到 130 mm）

6.5 程序编制与工艺文件填写

6.5.1 零件图

零件图如图 6.7 所示。

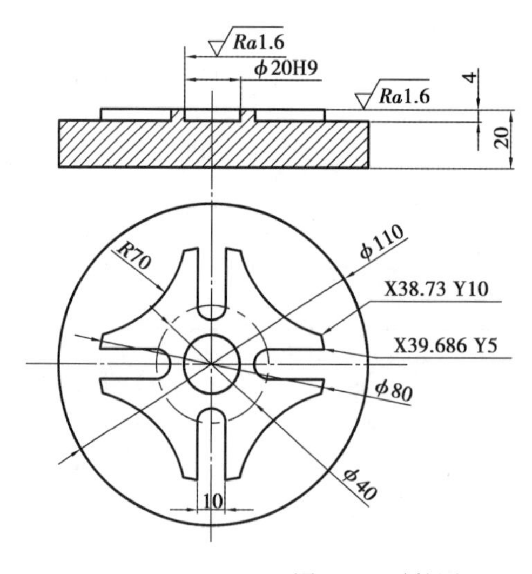

图 6.7 零件图

6.5.2　数控加工程序

编制数控加工程序，见表 6.9 和表 6.10。

表 6.9　加工程序(一)

O0001;	X -65 Y0;	G68 X0 Y0 R180;　(旋转 180°)
M06 T01;　(刀具 ϕ63R5) M03 S1000; G54 G90 G43G00 Z50 H01;(建立长度补偿，补偿号 H01) X -90 Y -43.5; Z23; G01 Z20 F1200; X65; Y -4.5; X -90; Y34.5; X65; G49G00 Z50;　(取消长度补偿) M06 T02;　(刀具 ϕ16) M03 S1200; G43G00 Z50 H02;(补偿号 H02)	Z23; G01 Z16 F216; X -48.5; G02 I48.5; G01 X65; G49G00 Z50;　(取消长度补偿) M06 T03;　(刀具 ϕ10) M03 S1600; G43G00 Z50 H03;(补偿号 H03) X -65 Y0; Z23; G01 Z16 F192; G01X -20 Y0; M98 P0011 L1;　(调用子程序 O0011) G68 X0 Y0 R90;(以(0,0)为中心旋转 90°) M98 P0011 L1;　(调用子程序 O0011)	M98 P0011 L1;　(调用子程序 O0011) G68 X0 Y0 R270;　(旋转 270°) M98 P0011 L1;　(调用子程序 O0011) G00 G69 G90 Z50;(取消旋转) X -4.8 Y0; Z23; G01 Z21 F192; M98 P0012 L5;　(调用子程序 O0012) G90 G03 I4.8; M03 S2000; G01 X -5 F180; G03 I5; G01 Z23; G00 Z50; M30;

表 6.10　加工程序(二)

O0011;子程序	O0012;子程序
G41 G01 X39.686 Y5 D03;　(建立刀具半径补偿，补偿值为 5 mm) G02X38.73 Y10 R40; G03 X -10 Y38.73 R70; G02 X -5 Y39.686 R40; G40 G01 Y20;　(取消刀具半径补偿) M99;　(子程序结束)	G91 G03 I4.8 Z -1 F192; M99;

6.5.3 数控加工工艺文件

①编写零件的数控加工工序卡,见表6.11。

表6.11 数控加工工序卡(数铣加工)

数控加工工序卡			产品名称		共1页	第1页
			工 序 号	1	工序名称	数铣加工
			零件图号	6.1	夹具名称	三爪卡盘
			零件名称		夹具编号	
			材 料	6061	设备名称	VMCL850
			程序编号	O0001	车 间	
			编 制		批 准	
			审 核		日 期	
序号	工步工作内容	刀具号	刀具规格	主轴转速 /$(r \cdot min^{-1})$	进给速度 /$(mm \cdot min^{-1})$	切削深度 /mm
1	检查毛坯尺寸及工量具					
2	去除毛坯表面毛刺					
3	用ϕ63盘刀加工毛坯上平面,保证平面的平面度和粗糙度	T01	ϕ63	1000	1200	
4	以ϕ97为刀具中心路径,去除零件多余毛坯	T02	ϕ16	1200	216	4
5	加工棘轮槽外形轮廓(成)	T03	ϕ10	1600	192	4
6	粗加工ϕ20H9盲孔	T03	ϕ10	1600	192	1
7	精加工ϕ20H9盲孔(成)	T03	ϕ10	2000	180	0.2
8	去除零件表面毛刺					
9	检测					
10	入库					

②编写零件的数控加工刀具卡，见表6.12。

表6.12　数控加工刀具卡

<table>
<tr><td colspan="4" rowspan="2">数控加工刀具卡</td><td colspan="2">产品名称</td><td colspan="4"></td><td>零件图号</td><td>6.1</td></tr>
<tr><td colspan="2">零件名称</td><td colspan="4"></td><td>程序编号</td><td>O0001</td></tr>
<tr><td>编制</td><td></td><td>审核</td><td></td><td colspan="2">批准</td><td colspan="2"></td><td colspan="2">年　月　日</td><td>共1页</td><td>第1页</td></tr>
<tr><td rowspan="2">工步序号</td><td rowspan="2">刀具号</td><td colspan="2" rowspan="2">刀具名称</td><td colspan="2">刀具</td><td colspan="2">补偿值</td><td colspan="2">刀补地址</td><td colspan="2" rowspan="2">备　注</td></tr>
<tr><td>直径</td><td>长度</td><td>半径</td><td>长度</td><td>直径</td><td>长度</td></tr>
<tr><td>1</td><td>T01</td><td colspan="2">D63R5</td><td>$\phi63$</td><td>100</td><td>0</td><td>100</td><td>01</td><td>01</td><td colspan="2">长度补偿值应填写实际测量值</td></tr>
<tr><td>2</td><td>T02</td><td colspan="2">D16</td><td>$\phi16$</td><td>35</td><td>0</td><td>35</td><td>02</td><td>02</td><td colspan="2">长度补偿值应填写实际测量值</td></tr>
<tr><td>3</td><td>T03</td><td colspan="2">D8</td><td>$\phi10$</td><td>30</td><td>5</td><td>30</td><td>03</td><td>03</td><td colspan="2">长度补偿值应填写实际测量值</td></tr>
</table>

第7章 孔系零件编程加工

如图 7.1 所示的零件,毛坯尺寸为 85 mm×75 mm×25 mm。选用合理的刀具,并经预调对刀完毕,对零件进行加工。

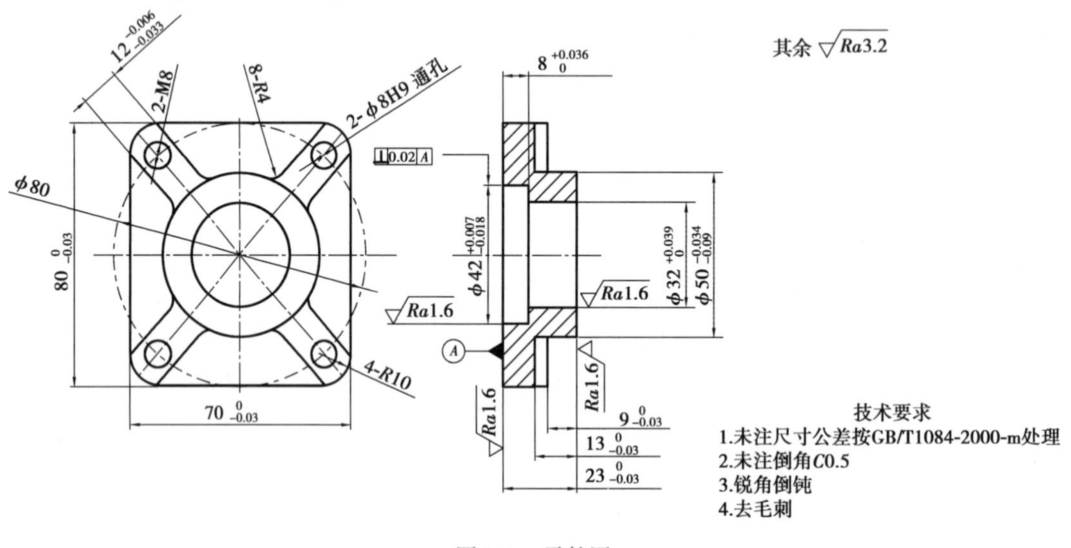

图 7.1　零件图

7.1　加工的工艺分析

加工的工艺分析见表 7.1。

表7.1　加工的工艺分析

零件基本信息	
零件结构	
零件尺寸	
零件技术要求	

7.2　铣刀和夹具的选用

7.2.1　铣刀的选用

1）确定加工类型

通过对零件图的分析，该零件为平面轮廓零件，所有侧面与装夹基准底平面垂直。因此，选用立铣刀为本零件的加工刀具类型（见图7.2(a)）。由于零件毛坯尺寸大于零件尺寸，因此需要再加工，而毛坯加工属于平面加工，应选用面铣刀进行加工（见图7.2(b)）。零件图中有两个M8的螺纹孔，因此需要选用丝锥进行加工（见图7.2(c)）。还有两个孔为ϕ8H9，根据工艺要求，应采用钻、铰的工艺顺序完成，同时螺纹加工前需要预钻螺纹底孔，故还需选用麻花钻（见图7.2(d)）和机用铰刀（见图7.2(e)）来完成加工。

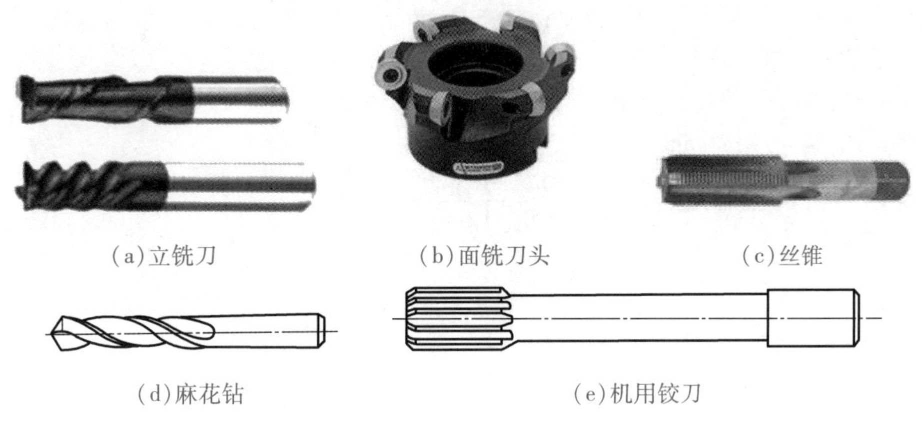

(a)立铣刀　(b)面铣刀头　(c)丝锥

(d)麻花钻　(e)机用铰刀

图7.2　加工刀具类型

2)确定刀具材料

该零件为铝合金材料,属于容易加工的材料,对刀具的磨损较小,具有优良的耐腐蚀性、塑性和加工性能;与钢材和黄铜相比,铝合金强度和硬度相对较低,铝合金在切削加工时速度较高,但熔点较低,高速切削加工下的变形和摩擦作用会使得材料切削表面温度升高,进而引起材料的塑性增大,工件表面的金属层变软,牢牢地粘在了刀具的尖端上,这就是俗称的“黏刀”现象。这种现象会降低工件的表面加工质量,并可能出现刮痕和弹刀的痕迹,切削过程中累积的积屑瘤也会严重影响切削加工效果,难以获得良好的表面粗糙度。因此,而选用 YW 类硬质合金或者高速钢刀具。

因零件外形尺寸不大,台阶深度不深,无须高速切削,故从节约成本的角度考虑,外形铣削选用高速钢刀具作为本次零件加工的刀具材料,大平面加工选用 YW 类硬质合金刀片进行加工。

3)选择铣刀结构类型

高速钢刀具又称风钢刀或锋钢刀,或称白钢刀,一般为整体式刀具。根据铝合金材料的切削性能,可选用齿少的大螺旋槽刀具,以提高切削时的排屑能力。

由于零件外形尺寸不大,侧向内凹圆角尺寸为 $R4$ mm。因此,刀具直径必须上$\leqslant\phi8$ mm;通过查询相关刀具制造标准,可选用的通用标准铣刀尺寸规格有 $\phi8$,$\phi6$,$\phi4$ 等;由于内凹圆角 $R4$ 无精度要求,故选用 $\phi8$ 硬质合金立铣刀刀具进行加工。但内凹圆角处需要加工的量并不大,而其他外形与内腔的切削加工量大,需要一把大一点的刀具进行加工,综合考虑切削力、切削效率和经济性等要求,选择 $\phi16$ mm 的 3 刃高速钢立铣刀进行加工。

毛坯表面加工采用 $\phi63$R5 的面铣刀进行加工,由于刀片一般为硬质合金材料,而且加工铝合金有专用的铝用刀片。因此,选用 R5 铝用圆角刀片来进行加工。

根据孔的加工方法选取原则,$\phi8$H9 应采用钻、铰的工艺顺序完成。同时,确定选用 $\phi7.8$ 钻头与 $\phi8$H9 铰刀配合完成加工。而 M8 螺纹孔选用 $\phi6.5$ 钻头与 M8 丝锥配合完成加工。

4)确定切削参数

由前述加工切削参数选择查表(见表 7.2—表 7.6)可知:

(1)背吃刀量

$\phi16$ mm 高速钢立铣刀粗加工阶段选用:$a_p=4$ mm。

$\phi8$ mm 硬质合金立铣刀粗加工阶段选用:$a_p=1$ mm。

根据粗加工余量所得,精加工阶段:$a_p=0.2$ mm。

$\phi63$R5 面铣刀在平面加工阶段选用:$a_p=1$ mm。

(2)计算 $\phi16$ mm 高速钢立铣刀粗加工阶段切削用量

查表选用:$v_c=60$ m/min,即

$$v_c=\frac{\pi Dn}{1\ 000}=\frac{16\pi n}{1\ 000}=60\ \text{m/min}$$

则

$$n\approx1\ 194.268\ \text{r/min}$$

取整为 $n=1\ 200$ r/mim。

查表选用:$f_z=0.06$ mm/z,即

$$v_f=fn=f_zzn=0.06\times3\times1\ 200\ \text{mm/min}=216\ \text{mm/min}$$

(3)计算 ϕ16 mm 高速钢立铣刀精加工阶段切削用量

查表选用:v_c =70 m/min,即

$$v_c = \frac{\pi Dn}{1\ 000} = \frac{16\pi n}{1\ 000} = 70\ \text{m/min}$$

则

$$n \approx 1\ 393.312\ \text{r/min}$$

取整为 n =1 400 r/mim。

查表选用: f_z =0.03 mm/z,即

$$v_f = fn = f_z zn = 0.03 \times 3 \times 1\ 400\ \text{mm/min} = 126\ \text{mm/min}$$

(4)计算 ϕ8 mm 硬质合金立铣刀精加工阶段切削用量

查表选用:v_c =110 m/min,即

$$v_c = \frac{\pi Dn}{1\ 000} = \frac{8\pi n}{1\ 000} = 110\ \text{m/min}$$

则

$$n \approx 4\ 378.980\ \text{r/min}$$

取整为 n =4 400 r/mim。

查表选用: f_z =0.08 mm/z,即

$$v_f = fn = f_z zn = 0.08 \times 3 \times 4\ 400\ \text{mm/min} = 1\ 056\ \text{mm/min}$$

(5)计算 ϕ63R5 mm 面铣刀在平面加工阶段切削用量

查表选用:v_c =200 m/min,即

$$v_c = \frac{\pi Dn}{1\ 000} = \frac{63\pi n}{1\ 000} = 200\ \text{m/min}$$

则

$$n \approx 1\ 011.020\ \text{r/min}$$

取整为 n =1 000 r/mim。

查表选用: f_z =0.2 mm/z,即

$$v_f = fn = f_z zn = 0.2 \times 6 \times 1\ 000\ \text{mm/min} = 1\ 200\ \text{mm/min}$$

表 7.2　高速钢铰刀切削速度 v_c/(m·min^{-1})

精度等级	加工表面粗糙度 Ra/μm	结构碳钢、铬钢、镍铬钢	灰铸铁	可锻铸铁	铜合金
H9—H7	3.2~1.6	4~5	8	15	15
H8—H7	1.6~0.8	2~3	4	8	8

表 7.3　高速钢钻头进给量/(mm·r^{-1})

钻头直径 d_0/mm	钢 σ_b/MPa <800	钢 σ_b/MPa 800~1 000	钢 σ_b/MPa >1 000	铸铁、铜及铝合金 HB≤200	铸铁、铜及铝合金 HB>200
<2	0.05~0.06	0.04~0.05	0.03~0.04	0.09~0.11	0.05~0.07
2~4	0.08~0.10	0.06~0.08	0.04~0.06	0.18~0.22	0.11~0.13
4~6	0.14~0.18	0.10~0.12	0.08~0.10	0.27~0.33	0.18~0.22
6~8	0.18~0.22	0.13~0.15	0.11~0.13	0.36~0.44	0.22~0.26

续表

钻头直径 d_0/mm	钢 σ_b/MPa <800	钢 σ_b/MPa 800～1 000	钢 σ_b/MPa >1 000	铸铁、铜及铝合金 HB≤200	铸铁、铜及铝合金 HB>200
8～10	0.22～0.28	0.17～0.21	0.13～0.17	0.47～0.57	0.28～0.34
10～13	0.25～0.31	0.19～0.23	0.15～0.19	0.52～0.64	0.31～0.39
13～16	0.31～0.37	0.22～0.28	0.18～0.22	0.61～0.75	0.37～0.45
16～20	0.35～0.43	0.26～0.32	0.21～0.25	0.70～0.86	0.43～0.53
20～25	0.39～0.47	0.29～0.35	0.23～0.29	0.78～0.96	0.47～0.56
25～30	0.45～0.55	0.32～0.40	0.27～0.33	0.9～1.1	0.54～0.66
30～50	0.60～0.70	0.40～0.50	0.30～0.40	1.0～1.2	0.70～0.80

注：

1. 表列数据适用于在大刚性零件上钻孔，精度在 H12—H13 级以下（或自由公差），钻孔后还用钻头、扩孔钻或镗刀加工，在下列条件下需乘修正系数

①在中等刚性零件上钻孔（箱体形状的薄壁零件、零件上薄的突出部分钻孔）时，乘系数 0.75

②钻孔后要用铰刀加工的精确孔，低刚性零件上钻孔，斜面上钻孔，钻孔后用丝锥攻螺纹的孔，乘系数 0.50

2. 钻孔深度大于 3 倍直径时，应乘修正系数

钻孔深度（孔深以直径的倍数表示）	$3d_0$	$5d_0$	$7d_0$	$10d_0$
修正系数 K_{1f}	1.0	0.9	0.8	0.75

表 7.4　高速钢钻头切削速度 v_c/m·min^{-1}

加工材料	硬度 HB	切削速度/(m·min^{-1})
铝及铝合金	45～105	105
铜及铜合金（加工性好）	～124	60
铜及铜合金（加工性差）	～124	20
镁及镁合金	50～90	45～120
锌合金	80～100	75
低碳钢（0.06～0.25C）	125～175	24
中碳钢（0.25～0.50C）	175～225	20
高碳钢（0.50～1.40C）	175～225	17
马氏体时效钢	275～325	17
不锈钢（奥氏体）	135～185	17
不锈钢（铁素体）	135～185	20
不锈钢（马氏体）	135～185	20
不锈钢（沉淀硬体）	150～200	15
工具钢	196	18
工具钢	241	15

续表

加工材料	硬度 HB	切削速度/(m·min^{-1})
灰铸铁(软)	120~150	43~46
灰铸铁(硬)	160~220	24~34
可锻铸铁	112~126	27~37
球墨铸铁	190~225	18
高温合金(镍基)	150~300	6
高温合金(铁基)	180~230	7.5
高温合金(钴基)	180~230	6
钛及钛合金(纯钛)	110~200	30
钛及钛合金(α及α+β)	300~360	12
钛及钛合金(β)	275~350	7.5
碳		18~21
塑料		30
硬橡胶		30~90

表7.5　高速钢铰削进给量/(mm·r^{-1})

加工材料	铰刀直径 <5	铰刀直径 5~10	铰刀直径 10~20	铰刀直径 20~30	铰刀直径 30~40	铰刀直径 40~60	铰刀直径 60~80
钢 σ_b <900 MPa	0.2~0.5	0.4~0.9	0.65~1.4	0.8~1.8	0.95~2.1	1.3~2.8	1.5~3.2
钢 σ_b >900 MPa	0.15~0.35	0.35~0.7	0.55~1.2	0.65~1.5	0.8~1.8	1.0~2.3	1.2~3.2
铸铁、铜及铝合金 HB<170	0.6~1.2	1.0~2.0	1.5~3.0	2.0~4.0	2.5~5.0	3.2~6.4	3.75~7.5
铸铁 HB>170	0.4~ 0.8	0.65~1.3	1.0~2.0	1.3~2.6	1.6~3.2	2.1~4.2	2.6~5.0

注：
1. 表内进给量用于加工通孔,加工盲孔时进给量应取0.2~0.5 mm/r
2. 最大进给量用于在钻或扩孔之后,精铰孔之前的粗铰孔
3. 中等进给量用于：
①粗铰之后精铰H7级精度的孔
②精镗之后精铰H7级精度的孔
4. 最小进给量用于：
①抛光或珩磨之前的精铰孔
②用一把铰刀铰H8~H9级精度的孔

表7.6　丝锥切削速度 v_c/(m·min^{-1})

加工材料	直槽丝锥	螺旋槽丝锥	全磨制螺尖丝锥	挤压丝锥
低碳素钢	8~13	8~13	15~25	8~13
中碳素钢	7~12	7~12	10~15	7~10
高碳素钢	6~9	6~9	8~13	5~8
合金钢	7~12	7~12	10~15	5~8

续表

加工材料	直槽丝锥	螺旋槽丝锥	全磨制螺尖丝锥	挤压丝锥
调质钢	3~5(4~8)	3~5(4~8)	4~6(6~10)	
不锈钢	4~7	5~8	8~13	5~10
工具钢	6~9	6~9	7~10	
铸钢	6~11	6~11	10~15	
铸铁	10~15	—	—	
球墨铸铁	7~12	7~12	10~20	
铜	6~9	6~11	7~12	7~12

注：
1. 对切削速度，还受到丝锥材质、种类、吃入的牙数、下孔形状、切削材料及切削油等使用条件所左右，故其选用更有充分注意的必要
2. TIN(涂层处理)切削速度则依上表×1.3倍
3. 攻牙深度在外径2倍以上时，则依上表切削速度降20%~30%

(6)计算ϕ6.5 mm麻花钻切削用量

查表选用：$v_c=105$ m/min，即

$$v_c=\frac{\pi Dn}{1\ 000}=\frac{6.5\pi n}{1\ 000}=105\ \text{m/min}$$

则

$$n\approx 5\ 144.536\ \text{r/min}$$

取整为$n=5\ 150$ r/mim。

查表选用：$f_z=0.36\times 0.5=0.18$ mm/r，即

$$v_f=fn=f_z n=0.18\times 5\ 150\ \text{mm/min}=927\ \text{mm/min}$$

(7)计算ϕ7.8 mm麻花钻切削用量

查表选用：$v_c=105$ m/min，即

$$v_c=\frac{\pi Dn}{1\ 000}=\frac{7.8\pi n}{1\ 000}=105\ \text{m/min}$$

则

$$n\approx 4\ 287.114\ \text{r/min}$$

取整为$n=4\ 300$ r/mim。

查表选用：$f_z=0.36\times 0.5=0.18$ mm/r，即

$$v_f=fn=f_z n=0.18\times 4\ 300\ \text{mm/min}=774\ \text{mm/min}$$

(8)计算ϕ8 mm铰刀切削用量

查表选用：$v_c=15$ m/min，即

$$v_c=\frac{\pi Dn}{1\ 000}=\frac{6.8\pi n}{1\ 000}=15\ \text{m/min}$$

则

$$n\approx 597.133\ \text{r/min}$$

取整为$n=600$ r/mim。

查表选用：$f_z=1.0$ mm/r，即

$$v_f=fn=f_z n=1.0\times 600\ \text{mm/min}=600\ \text{mm/min}$$

(9)计算 M8 mm 丝锥切削用量

查表选用:$v_c=6$ m/min,即

$$v_c=\frac{\pi Dn}{1\ 000}=\frac{8\pi n}{1\ 000}=6\ \text{m/min}$$

则

$$n\approx 238.853\ \text{r/min}$$

取整为 $n=240$ r/mim。

查表选用: $f_z=1.25$ mm/r,即

$$v_f=fn=f_z n=1.25\times 240\ \text{mm/min}=300\ \text{mm/min}$$

7.2.2　基准设定与夹具的选用

本零件毛坯为方形毛坯,外形为 85 mm×75 mm 的长方形,可采用机用平口虎钳进行装夹。以零件底面定位;由于零件外形有公差要求,且4周有4个 $R10$ 的圆角,故毛坯外形应比零件外形轮廓大。因此,选用 85 mm×75 mm 的长方形毛坯。为保证零件凸台加工时有较好的定位精度,毛坯外形需要先加工完成(即精基准),再通过对已加工出的定位基准面进行装夹定位后,才能对凸台进行加工。因此,本零件需要两道加工工序才能完成零件的加工。

工序1主要是对 80 mm×70 mm 处进行加工,为保证此尺寸所表达的面上无两次加工所导致的接刀痕迹,因此本工序将此尺寸所表达的所有面1次加工完成。同时,毛坯两个大平面也有1 mm 的余量,本工序也将完成其中一个大平面的加工。通过分析工序1在装夹时,应高于钳口上表面 15 mm,以保证有足够的加工高度。为保证零件轮廓与毛坯轮廓的对称度,应将工件坐标系建立在毛坯上表面的中心(见图 7.3 的工序1)。

工序1除了对外形进行加工外,还需将 $\phi 42$,$\phi 32$,2-M8 和 2-$\phi 8$H9 一并加工完成。工序2以工序1所完成的 80 mm×70 mm 的外形轮廓和相对应的大平面为定位与夹紧基准,在装夹时,应高于钳口上表面 14 mm,以保证有足够的加工高度。为保证零件轮廓与毛坯轮廓的对称度,应将工件坐标系建立在工序1完成后的毛坯下表面的中心(见图 7.4 的工序2),以 $\phi 32$ 内孔为中心坐标建立的基准,利用数控系统的内孔三点分中命令建立 X,Y 坐标。

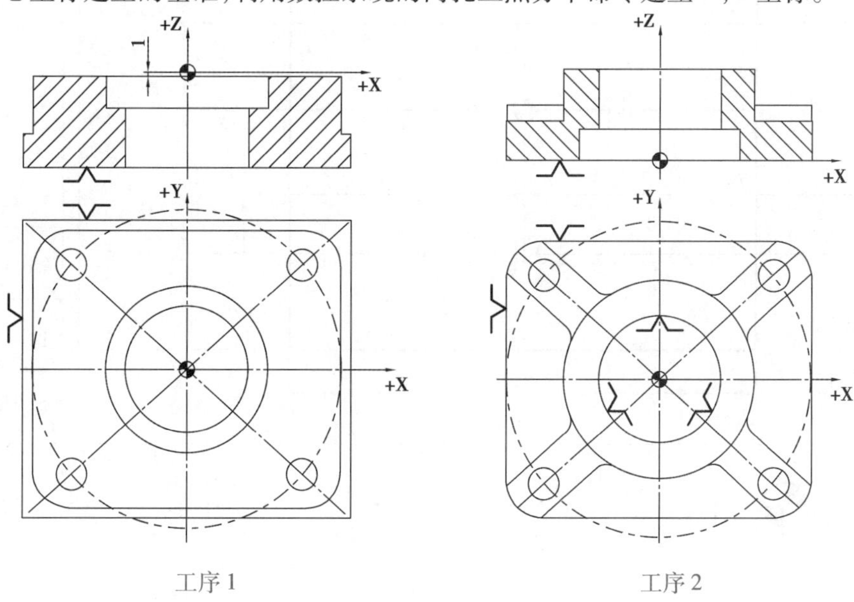

图 7.3　夹具定位与坐标设置

7.3 制订走刀路线

制订走刀路线,见表 7.7—表 7.14。

表 7.7 数控加工走刀路线图(底平面加工)

数控加工走刀路线图			零件图号	7.1	工序号	1	工步号	1	程序号	O0001
机床型号	VMCL850	刀具型号	ϕ63R5	加工内容	底平面加工				共 8 页	第 1 页
									编 程	
									校 对	
									审 批	
符 号	编程原点符号	循环点符号	换刀点符号	快速走刀方向符号	给刀走刀方向符号					
含 义	编程原点	循环点	换刀点	快速走刀方向	给刀走刀方向					

表 7.8　数控加工走刀路线图(80×70 侧面加工)

数控加工走刀路线图			零件图号	7.1	工序号	1	工步号	2	程序号	O0001
机床型号	VMCL850	刀具型号	$\phi16$	加工内容	80×70 侧面加工				共 8 页	第 2 页
									编　程	
									校　对	
									审　批	
符　号										
含　义	编程原点	循环点	换刀点	快速走刀方向	给刀走刀方向					

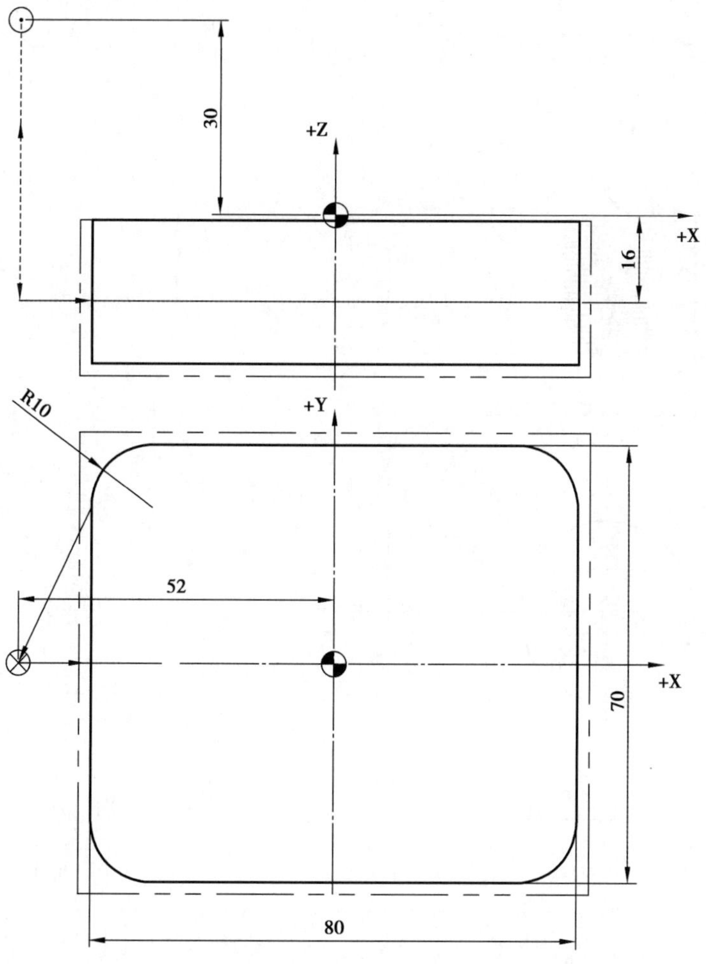

表 7.9　数控加工走刀路线图（ϕ32 圆孔加工）

数控加工走刀路线图		零件图号	7.1	工序号	1	工步号	3	程序号	O0001
机床型号	VMCL850	刀具型号	ϕ16	加工内容	ϕ32 圆孔加工			共 8 页	第 3 页

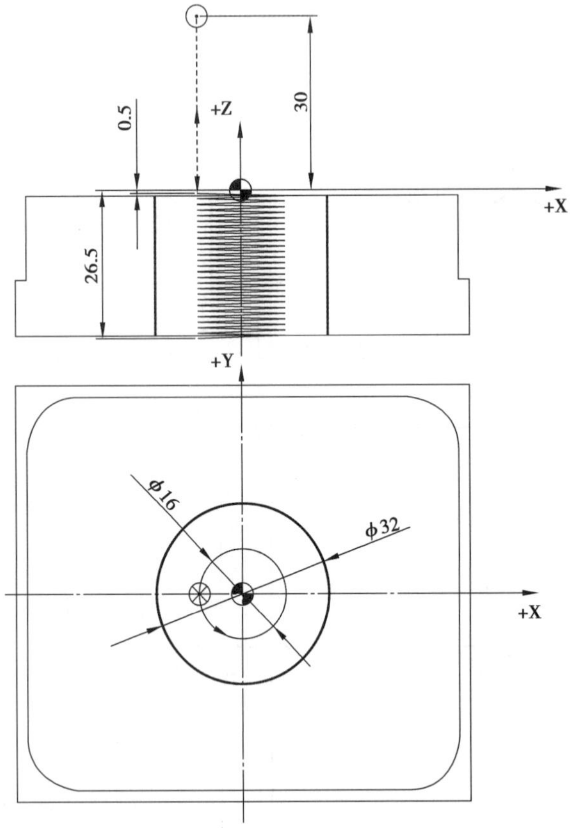

编　程	
校　对	
审　批	

符　号				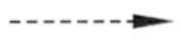				
含　义	编程原点	循环点	换刀点	快速走刀方向	给刀走刀方向			

表7.10　数控加工走刀路线图(ϕ42圆孔加工)

数控加工走刀路线图	零件图号	7.1	工序号	1	工步号	4	程序号	O0001
机床型号	VMCL850	刀具型号	ϕ16	加工内容	ϕ42 圆孔加工		共8页	第4页
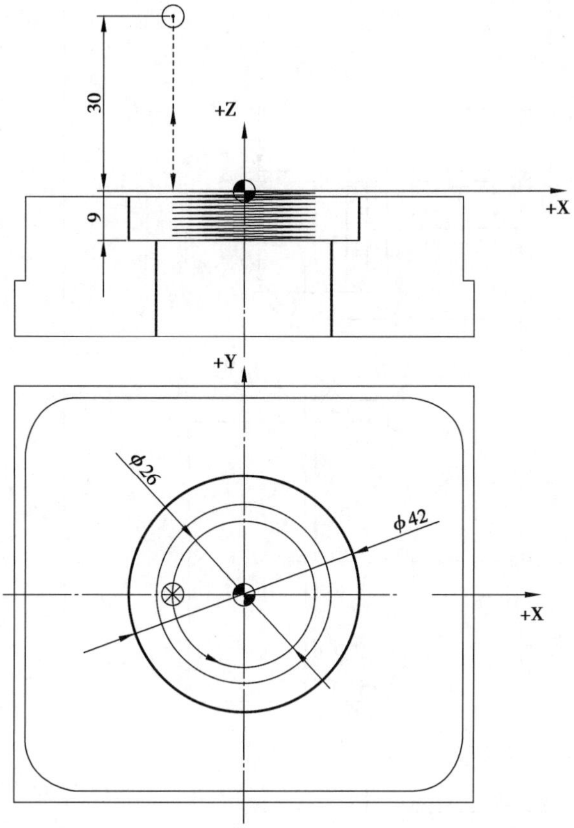							编　程	
							校　对	
							审　批	
符　号								
含　义	编程原点	循环点	换刀点	快速走刀方向	给刀走刀方向			

表 7.11　数控加工走刀路线图(钻、攻、铰孔 2-M8,2-ϕ8H9)

数控加工走刀路线图	零件图号	7.1	工序号	1	工步号	5	程序号	O0001
机床型号	VMCL850	刀具型号	ϕ6.5,M8,ϕ7.8,ϕ8	加工内容	钻、攻、铰孔 2-M8,2-ϕ8H9		共 8 页	第 5 页
							编　程	
							校　对	
							审　批	
符　号								
含　义	编程原点	循环点	换刀点	快速走刀方向	给刀走刀方向			

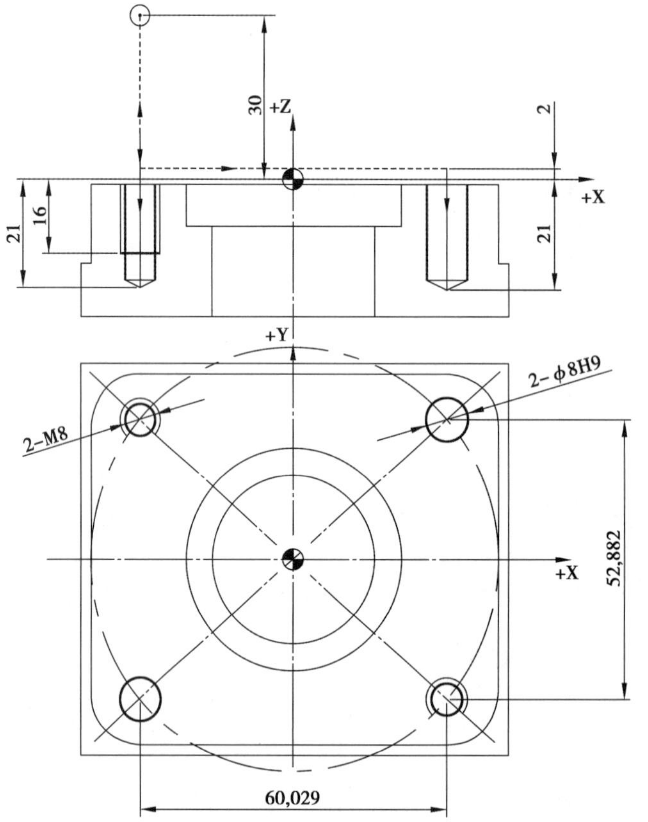

表7.12 数控加工走刀路线图(顶平面加工)

数控加工走刀路线图	零件图号	5.1	工序号	2	工步号	1	程序号	O0002
机床型号	VMCL850	刀具型号	ϕ63R5	加工内容	顶平面加工		共8页	第6页
							编　程	
							校　对	
							审　批	
符　号								
含　义	编程原点	循环点	换刀点	快速走刀方向	给刀走刀方向			

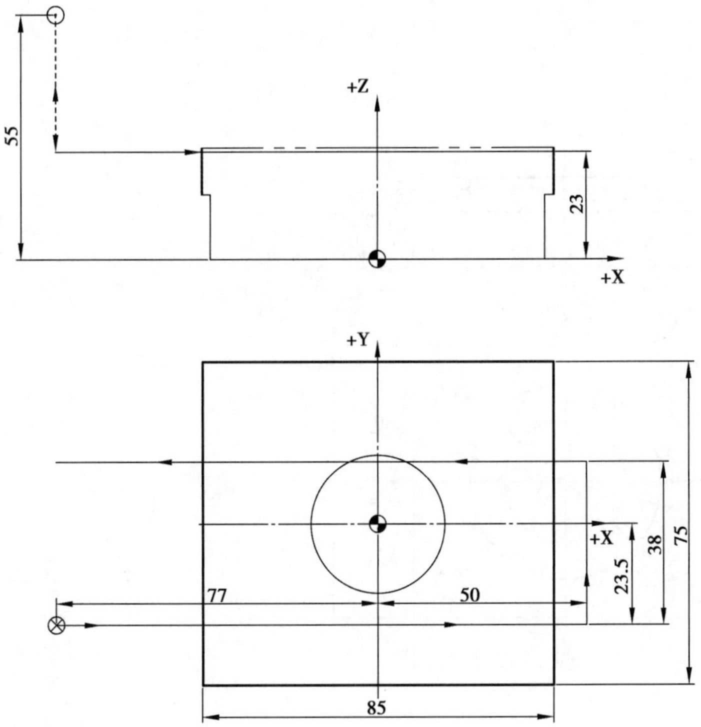

表 7.13　数控加工走刀路线图（$\phi 50$ 圆台加工）

数控加工走刀路线图			零件图号	7.1	工序号	2	工步号	2	程序号	O0002
机床型号	VMCL850	刀具型号	$\phi 16$	加工内容	$\phi 50$ 圆台加工				共 8 页	第 7 页
									编　程	
									校　对	
									审　批	
符　号										
含　义	编程原点	循环点	换刀点	快速走刀方向	给刀走刀方向					

表 7.14　数控加工走刀路线图（X 形外形轮廓加工）

数控加工走刀路线图		零件图号	5.1	工序号	2	工步号	3	程序号	O0002
机床型号	VMCL850	刀具型号	$\phi16$, $\phi8$	加工内容	X 形外形轮廓加工			共 8 页	第 8 页
+Z 55 10 +X +Y X-14.313 Y20.497 X-22.216 Y11.466 R4 90 62.805 80 12 73.205 90 100								编　程	
								校　对	
								审　批	
符　号									
含　义	编程原点	循环点	换刀点	快速走刀方向	给刀走刀方向				

7.4　数控系统的编程

钻孔固定循环指令如图 7.4 所示。

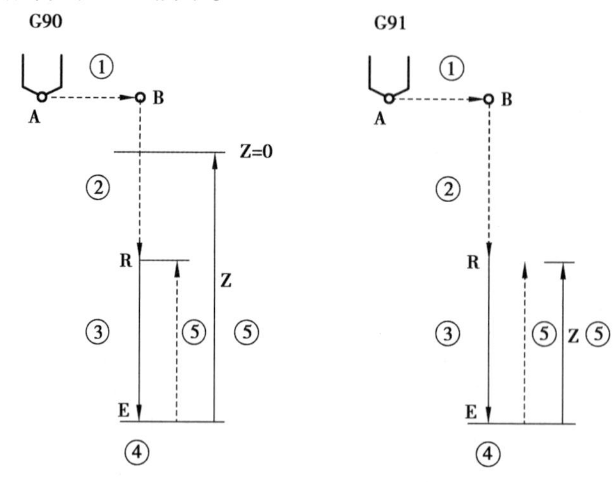

图 7.4　固定循环动作

7.4.1　固定循环常由 6 个动作顺序组成

动作：
- ①X 和 Y 轴定位
- ②快速运行到 R 点
- ③钻孔(或镗孔等)
- ④在孔底相应的动作
- ⑤退回到 R 点
- ⑥快速运行到初始点位置

由图 7.4 可知，动作①为 A→B，是快速进给到 X，Y 指定的点。动作②为 B→R，是快速趋近加工表面。动作③为 R→E，是加工动作(如钻、镗、攻螺纹等)。动作④是在 E 点处执行一些相应动作(如暂定、主轴停、主轴反转等)。动作⑤是返回到 R 点或 B 点。

7.4.2　定位平面及钻孔轴选择

定位平面决定于平面选择指令 G17，G18，G19；其相应的钻孔轴分别平行于 Z 轴、Y 轴和 X 轴。

对立式数控铣床，定位平面只能是 XY 平面，钻孔轴平行于 Z 轴。它与平面选择指令无关。下面只讨论立式铣床固定循环指令。

7.4.3　固定循环指令格式

格式：

$\begin{Bmatrix} G90 \\ G91 \end{Bmatrix} \begin{Bmatrix} G99 \\ G98 \end{Bmatrix}$ G$\underline{××}$ X__ Y__ Z__ R__ Q__ P__ F__ L__;

其中：

G××：孔加工方式，对应于固定循环指令。

X，Y：孔位数据。

Z，R，Q，P，F：孔加工数据。

L：重复次数。

1）孔加工方式

孔加工方式对应的指令见表 7.15。

表 7.15　固定循环表

G 代码	加工动作—方向	在孔底部动作	回退动作 +Z 方向	用途
G73	间歇进给		快速进给	高速深孔钻
G74	切削进给	主轴正转	切削进给	反转攻螺纹
G76	切削进给	主轴定向停止	快速进给	精镗循环（只用于第二组固定循环）
G80				抹消
G81	切削进给		快速进给	钻循环（定点钻）
G82	切削进给	暂停	快速进给	钻循环（锪钻）
G83	间歇进给		快速进给	深孔钻
G84	切削进给	主轴反转	切削进给	攻螺纹
G85	切削进给		切削进给	镗循环
G86	切削进给	主轴停止	切削进给	镗循环
G87	切削进给	主轴停止	手动操作或快速运行	镗循环（反镗）
G88	切削进给	暂停，主轴停止	手动操作或快速运行	镗循环
G89	切削进给	暂停	切削进给	镗循环

2）孔位数据 X，Y

刀具以快速进给的方式到达（X，Y）点。

3）返回点平面选择

G98 指令返回到初始平面 B 点，G99 指令返回到 R 点平面，如图 7.5 所示。

4）孔加工数据

Z：在 G90 时，Z 值为孔底的绝对值；在 G91 时，Z 是 R 平面到孔底的距离（见图 7.6）。从 R 平面到孔底是按 F 代码所指定的速度进给。

R：在 G91 时，R 值为从初始平面（B）到 R 点的增量；G90 时，R 值为绝对坐标值（见图 7.6）。此段动作是执行进给。

Q：在 G73 或 G83 方式中，规定每次加工的深度，以及在 G76 或 G87 方式中规定移动值。

P：规定在孔底的暂停时间，用整数表示，以 ms 为单位。

F：进给速度，以 mm/min 为单位。

L：重复次数，用 L 的值来规定固定循环的重复次数，执行一次可不写 L1，如果是 L0，则系统存储加工数据，不执行加工。

上述孔加工数据不一定全部都写,根据需要可省去若干地址和数据。

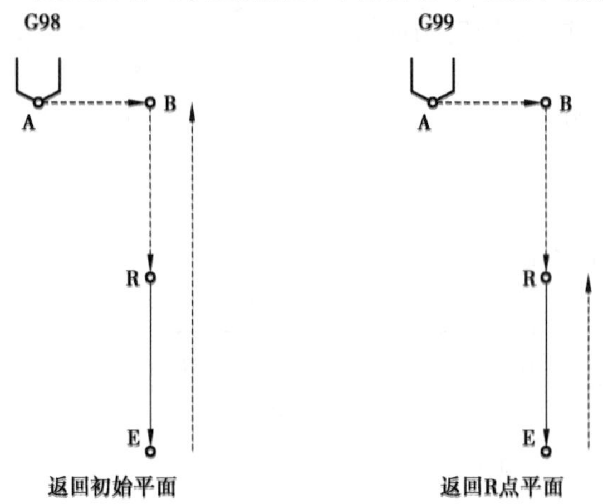

图 7.5　返回点平面选择

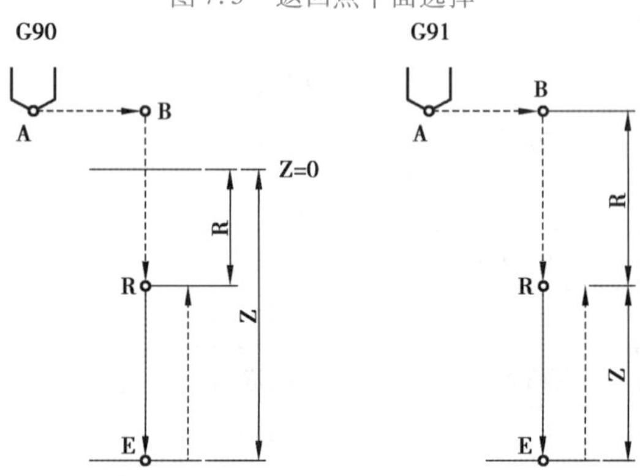

图 7.6　孔加工数据

固定循环指令是模态指令,一旦指定,就一直保持有效,直到用 G80 撤销指令为止。此外,G00,G01,G02,G03 也起撤销固定循环指令的作用。

例 7.1　要钻出孔位在(50,30),(60,10),(−10,10)的孔,孔深为 Z = −20.0 mm。程序如下:

N1 G90 G99 G81 X50.0 Y30.0 Z −20.0 R5.0 F80;

N2 X60.0 Y10.0;

N3 X −10.0;

N4 G80;

7.4.4　各种孔加工方式说明

1)G73 高速深孔钻削

如图 7.7 所示,G73 用于深孔钻削,每次背吃刀量为 q(用增量表示,根据具体情况由编程者给值)。退刀距离为 d,d 是 NC 系统内部设定的。到达 E 点后的最后一次进刀是进刀若干个 q 之后的剩余量,它小于或等于 q。G73 指令是在钻孔时间段进给,有利于断屑、排屑,适用于深孔加工。

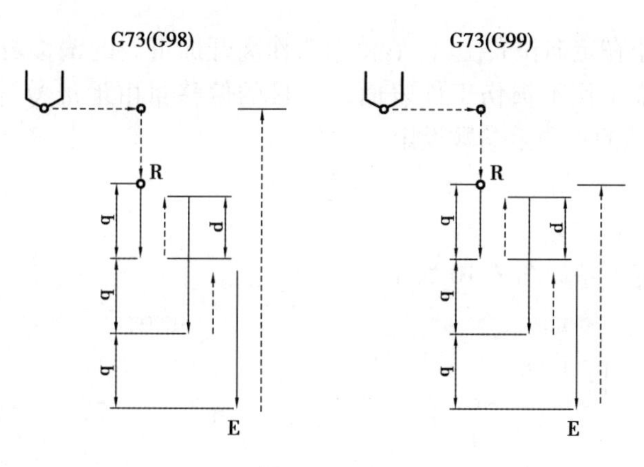

图 7.7　G73

2) G74 左旋攻螺纹

如图 7.8 所示,主轴在 R 点反转直至 E 点,到达 E 点后,正转返回。R 点应选择在距工件表面 7 mm 以上的位置。

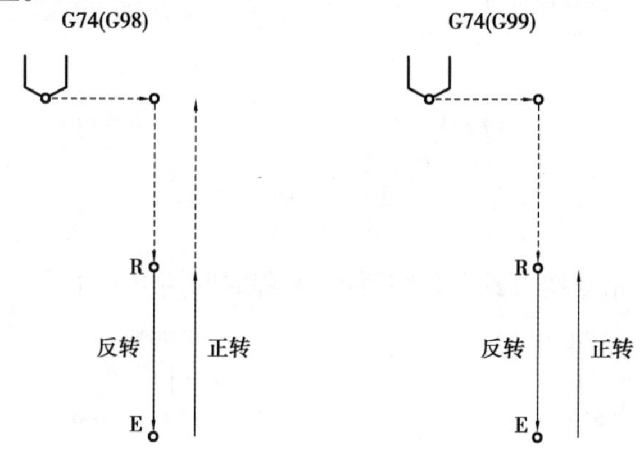

图 7.8　G74

3) G76 精镗

如图 7.9 所示,图中Ⓟ表示暂停;OSS 表示主轴定向停止;⇒表示刀具移动。

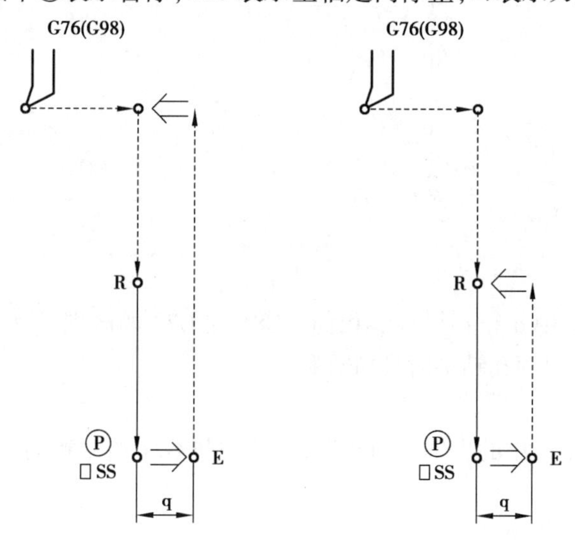

图 7.9　G76

在孔底,主轴停止在定向位置上,然后使刀头作离开加工面的偏移之后拔出,这样可高精度、高效率地完成孔加工而不损伤工件表面。刀具的偏移量由地址 Q 来规定。Q 总是正数(负号不起作用),移动的方向由参数设定。

Q 值在固定循环方式期间是模态的,在 G73,G83 指令中作背吃刀量值使用。

4)G81 钻孔循环、定点钻

G81 钻孔循环、定点钻如图 7.10 所示。

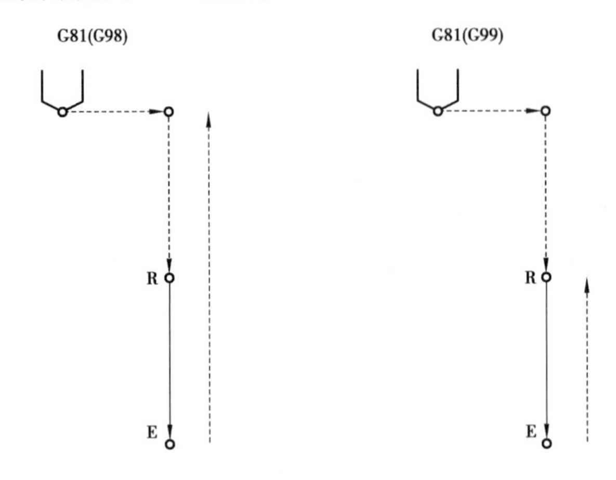

图 7.10 G81

5)G82 钻孔、镗孔

如图 7.11 所示,该指令使刀具在孔底暂停,暂停时间用 P 来指定。

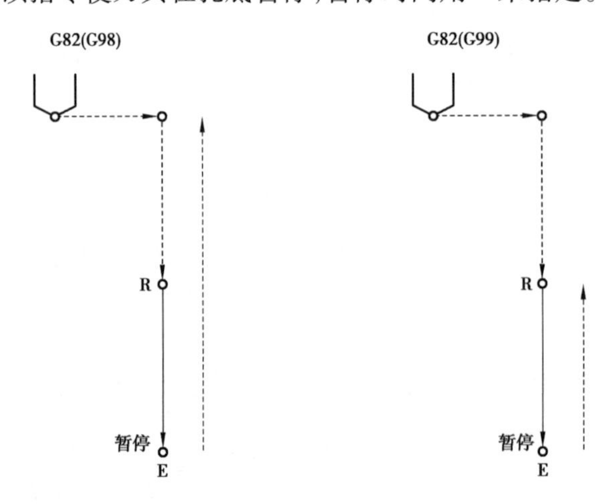

图 7.11 G82

6)G83 深孔钻削

如图 7.12 所示,其中 q 和 d 与 G73 相同。G83 和 G73 的区别是:G83 指令在每次进刀 q 距离后返回 R 点,这样对深孔钻削时排屑有利。

7)G84 右旋攻螺纹

G84 指令和 G74 指令中的主轴旋向相反,其他均与 G71 指令相同。

8)G85 镗孔

G85 镗孔如图 7.13 所示。

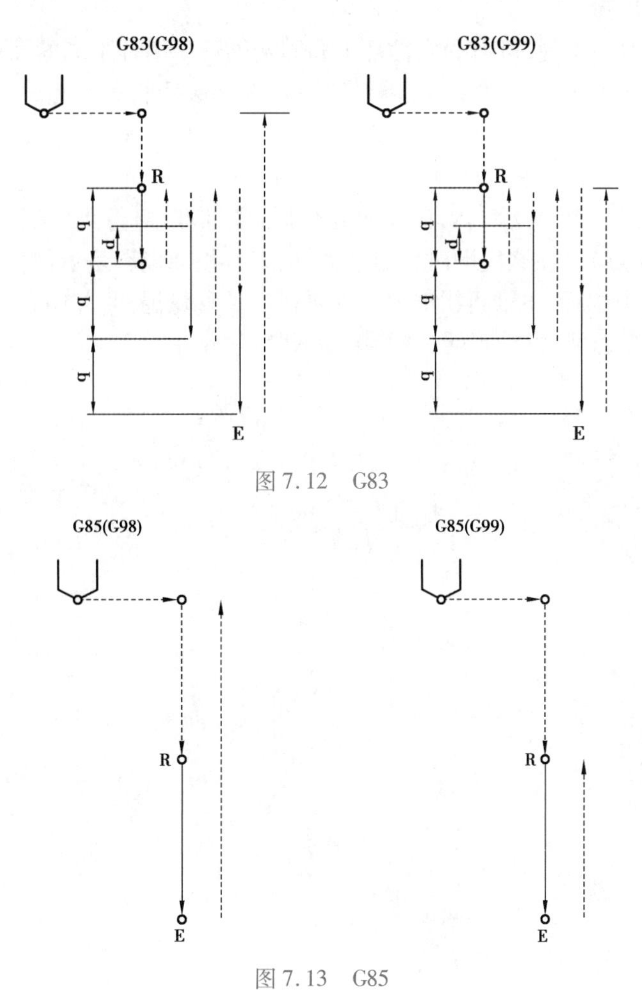

图 7.12　G83

图 7.13　G85

9)G86 镗

如图 7.14 所示,该指令在 E 点使主轴停止,然后快速返回原点或 R 点。

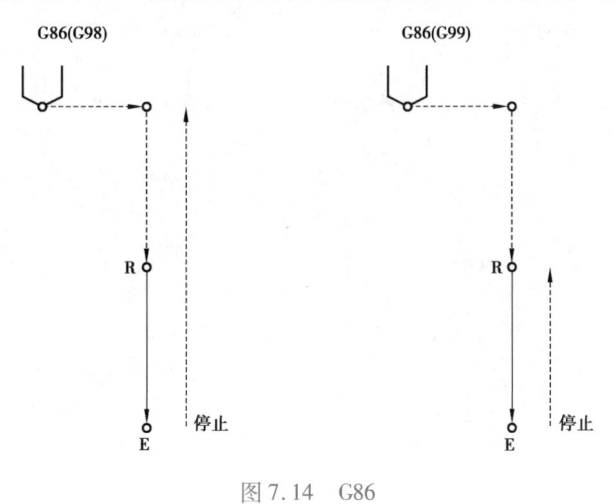

图 7.14　G86

10）G87 镗孔/反镗

根据参数设定值的不同，可有固定循环1和固定循环2两种不同的动作。固定循环1（见图7.15），刀具到达孔底后主轴停止，控制系统进入进给保持状态。此时，刀具可用手动方式移动。为了再启动加工，应转换到纸带或存储方式，并且按“循环启动”键，刀具返回原点（G98）或R点（G99）之后主轴启动，然后继续下一段程序。

固定循环2如图7.16所示。X轴、Y轴定位后，主轴准停，刀具以反刀尖的方向偏移，并快速定位在孔底（R点）。在这里顺时针启动主轴，刀具按原偏移量返回。在Z轴方向上一直加工到E点。在这个位置，主轴再次准停后刀具按原偏移量退回，并向孔的上方移出，然后返回原点并按原偏移量返回，主轴正转，继续执行下段程序。

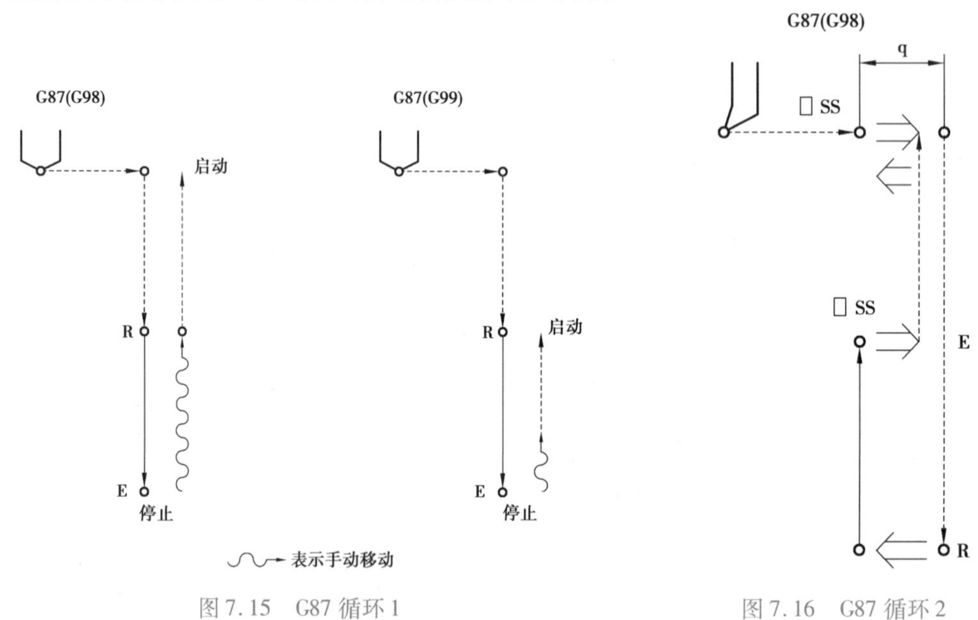

图7.15　G87 循环1

图7.16　G87 循环2

11）G88 镗孔

G88 镗孔如图7.17所示。

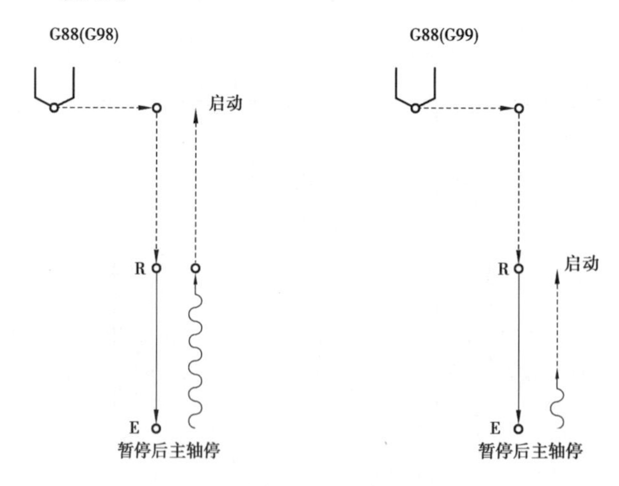

图7.17　G88

12）G89 镗孔

G89 镗孔如图 7.18 所示。

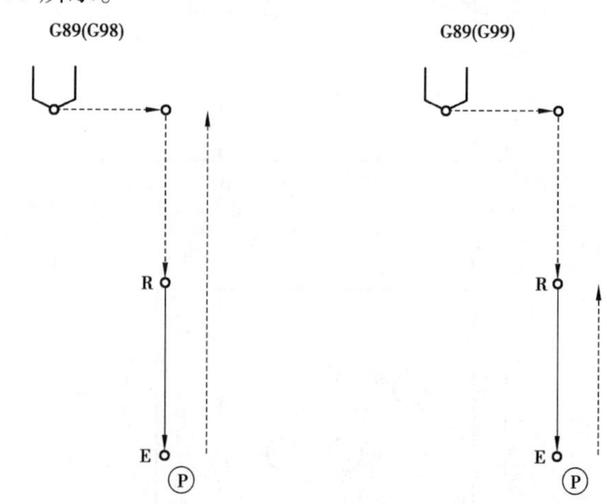

图 7.18　G89

例 7.2　如图 7.19 所示的钻孔。加工程序见表 7.16。

表 7.16　加工程序

采用 G81 及增量值指令时	采用 G81 及绝对值指令时
O0001；	O0002；
G54 G91 G00 S300 M03；	G54 G90 G00 S300 M03；
G99 G81 X10.0 Y－10.0 Z－22.0 R－98.0 Q2.0 F150；	G99 G81 X10.0 Y－10.0 Z－20.0 R2.0 Q2.0 F150；
Y30.0；	Y20.0；
X10.0 Y－10.0；	X20.0 Y10.0；
X10.0；	X30.0；
G98 X10.0 Y20.0；	G98 X40.0 Y30.0；
G80 G00 X－40.0 Y－30.0；	G80 G00 X0 Y0；
M30；	M30；

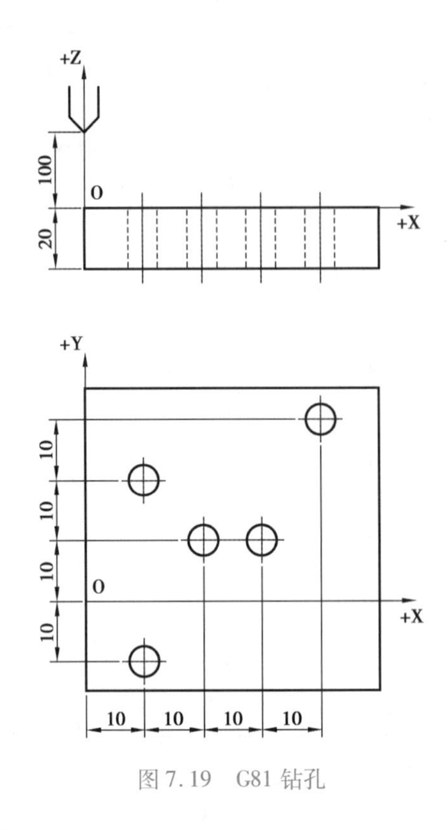

图 7.19　G81 钻孔

7.4.5　重复固定循环

可用地址 L 规定重复次数。例如,可用来加工等距孔。L 最大值为 9 999,L 只在其存在的程序段中有效。

例 7.3　钻削如图 7.20 所示的 5 个孔。加工程序如下:

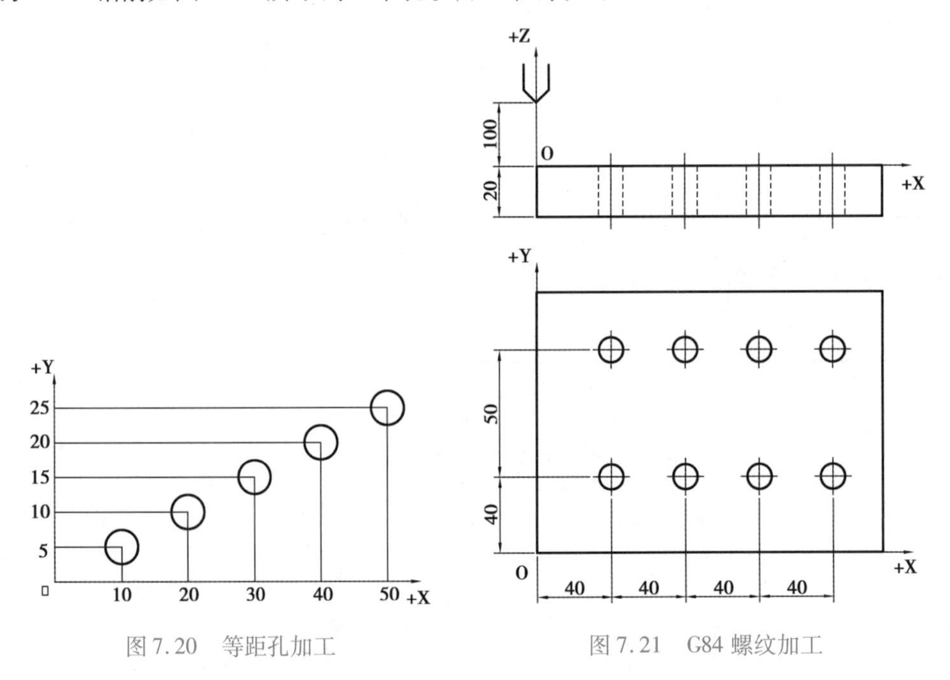

图 7.20　等距孔加工

图 7.21　G84 螺纹加工

N10 G00 G90 X0 Y0;

N11 G91 G81 G98 X10.0 Y5.0 Z－20.0 R－5.0 L5 F80;

例 7.4　如图7.21所示的螺纹加工。加工程序见表7.17。

表7.17　加工程序

采用G81及增量值指令时	采用G84及增量值指令时
O0001; G91 G00 M03; G98 G84 X40.0 Y40.0 Z－22.0 R－98.0 F100; X40.0 L3; X－120.0 Y50.0; X40.0 L3; G80 G00 X－160.0 Y－90.0; M30;	O0002; G91 G00 M03; G99 G84 X40.0 Z－27.0 R－93.0 F280; X40.0 L3; X－120.0 Y50.0; X40.0 L3; G80 G00 Z93.0; X－160.0 Y－90.0; M30;

7.4.6　固定循环注意事项

固定循环注意事项如下:

①指定固定循环前,必须用M代码规定主轴转动。

②在固定循环方式中,其程序段必须有X,Y,Z轴(包括R)的位置数据,否则不执行固定循环。例如:

G82 X__ Y__ Z__ R__ F__ P__;　　（不钻孔）

F;　　（不钻孔）

M;　　（不钻孔）

G04 P__;　　（不钻孔,不影响固定循环中的P数据）

③撤销固定循环指令除了G80外,G00,G01,G02,G03也能起撤销作用。因此,编写固定循环时要注意。

④在固定循环方式中,刀具偏移指令(G45—G48)不起作用。

⑤固定循环方式中,G43,G44仍起刀具长度补偿作用。

例 7.5　如图7.22所示为刀具长度补偿及固定循环指令应用。加工程序见表7.18。

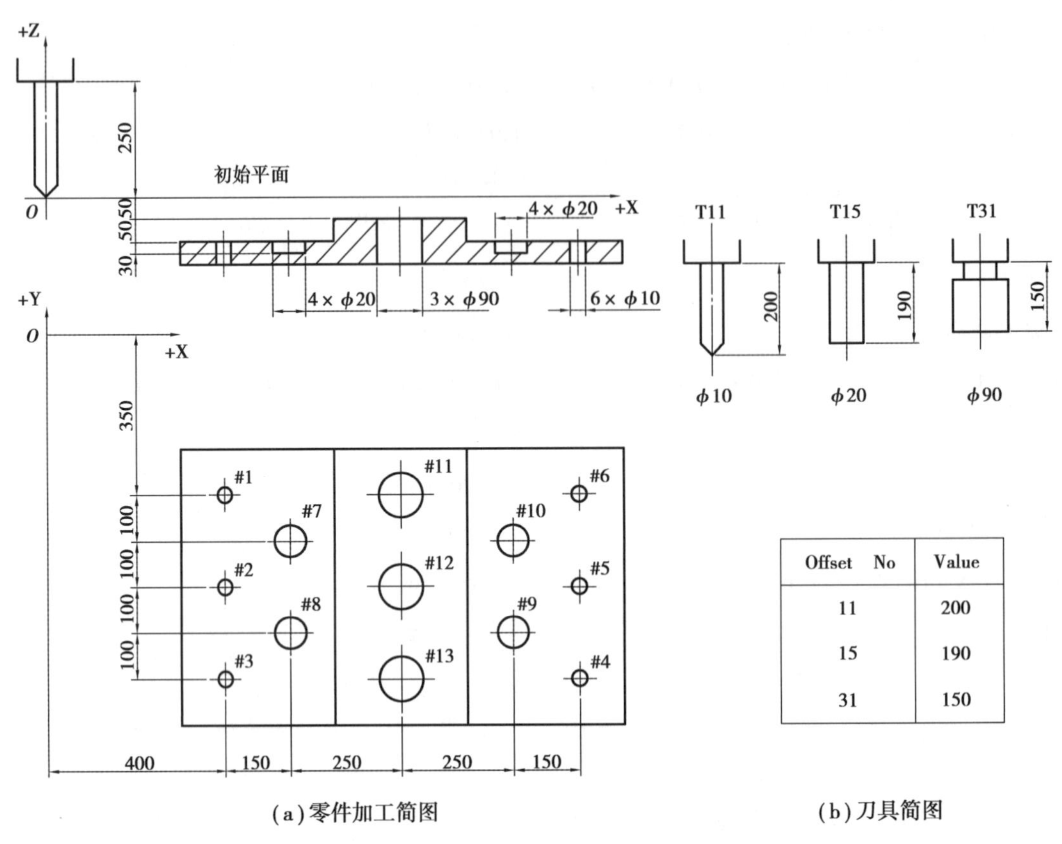

(a)零件加工简图 (b)刀具简图

图 7.22 刀具长度补偿及固定循环指令应用

表 7.18 加工程序

程序	说明
N01 G54 G90 G00 X0 Y0 Z0;	(G54 坐标系,快速移动到 O 点定位)
N02 G90 G00 Z250.0 T11 M06;	(换刀)
N03 G43 Z0 H11;	(建立长度补偿 H11)
N04 S30 M03;	(主轴正转)
N05 G99 G81 X400.0 Y-350.0 Z-153.0 R-97.0 F120;	(钻#1 孔,返回 R 平面)
N06 Y-550.0;	(钻#2,返回 R 平面)
N07 G98 Y-750.0;	(钻#3,返回初始平面)
N08 G99 X1200.0;	(钻#4,返回 R 平面)
N09 Y-550.0;	(钻#5,返回 R 平面)
N10 G98 Y-350.0;	(钻#6,返回初始平面)
N11 G00 X0 Y0 M05;	(取消钻孔循环回起刀点,主轴停)
N12 G49 Z250.0 T15 M06;	(刀具补偿取消,换刀)
N13 G43 Z0 H15;	(初始平面,刀具补偿)
N14 S20 M03;	(主轴正转)

续表

N15 G99 G82 X550.0 Y－450.0 Z－130.0 R－97.0 P300 F70；	
N16 G98 Y－650.0；	（钻#8，返回初始平面）
N17 G99 X1050.0；	（钻#9，返回 R 平面）
N18 G98 Y－450.0；	（钻#10，返回初始平面）
N19 G00 X0 Y0 M05；	（取消钻孔循环返回起刀点，主轴停）
N20 G49 Z250.0 T31 M06；	（刀具补偿取消，换刀）
N21 G43 Z0 H31；	（初始平面，刀具补偿）
N22 S10 M03；	（主轴正转）
N23 G85 G99 X800.0 Y－350.0 Z－153.0 R－47.0 F50；	（钻#11，返回 R 平面）
N24 G91 Y－200.0 L2；	（钻#12、#13，返回 R 平面）
N25 G28 X0 Y0；	（返回参考点）
N26 G49 Z0；	（刀具长度补偿取消）
N27 M30；	（程序停）

7.5　程序编制与工艺文件填写

7.5.1　零件图

零件图如图 7.23 所示。

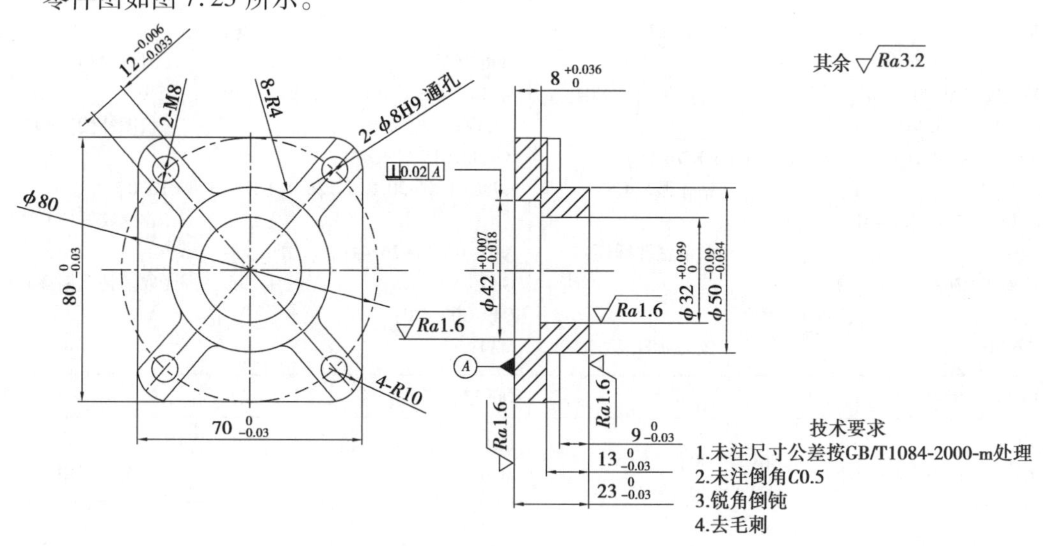

图 7.23　零件图

7.5.2 数控加工程序

数控加工程序见表 7.19、表 7.20。

表 7.19 数控加工程序(一)

O0001;工序 1 主程序	G01 Z-16 F216; G41 X-40 D01; (半径补偿值 8.5) M98 P0011 L1; (调用子程序 O0011) (80×70 外形精加工) M03 S1400; G41 X-40 D02 F126;(半径补偿值 7.992) M98 P0011 L1; (调用子程序 O0011) G00 Z30; (ϕ32 内孔粗加工) X-7.8 Y0; Z2; G01 Z-0.5; M98 P0012 L26; (调用子程序 O0012) G03 I7.8; (ϕ32 内孔精加工) M03 S1400; G01X-8.01 F126; G03 I8.01;	G01 X0; G00 Z30; (ϕ42 内孔粗加工) M03 S1200; X-12.8 Y0; Z2; G01 Z-0.02 F216; M98 P0013 L9; (调用子程序 O0013) G03 I12.8; (ϕ42 内孔精加工) M03 S1400; G01X-20.997 F126; G03 I20.997; G01 X0; G49G00 Z30; (M8 螺纹底孔加工) M06 T03; (钻头 ϕ6.5) M03 S5150;
M06 T01; (刀具 ϕ63R5) M03 S1000; G54 G90; G43G00 Z30 H01;(长度补偿号 H01) X-77 Y-23.5; Z2; G01 Z-1 F1200; X50; Y14.5; X-77; G49G00 Z30; (取消长度补偿) M06 T02; (刀具 ϕ16) (80×70 外形粗加工) M03 S1200; G43G00 Z30 H02;(长度补偿号 H02) X-55 Y0; Z2;		

G43G00 Z30 H03; (长度补偿号 H03) X-30.015 Y26.441; G98G83 X-30.015 Y26.441 Z-21 R3 F927 Q3; (钻孔循环 G83) X30.015 Y-26.441; G80; (取消钻孔循环) G49G00 Z30; (钻 ϕ8H9 底孔) M06 T04; (钻头 ϕ7.8) M03 S4300; G43G00 Z30 H04; (长度补偿号 H04) X30.015 Y26.441; G98G83 X-30.015 Y26.441 Z-21 R3 F774 Q3; (钻孔循环 G83) X-30.015 Y-26.441; G80; (取消钻孔循环) G49G00 Z30; (铰 ϕ8H9 底孔) M06 T05; (铰刀 ϕ8)	M03 S600; G43G00 Z30 H05; (长度补偿号 H05) X30.015 Y26.441; G98G81 X-30.015 Y26.441 Z-21 R3 F600; (钻孔循环 G81) X-30.015 Y-26.441; G80; (取消钻孔循环) G49G00 Z30; (攻 M8 螺纹) M06 T06; (刀具 M8) M03 S240; G43G00 Z30 H06; (长度补偿号 H06) X-30.015 Y26.441; G98G84 X-30.015 Y26.441 Z-21 R3 F300; (攻螺纹循环 G84) X30.015 Y-26.441; G80; (取消钻孔循环) G49 G00 Z30; M30;

O0011;子程序		O0012;子程序
G01 Y25; G02 X-30 Y35 R10; G01 X30; G02 X40 Y25 R10; G01 Y-25; G02 X30 Y-35 R10;	G01 X-30; G02 X-40 Y-25 R10; G01 Y25; G40 X-55 Y0; M99; (子程序结束)	G91 G03 I7.8 Z-1; M99; (子程序结束)
		O0013;子程序
		G91 G03 I12.8 Z-1; M99; (子程序结束)

续表

O0002;工序 2 主程序		
M06 T01;　　(刀具 ϕ63R5) M03 S1000; G54 G90; G43G00 Z55 H01; (长度补偿号 H01) X -77 Y -23.5; Z2; G01 Z22.985 F1200; X50; Y14.5; X -77; G49G00 Z55;　(取消长度补偿) M06 T02;　(刀具 ϕ16) (ϕ50 凸台粗加工) M03 S1200; G43G00 Z55 H02; (长度补偿号 H02)	X -55 Y0; Z25; G01 Z23 F216; M98 P0021 L3; (调用一级子程序 O0021) (ϕ50 凸台精加工) M03 S1400; G41 X -25 D03 F126; (半径补偿值 7.977) M98 P2111 L1; (调用三级子程序 O2111) G00 Z55; (X 形外形轮廓粗加工) M03 S1200; X -50 Y -45; Z16; G01 Z10 F216; M98 P0022 L1; (调用一级子程序 O0022) G68 X0 Y0 P180; (绕(0,0)旋转 180°)	M98 P0022 L1; (调用一级子程序 O0022) G49 G00 Z55;(取消长度补偿) G69; (X 形外形轮廓精加工) M06 T07;　(刀具 ϕ8) M03 S4400; G43 G00 Z55 H07; (长度补偿号 H07) X -50 Y -45; Z16; G01 Z10 F1056; M98 P0023 L1; (调用一级子程序 O0023) G68 X0 Y0 P180; (绕(0,0)旋转 180°) M98 P0027 L1; (调用一级子程序 O0023) G49G00 Z55;(取消长度补偿) G69; M30;

表 7.20　数控加工程序(二)

O0021;一级子程序	O0211;二级子程序	O0221;二级子程序
G91 G01 Z -3 M98 P0022 L1; (调用二级子程序 O0211) M99;　(子程序结束) **O0022;一级子程序** G41 G01 X -45 Y -31.403 D01 M98 P0221 L1; (调用二级子程序 O0221) G41 G01 X -36.603 Y40 D01 M98 P0222 L1; (调用二级子程序 O0222) M99;　(子程序结束) **O0027;子程序** G41 G01 X -45 Y -31.403 D04; (半径补偿值 3.977) M98 P0221 L1 G41 G01 X -36.603 Y40 D04 M98 P0222 L1 M99;　(子程序结束)	G01 X -40 Y25 G02 X -30 Y35 R10 G01 X30 G02 X40 Y25 R10 G01 Y -25 G02 X30 Y -35 R10 G01 X -30 G02 X -40 Y -25 R10 G01 Y0 G41 X -25 D01; (半径补偿值 8.5) M98 P0023 L1; (调用三级子程序 O2111) M99;　(子程序结束)	G01 X -22.216 Y -11.466 G02 Y11.466 R24.969 G01 X -45 Y31.403 G40 X -50 Y45 M99 **O0222;二级子程序** G01 X -14.313 Y20.497 G02 X14.313 R24.969 G01 X -36.603 Y40 G40 X50 Y45 M99 **O2111;三级子程序** G02 I25 G40 G01 X -55 M99;　(子程序结束)

7.5.3 数控加工工艺文件

①编写零件的数控加工工序卡,见表7.21、表7.22。

表7.21 数控加工工序卡(一)

<table>
<tr><td colspan="3" rowspan="2">数控加工工序卡</td><td>产品名称</td><td></td><td>共2页</td><td>第1页</td></tr>
<tr><td>工 序 号</td><td>1</td><td>工序名称</td><td>数铣加工</td></tr>
<tr><td colspan="3" rowspan="6">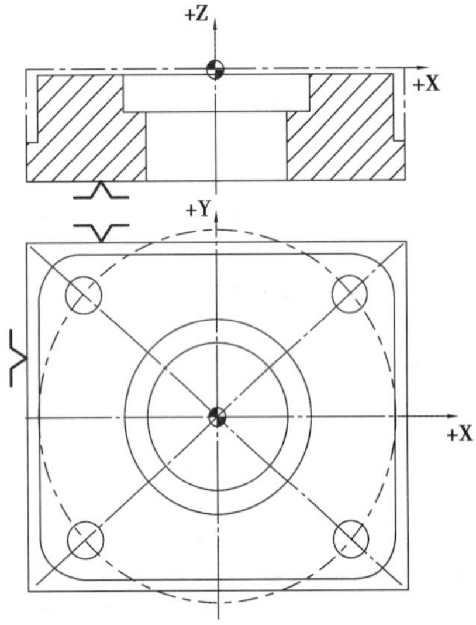
</td><td>零件图号</td><td>7.1</td><td>夹具名称</td><td>精密平口钳</td></tr>
<tr><td>零件名称</td><td></td><td>夹具编号</td><td></td></tr>
<tr><td>材　　料</td><td>6061</td><td>设备名称</td><td>VMCL850</td></tr>
<tr><td>程序编号</td><td>O0001</td><td>车　　间</td><td></td></tr>
<tr><td>编　　制</td><td></td><td>批　　准</td><td></td></tr>
<tr><td>审　　核</td><td></td><td>日　　期</td><td></td></tr>
<tr><td>序号</td><td>工步工作内容</td><td>刀具号</td><td>刀具规格</td><td>主轴转速/(r·min^{-1})</td><td>进给速度/(mm·min^{-1})</td><td>切削深度/mm</td></tr>
<tr><td>1</td><td>检查毛坯尺寸及工量具</td><td></td><td></td><td></td><td></td><td></td></tr>
<tr><td>2</td><td>去除毛坯表面毛刺</td><td></td><td></td><td></td><td></td><td></td></tr>
<tr><td>3</td><td>以毛坯底面为定位基准,采用精密平口钳装夹,保证加工高度16 mm以上</td><td></td><td></td><td></td><td></td><td></td></tr>
<tr><td>4</td><td>用ϕ63盘刀加工毛坯上平面(零件底平面),保证平面的平面度和粗糙度</td><td>T01</td><td>ϕ63R5</td><td>1 000</td><td>1 200</td><td>1</td></tr>
<tr><td>5</td><td>粗精加工零件80×70侧面至图纸尺寸(成)</td><td>T02</td><td>ϕ16</td><td>1 200</td><td>216</td><td>2</td></tr>
<tr><td>6</td><td>粗精加工ϕ32内孔至图纸尺寸(成)</td><td>T02</td><td>ϕ16</td><td>1 200</td><td>216</td><td>1</td></tr>
<tr><td>7</td><td>粗精加工ϕ42内孔至图纸尺寸(成)</td><td>T02</td><td>ϕ16</td><td>1 200</td><td>216</td><td>1</td></tr>
</table>

续表

序号	工步工作内容	刀具号	刀具规格	主轴转速 /(r · min^{-1})	进给速度 /(mm · min^{-1})	切削深度 /mm
8	加工 2-M8 和 2-ϕ8 至图纸尺寸(成)	T03	ϕ6.5	5 150	927	
		T04	ϕ7.8	4 300	774	
		T05	ϕ8	600	600	
		T06	M8	240	300	
9	去除零件表面毛刺					
10	检测					
11	入库					

表 7.22　数控加工工序卡(二)

<table>
<tr><td colspan="3" rowspan="2">数控加工工序卡</td><td>产品名称</td><td></td><td>共 2 页</td><td>第 2 页</td></tr>
<tr><td>工 序 号</td><td>2</td><td>工序名称</td><td>数铣加工</td></tr>
<tr><td colspan="3" rowspan="6">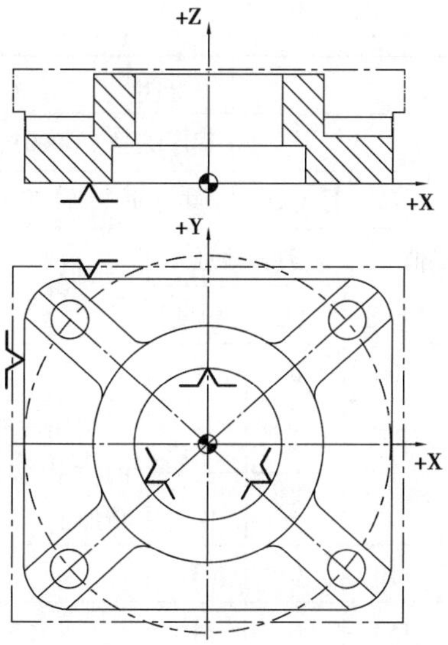
</td><td>零件图号</td><td>7.1</td><td>夹具名称</td><td>精密平口钳</td></tr>
<tr><td>零件名称</td><td></td><td>夹具编号</td><td></td></tr>
<tr><td>材　　料</td><td>6061</td><td>设备名称</td><td>VMCL850</td></tr>
<tr><td>程序编号</td><td>O0002</td><td>车　　间</td><td></td></tr>
<tr><td>编　　制</td><td></td><td>批　　准</td><td></td></tr>
<tr><td>审　　核</td><td></td><td>日　　期</td><td></td></tr>
<tr><td>序号</td><td>工步工作内容</td><td>刀具号</td><td>刀具规格</td><td>主轴转速 /(r · min^{-1})</td><td>进给速度 /(mm · min^{-1})</td><td>切削深度 /mm</td></tr>
<tr><td>1</td><td>检查毛坯尺寸及工量具</td><td></td><td></td><td></td><td></td><td></td></tr>
<tr><td>2</td><td>去除毛坯表面毛刺</td><td></td><td></td><td></td><td></td><td></td></tr>
<tr><td>3</td><td>以零件底面为定位基准和程序基准,采用精密平口钳装夹,保证加工高度 14 mm 以上</td><td></td><td></td><td></td><td></td><td></td></tr>
</table>

续表

序号	工步工作内容	刀具号	刀具规格	主轴转速 /(r·min^{-1})	进给速度 /(mm·min^{-1})	切削深度 /mm
4	用 ϕ63 盘刀加工零件上平面,保证平面的零件总高度 23 mm	T01	ϕ63	1 000	1 200	1
5	粗精加工圆台 ϕ50 至图纸尺寸(成)	T02	ϕ16	1 200	216	3
6	粗精 X 形外形轮廓至图纸尺寸(成)	T02	ϕ16	1 200	216	4
		T07	ϕ8	4 400	1 056	0.5
7	去除零件表面毛刺					
8	检测					
9	入库					

②编写零件的数控加工刀具卡,见表 7.23。

表 7.23　数控加工刀具卡

<table>
<tr><td colspan="3" rowspan="2">数控加工刀具卡</td><td colspan="2">产品名称</td><td colspan="3"></td><td>零件图号</td><td>7.1</td></tr>
<tr><td colspan="2">零件名称</td><td colspan="3"></td><td>程序编号</td><td>O0001,O0002</td></tr>
<tr><td>编制</td><td></td><td>审核</td><td></td><td>批准</td><td></td><td colspan="2">年　月　日</td><td>共 1 页</td><td>第 1 页</td></tr>
<tr><td rowspan="2">工步序号</td><td rowspan="2">刀具号</td><td rowspan="2">刀具名称</td><td colspan="2">刀具</td><td colspan="2">补偿值</td><td colspan="2">刀补地址</td><td rowspan="2">备　注</td></tr>
<tr><td>直径</td><td>长度</td><td>直径</td><td>长度</td><td>直径</td><td>长度</td></tr>
<tr><td>1</td><td>T01</td><td>D63R5</td><td>φ63</td><td>100</td><td>0</td><td>100</td><td>0</td><td>1</td><td></td></tr>
<tr><td rowspan="2">2</td><td rowspan="2">T02</td><td rowspan="2">D16R0</td><td rowspan="2">φ16</td><td rowspan="2">25</td><td>8.5</td><td>25</td><td>1</td><td>2</td><td rowspan="2">利用改变补偿的方式实现粗、精加工</td></tr>
<tr><td>7.992</td><td></td><td>2</td><td></td></tr>
<tr><td>3</td><td>T03</td><td>Z6.5</td><td>φ6.5</td><td>150</td><td>0</td><td>150</td><td>0</td><td>3</td><td></td></tr>
<tr><td>4</td><td>T04</td><td>Z7.8</td><td>φ7.8</td><td>150</td><td>0</td><td>150</td><td>0</td><td>4</td><td></td></tr>
<tr><td>5</td><td>T05</td><td>Z8</td><td>φ8</td><td>150</td><td>0</td><td>150</td><td>0</td><td>5</td><td></td></tr>
<tr><td>6</td><td>T06</td><td>M8</td><td>φ8</td><td>80</td><td>0</td><td>80</td><td>0</td><td>6</td><td></td></tr>
<tr><td>7</td><td>T01</td><td>D63R5</td><td>φ63</td><td>100</td><td>0</td><td>100</td><td>0</td><td>1</td><td></td></tr>
<tr><td rowspan="2">8</td><td rowspan="2">T02</td><td rowspan="2">D16R0</td><td rowspan="2">φ16</td><td rowspan="2">25</td><td>8.5</td><td>0</td><td>1</td><td></td><td rowspan="2">利用改变补偿的方式实现粗、精加工</td></tr>
<tr><td>7.977</td><td></td><td>3</td><td></td></tr>
<tr><td>9</td><td>T07</td><td>D8R0</td><td>φ8</td><td>25</td><td>3.977</td><td>25</td><td>4</td><td>7</td><td></td></tr>
</table>

第8章 安全文明生产

8.1 数控机床安全生产规程

数控机床安全生产规程如下：

①操作人员应熟知机床的结构和传动原理。

②开机后，检查刀具补偿数字是否正确，机床运动是否返回机床零点。

③机床使用工具、夹具、量具、刀具、毛坯及工件应分类摆放在定置区内。

④不得随意打开 NC 装置的对程序进行编辑和改变用于传动轴行程端点的限位开关。

⑤操作机床时，应认真检查各按钮开关是否安全可靠，润滑系境、直流电源是否良好。

⑥每次装夹零件和刀具后，应认真检查，确认夹紧后，方可开始加工。

⑦在机床加工过程中，不要用手触摸旋转和运动部位。操作者应坚守岗位，并监视控制柜和显示器有无异常变化，发生故障立即停机。

⑧在调整冷却液喷嘴的位置时，应待机床停稳后，方可调整。

⑨工作后，将机床运动轴返回机床零点。依次关闭驱动数控箱，稳压电源等，并清理机床内外铁屑。

8.2 数控铣床操作规程

为了正确、合理地使用数控铣床，保证机床正常运转，必须制订较完整的数控铣床操作规程。通常应做到：

机床通电后，检查各开关、按钮和键是否正常、灵活，机床有无异常现象。

检查电压、气压、油压是否正常，有手动润滑的部位要先进行手动润滑。

各坐标轴手动回零（机床参考点），若某轴在回零前已在零位，必须先将该轴移动离零点一段距离后，再行手动回零。

在进行工作台回转交换时，台面上、护罩上、导轨上不得有异物。

机床空运转达 15 min,使机床达到热平衡状态。

程序输入后,应认真核对,保证无误,其中包括对代码、指令、地址、数值、正负号、小数点及语法的查对。

按工艺规程安装找正夹具。

正确测量和计算工件坐标系,并对所得结果进行验证和验算。

将工件坐标系输入偏置页面,并对坐标、坐标值、正负号及小数点进行认真核对。

未装工件以前,空运行一次程序,看程序能否顺利执行,刀具长度选取和夹具安装是否合理,有无超程现象。

刀具补偿值(刀长、半径)输入偏置页面后,要对刀补号、补偿值、正负号及小数点进行认真核对。

装夹工具时,要注意螺钉压板是否妨碍刀具运动,检查零件毛坯和尺寸超常现象。

检查刀头的安装方向及刀具旋转方向是否符合程序要求。

查看杆前后部位的形状和尺寸是否符合程序要求。

镗刀头尾部露出刀杆直径部分,必须小于刀尖露出刀杆直径部分。

检查刀柄在主轴孔中是否能拉紧。

无论是首次加工的零件还是周期性重复加工的零件,首件都必须对照图样工艺、程序和刀具调整卡进行逐段程序的试切。

单段试切时,快速倍率开关必须调到最低挡。

每把刀首次使用时,必须先验证其实际长度与所给刀补值是否相符。

在程序运行中,要观察数控系统上的坐标显示,了解目前刀具运动点在机床坐标系及工件坐标系中的位置,了解程序段的位移量,以及还剩余多少位移量等。

程序运行中,也要观察数控系统上的工作寄存器和缓冲寄存器显示,查看正在执行的程序段各状态指令和下一个程序段的内容。

在程序运行中,要重点观察数控系统上的主程序和子程序,了解正在执行主程序段的具体内容。

试切进刀时,在刀具运行至工件表面 30 ~ 50 mm 处,必须在进给保持下,验证 Z 轴剩余坐标值和 X 轴、Y 轴坐标值与图样是否一致。

对一些有试刀要求的刀具,采用“渐近”方法。如镗一小段长度,检测合格后,再镗到整个长度。使用刀具半径补偿功能的刀具数据,可由小到大,边试边修改。

试切和加工中,刃磨刀具和更换刀具后,一定要重新测量刀长并修改好刀补值和刀补号。

程序检索时,应注意光标所指位置是否合理、准确,并观察刀具与机床运动方向坐标是否正确。

程序修改后,对修改部分一定要仔细计算和认真核对。

手摇进给和手动连续进给操作时,必须先检查各种开关所选择的位置是否正确,弄清正负方向,认准按键,再进行操作。

全批零件加工完成后,应核对刀具号、刀补值,使程序、偏置页面、调整卡,以及工艺中的刀具号、刀补值完全一致。

卸下夹具,某些夹具应记录安装位置及方位,并记录和存档。

清扫机床并将各坐标轴停在中间位置。

8.3　数控铣床的日常维护保养

8.3.1　维护保养的意义

数控机床使用寿命的长短和故障的高低,不仅取决于机床的精度和性能,很大程度上也取决于它的正确使用和维护。正确地使用能防止设备非正常磨损,避免突发故障,精心地维护可使设备保持良好的技术状态,延缓劣化进程,及时发现和消除隐患于未然,从而保障安全运行,保证企业的经济效益,实现企业的经营目标。因此,机床的正确使用与精心维护是贯彻设备管理以防为主的重要环节。

8.3.2　维护保养必备的基本知识

数控机床具有机、电、液集于一体,技术密集和知识密集的特点。因此,数控机床的维护人员不仅要有机械加工工艺及液压、气动方面的知识,也要具备电子计算机、自动控制、驱动及测量技术等知识,这样才能全面了解、掌握数控机床以及做好机床的维护保养工作。在维修前,维护人员应详细阅读数控机床有关说明书,对数控机床有一个详细的了解,包括机床结构特点、工作原理以及电缆的连接。

8.3.3　数控机床进行日常维护和保养的目的

延长器件的使用寿命和机械部件的变换周期,防止发生意外的恶性事故;使机床始终保持良好的状态,并保持长时间的稳定工作。不同型号的数控机床的日常保养的内容和要求不完全一样,机床说明书中已有明确的规定,但总的来说主要包括以下 3 个方面:

①良好的润滑状态,定期检查、清洗自动润滑系统,及时添加或更换油脂、油液,使丝杠导轨等运动部位始终保持良好的润滑状态,以降低机械的磨损速度。

②机械精度的检查调整。用以减少各运动部件之间的形状和位置偏差,包括换刀系统、工作台交换系统、丝杠、反向间隙等的检查与调整。

③经常清扫卫生。如果机床周围环境太脏,粉尘太多,均会影响机床的正常运行;电路板上太脏,可能产生短路现象;油水过滤器、完全过滤网等太脏,会发生压力不够,散热不好,造成故障。因此,必须定期进行卫生清扫。

数控机床的日常维护保养内容和要求见表 8.1。

表 8.1 数控机床的日常维护保养内容和要求

序号	检查周期	检查部位	检查要求
1	每天	导规润滑	检查润滑油的油面、油量,及时添加油,润滑油泵能否定时启动、打油及停止,导轨各润滑点在打油时是否有润滑油流出
2	每天	X,Y,Z 及回旋轴导轨	清除导轨面上的切屑、赃物、冷却水剂,检查导轨润滑油是否充分,导轨面上有无划伤及锈斑,导轨防尘刮板上有无夹带铁屑,如果是安装滚动滑块的导轨,当导轨上出现划伤时应检查滚动滑块
3	每天	压缩空气气源	检查气源供气压力是否正常,含水量是否过大
4	每天	机床进气口的油水自动分离器和自动空气干燥器	及时清理分水器中滤出的水分,加入足够润滑油,空气干燥器是否能自动切换工作,干燥剂是否饱和
5	每天	气液转换器和增压器	检查存油面高度,并及时补油
6	每天	主轴箱润滑恒温油箱	恒温油箱正常工作,由主轴箱上油标确定是否有润滑油,调节油箱制冷温度能正常启动,制冷温度不低于室温太多(相差 2 ~ 5 ℃,否则主轴容易产生空气水分凝聚)
7	每天	机床液压系统	油箱、油泵无异常噪声,压力表指示正常压力,油箱工作油面在允许的范围内,回油路上背压不得过高,各管接头无泄漏和明显振动
8	每天	主轴箱液压平衡系统	平衡油路无泄漏,平衡压力指示正常,主轴箱上下快速移动时压力波动不大,油路补油机构动作正常
9	每天	数控系统及输入/输出	如光电阅读机的清洁,机械结构润滑良好,外接快速穿孔机或程序服务器连接正常
10	每天	各种电气装置及散热通风装置	数控柜、机床电气柜进气排气扇工作正常,风道过滤网无堵塞,主轴电机、伺服电机、冷却风道正常,恒温油箱、液压油箱的冷却散热片通风正常
11	每天	各种防护装置	导轨、机床防护罩应动作灵敏而无漏水,刀库防护栏杆、机床工作区防护栏检查门开关应动作正常,恒温油箱、液压油箱的冷却散热片通风正常
12	每周	各电柜进气过滤网	清洗各电柜进气过滤网
13	半年	滚珠丝杠螺母副	清洗丝杠上旧的润滑油脂,涂上新的油脂,清洗螺母两端的防尘网

续表

序号	检查周期	检查部位	检查要求
14	半年	液压油路	清洗溢流阀、减压阀、滤油器、油箱油低,更换或过滤液压液压油,注意加入油箱的新油必须经过过滤和去水分
15	半年	主轴润滑恒温油箱	清洗过滤器,更换润滑油,检查主轴箱各润滑点是否正常供油
16	每年	检查并更换直流伺服电机碳刷	从碳刷窝内取出碳刷,用酒精清除碳刷窝内和整流子上碳粉。当发现整流子表面有被电弧烧伤时,抛光表面、去毛刺,检查碳刷表面和弹簧有无失去弹性,更换长度过短的碳刷,并跑合后才能正常使用
17	每年	润滑油泵、过滤器等	清理润滑油箱池底,清洗更换滤油器
18	不定期	各轴导轨上镶条,压紧滚轮,丝杠	按机床说明书上规定调整
19	不定期	冷却水箱	检查水箱液面高度,冷却液装置是否工作正常,冷却液是否变质,经常清洗过滤器,疏通防护罩和床身上各回水通道,必要时更换并清理水箱底部
20	不定期	排屑器	检查有无卡位现象

8.4　数控系统的日常维护

数控系统是数控机床的核心。它主要有两种类型:一是完全由硬件逻辑电路构成的专用硬件数控装置(NC 装置);二是由计算机硬件和软件组成的计算机数控装置(CNC 装置)。随着计算机技术发展,目前数控装置主要是 CNC 装置。CNC 装置由硬件控制系统和软件控制系统组成,其日常维护主要包括以下 6 方面:

①严格制订并且执行 CNC 系统的日常维护的规章制度。根据不同数控机床的性能特点,严格制订其 CNC 系统的日常维护的规章制度,并且在使用和操作中要严格执行。

②应尽量少开数控柜门和强电柜的门,在机械加工车间的空气中往往含有油雾、尘埃,它们一旦落入数控系统的印刷线路板或者电气元件上,则易引起元器件的绝缘电阻下降,甚至导致线路板或者电气元件的损坏。

③定时清理数控装置的散热通风系统,以防止数控装置过热。散热通风系统是防止数控装置过热的重要装置。因此,应每天检查数控柜上各个冷却风扇运转是否正常,每半年或一季度检查一次风道过滤器是否有堵塞现象。如果有,则应及时清理。

④注意 CNC 系统的输入/输出装置的定期维护。例如,CNC 系统的输入装置中磁头的清洗。

⑤经常监视 CNC 装置用的电网电压。CNC 系统对工作电网电压有严格的要求。例如 FANUC 公司生产的 CNC 系统允许电网电压在额定值的 85% ~110% 波动,否则会造成 CNC 系统不能正常工作,甚至会引起 CNC 系统内部电子元件的损坏。

⑥存储器用电池的定期检查和更换。CNC 系统中部分 CMOS 存储器中的存储内容在断电时靠电池供电保持,一般采用锂电池或者可充电的镍镉电池。当电池电压下降到一定值时,就会造成数据丢失。因此,要定期检查电池电压。当电池电压下降到限定值或出现电池电压报警时,应及时更换电池。更换电池时,一般要在 CNC 系统通电状态下进行,这才不会造成存储参数丢失。因此,机床参数要做好备份,一旦数据丢失,在调换电池后,可重新输入参数。

软件控制系统日常维护一定要做到:不能随意更改机床参数,若需要修改参数必须做好修改记录。

参考文献

[1] 武友德,陈洪涛. 模具数控加工[M]. 北京:机械工业出版社,2002.
[2] 顾京. 数控机床加工程序编制[M]. 北京:机械工业出版社,1999.
[3] 陈洪涛. 数控加工工艺与编程[M]. 北京:高等教育出版社,2003.
[4] 马睿,谭大庆. 数控铣床加工[M]. 北京:电子工业出版社,2016.
[5] 唐健. 数控加工及程序编制基础[M]. 北京:机械工业出版社,1996.
[6] 叶家飞. 汽车覆盖件模具数控加工[M]. 北京:高等教育出版社,2010.